男人对自己

郭碧莲 ◎ 编著

内蒙古文化出版社

图书在版编目(CIP)数据

男人，对自己狠一点 / 郭碧莲编著 . 一呼伦贝尔 : 内蒙古文化出版社，2009.3
ISBN 978-7-80675-686-7

Ⅰ.男…Ⅱ.郭…Ⅲ.男性—成功心理学—通俗读物
Ⅳ.B848.4-49

中国版本图书馆 CIP 数据核字（2009）第 036518 号

男人，对自己狠一点
NANREN , DUI ZIJI HENYIDIAN
郭碧莲　编著

责任编辑	丁永才
装帧设计	知尧视觉

出版发行	内蒙古文化出版社
地　　址	呼伦贝尔市海拉尔区河东新春街4 - 3号
直销热线	0470 - 8241422　　**邮编**　021008

排版制作	北京鸿儒文轩文化传播有限公司
印刷装订	三河市华东印刷有限公司
开　　本	787mm×1092mm　1/16
字　　数	250千
印　　张	20
版　　次	2009年11月第1版
印　　次	2022年4月第2次印刷
印　　数	8001—13000册
书　　号	ISBN 978-7-80675-686-7
定　　价	58.00元

前　言

　　男人,一个多么神圣而阳刚的词语。男人在社会上承担太多的责任与义务,男人必须在社会上扮演"强者"的角色,男人背着辛酸与伤痛,把所有困苦一个人扛起来,汗水流在外面,把泪水与辛酸往肚里咽,不怨天,不尤人。每天,你要在不同的角色之间自由地切换,你是上司,是员工;你是父亲,是儿子;你是丈夫,你是男人。对事业、对家庭、对工作、对生活,甚至是社会,你承受得太多、太多。

　　男人,身为家里的经济支柱,社会的脊梁,面对严峻的社会重压,普遍存在着一种信心危机,对周遭环境日渐严酷的变化,男人开始怀疑自己,是奋斗崛起? 还是就此沉沦?

　　以前和一位朋友交流的时候问他:为什么,这个世界有很多具有才华的人却不能成功? 朋友的回答是不够坚持。的确,人需要坚持,尤其是逆境之中,不是因为事情变得困难而使人失去信心,而是人自己失去了信心,使事情变得困难。

　　但我自己的思考却是:不能成功,很多时候是对自己不够狠! 生活就像一场战斗,谁都可能暂时失去信心和勇气,当我们不能改变世界,我们只有改变自己,男人,就应该对自己狠一点。

　　机遇对每一个人都是公平的,但99%的人都会在不确定的风险面前犹豫,犹豫之后的结果就是机遇擦肩而过。

　　生活、事业需要破釜沉舟! 一个人朝思暮想、深思熟虑之后的决定,就必须破釜沉舟! 如果给自己留好了后路,给自己想好了万一……这样的人能成功吗? 可能会,但成就有限,瞻前顾后的人怎么能在需要全身心投入的工作中出人头地?

　　男人就要对自己狠一点,狠意味着一种目标——人生奋斗的目标。人活着,不能庸庸碌碌,虚掷光阴,至少不能甘于平庸。"生活的理想,就是为

了理想的生活",活着,就要有理想,就要活出自己的一片天。"他年我若为青帝,报与桃花一处开"是一种理想,"劈柴、喂马、周游世界"也是一种理想。

男人就要对自己狠一点,狠意味着一种意志,意味着为了完成自己奋斗的事业而百折不挠的坚强决心。就像那个叫圣地亚哥的老汉,在茫茫的大海上与群鲨搏斗,尽管最终只拖回一具鱼骨头,但我们说,这个老汉很男人!

男人就要对自己狠一点,狠意味着一种骨气,意味着活就要活出尊严。不攀附权贵,不媚上欺下,不见风使舵,不过河拆桥,不吃"嗟来之食"。活着,就要像菊花那样——"宁可枝头抱香死,何曾吹落北风中";就要像大师徐悲鸿所说的那样——"人不可有傲气,但不可无傲骨"。

男人就要对自己狠一点,并非是为了达成目的而不择手段,更不是一味"明知山有虎,偏向虎山行"的愚勇,它还需要一种智谋,一种"运筹帷幄之中,决胜千里之外"的智慧。

男人,不要为别人的一些说词而改变自己的原则,不要为了一点小利益而丧失自己的人格,不要因为一点小困难而动摇自己的信念。这样,才能成长为一个真正的男人,一个顶天立地的汉子,一个立于社会的"人"。

真正的血性不是掐着对手的脖子去撒野,而是最后时刻挺身而出傲视天下的霸气。作为一个男人,你能做的,就是始终如一循着自己的梦想,无怨无悔地走过。

人的一生,实在有太多的诱惑和太多的遗憾。然而,总有一些事,是值得你去争取的,你也完全有能力把它做好,当最后一扇门即将推开之际,你可以对自己说:作为一个男人,此生,我了无遗憾。

男人,对自己狠一点!

男人对自己狠一点

目　录

目　录

男人 对自己 狠 一点

Men should be tough to himself

男人对自己狠一点

目

录

Men should be tough to himself

男人对自己狠一点

目

录

男人 对自己 狠 一点

Chapter 1

男人要有自己的地盘

　　有一种男人常对自己说:"一定要有自己的地盘儿,自己控制局面,绝不可以受控于他人。"这种男人往往有着足够的自信,其实也正是这种自信让他们变得更有男人味儿。

●●男人要有
自己的一帮子朋友

听过这么一个经典的故事：

同是一件事，夜不归宿。

男人问女人："你昨晚去哪了？ 怎么一夜没回来？"

女人说："我在好朋友家过了一宿。"

男人给女人的十个好朋友打电话的结果是，十个女友十个说："没在我这睡！"

而相反的男人一宿未归，说是去好朋友那睡。 女人给男人的十个朋友打电话问，十个朋友中八个说："昨晚在我这睡了！"其中一个还说："他现在还在我这睡着呢！"

这虽然只是一个笑谈，不过我们从中可以看出男人的兄弟之谊相比女人的朋友之情要来得珍贵，男人需要自己的兄弟，需要自己的一帮子朋友。

有些男人正和朋友聚会，却因为接老婆一个个催促回家的电话把场面弄得尴尬，男人不希望自己生活在这样的阴影里，男人需要一些自己的生活，需要和朋友之间的一些正常交际。

有个比喻说得好，朋友之于男人，就好像口红之于女人，是要时常挂在嘴边的。 如果你是一个男人，说自己没有朋友，那是要让人瞧不起的。 滚滚红尘中，芸芸众生里，两个男人能在同一块天地里相遇，确实是一种缘份，若能再相识相知，进而志趣相投，那便是朋友了。 古今中外，有许多有关于朋友情谊的佳话曾广为流传。 咱中国从古到今俞伯牙和钟子期、阮籍和嵇康、李白与杜甫、鲁迅和瞿秋白之间的友情更是家喻户晓，千古流长。

男人离不开朋友，大凡事业成功的男人总是少不了朋友的支持、帮

助。 明代名士苏竣就曾把朋友分为四类，曰："道义相砥，过失相规，畏友也；缓急可共，死生可托，密友也；甘言如饴，游戏征逐，昵友也；和则相攘，患则相倾，贼友也。"可见，朋友们也有优劣平俗的。

"君子之交淡如水"，这是具有绅士风度的男人所崇奉的交友信条，当然，此话的本意并非是说正派的男人于友情是可有可无的，而说他们将朋友之间的情谊看得像山泉花溪，清辙透底；像和风细雨，润物无声。这样说来，淡就是大浓，类似于大山无形，大音无声。

莎翁在《奥德赛》里面说："男人是缺乏安全感的。"所以说：男人需要兄弟！ 于此世间，熙熙攘攘，皆为利来，又为利往！ 男人心中重于"利"者，唯"兄弟"也！

兄弟如山：势巍峨，望之怯，背可倚！ 因此男人需要山一样的兄弟。纷繁世事，有兄弟可倚，心中自然满是温暖与慰藉。

兄弟似水：上善若水，水利万物而不争。 因此男人需要水一样的兄弟。 在放眼望去，每一个角落都充斥功利的今天，有兄弟的无私帮助自是别有一番心境。

兄弟像酒：茶越冲越淡，酒愈陈愈香。 因此男人需要酒一样的兄弟。兄弟即使一年半载不见一面，见面时仍能谈笑风生，无所顾忌，感情不会因为时间的流逝而被冲淡一丝一毫。

兄弟是书：书可以教人明事理、辨是非、分黑白。 因此男人需要书一样的兄弟。 在人生路上迷茫之时，兄弟能为你指明方向，指点迷津，于迷途之中伴你前行。

男人的情感是粗犷的，更是细腻的。 只不过男人的情感更不被关注、不被察觉、不被重视而已。

即便男人自己也很少关注自己的情感，因为他们深知自己肩上担子的份量。 也正是因为这样，男人才需要兄弟，需要如山、似水、像酒、是书的兄弟，伴你走过一生。

男人的兄弟情比女人的姐妹情更令人感动。 女人对于跟她情同姐妹但际遇比不上她的好朋友，虽然会同情，但不一定会伸出缓手。 女人的所谓际遇，是指男人而不是指事业。

你有没有发现每一个工作上有点成就的男人身边都会有一两个所谓兄

弟？ 这个人可能是他的旧时同学、儿时好友或跟他同时出道的。 总之这个人的际遇比不上他，才干比不上他，更有可能是庸才，好逸恶劳，目光短浅，心灵脆弱，一辈子也不会成功。 男人却一直照顾他，想办法在公司里安排一个职位给他，并且给他一份偏高的薪酬。

这个兄弟无论多么不济，犯了多少错误，男人还是会保住他，他知道放这个人在外面根本不可能生存。 男人照顾兄弟是准备照顾一辈子的。

男人有兄弟可以照顾，男人的人生才会充实，因为显示一个男人有能力的其中一个方式，就是他有能力照顾一个兄弟。

如今的男人，尤其注重朋友的外在包装，如朋友的职位、名气、社会影响等。 一个男人如此，本身就是一件极为光彩的事，而如果你朋友堆里不乏有官宦、款爷之类的人，则更令人刮目相看，自己的身价也随之攀升。 话又说回来，假如你也是个有身份的人，也会被朋友用来当做标签。你的朋友背着你会说，"某某是我的朋友"、"我和某某很熟"。 难以想象你的尊姓大名被这些无名之辈在大庭广众面前重复了多少次。

"人生得一知己足矣。"看来，真正的朋友还是有的，但已经是如珍禽异兽般地稀有。 朋友难求，能成为相知的朋友更是难求。 许多男人就是在虎落平阳，龙游浅水后，回过头来才发觉自己原来没有一个真正的朋友。 哲人说得好："好朋友是一座高山，一派尊严；好朋友是一条溪流，一脉智慧；好朋友是一块厚土，一片淳爱。"

男人们，当你成为友情之路上迷途的羔羊时，在茫茫人海中找一些可以交心、可以靠背，可以并肩，可以肝胆相照、荣辱与共的朋友，这应该是我们的目标。

Men should be tough to himself

●●男人要有
自己的兴趣和爱好

男人的兴趣和爱好可根据各个不同性格和环境的不同而不同。 比如在生活上有的喜欢抽烟、有的喜欢饮酒、有的喜欢打牌、有的喜欢泡吧。在其它爱好方面，有的喜欢旅游、有的喜欢钓鱼、有的喜欢各种户外运动等等各不胜举。

一日有一位三十出头叫亚福的胖子到一家私人诊所看病。

亚福对医生讲："我近日心悸、脑胀，全身乏力，吃得好睡得香，却不知有什么病，麻烦医生给我把把脉。"

医生问："你这种现象几时开始有？"

亚福答："有几年了，准确说可能有四五年。"

医生问："你以前有过其它病史没有？"

亚福答："无其它病史。"

医生问："你本人有什么爱好？"

亚福答："无。"

医生再次提示："比如抽烟、饮酒、玩牌、上网等等。"

亚福也肯定说："我样样都无爱好，我只喜欢看电视。"

医生细心地给他把把脉后，摆了摆头地说："朋友你无药可医，回屋吧。"

这个故事暂不考究它的真实可信度，但从这个事例的侧面我们可以理解为一个人如果没有任何爱好，就等于对生活没有一种追求向往的欲望与生存的动力，余下的只有一具没有灵魂的躯体。

我们不提倡那种没有节制或有碍健康的嗜好，也不反对那种有理性有益的活动爱好，适可而止不断地增强个人的各种爱好是对个人有帮助的，是有益于身心健康的。

品酒：酣畅的微醺之旅

闻香识女人，对酒的品位则能看出一个男人的生活品位。 古有"大禹识酒，杜康酿酒，李白惜酒"，还有"醉卧沙场君莫笑"的诗句。 男人在品酒的时候，酒和身份无关，和地位无关，和应酬无关，它仅仅是酒，它只和你的舌头发生微妙的关系，让你体味酣畅的微醺之旅。 如果说手里有杯美酒的女人是迷离的，那么手里有杯美酒的男人就是懂得品味的。

户外运动：融入自然

一个男人至少要酷爱一项户外运动，它不仅是你健康身体的砝码，更是一种生活品位的体现。 极限运动、攀岩、登山、滑雪等等，春夏秋冬，每个季节都有令人心醉的美景。 这时候，背上你的行囊，穿上专业正品的户外运动服饰，融入自然，参与富有冒险色彩的户外运动，观赏春花烂漫，享受灿烂夏日、观赏落叶知秋或沉醉于皑皑白雪。 当然，户外运动的意义远远不止这些，它所蕴含的是健康积极的生活态度、返璞归真的自然情趣、对生活细节的品味和琢磨，以及对一切困难的主动和掌控。

香水：隐形的时尚符号

香水是一种个人情绪的体现，每个人都应该有一款自己的香水，与你的性格气质有着无可取代的契合。 香水是一个隐形的时尚符号，如果你觉得自己敏锐、爱干净而且没有不良嗜好，又恰恰懂得香水的秘诀，能出神入化地使用最符合自己个性的香水，那么香水有助你提升独特的个人品位。

雪茄：近乎于宗教般的神秘力量

雪茄对于男人总有一种神秘的牵引。 一支上等雪茄、一套奢华的雪

茄器具，一个属于自己的空间、提示一种品位的生活、培养一个男人的味道。 抽雪茄不是一个简单的抽烟问题，而是一种鉴赏活动，需要依赖一定的技巧、经验和修养。 在某种程度上说，抽雪茄不但是一种生活方式，也是一种感悟人生的过程。

军刀：男人的精神图腾

其实瑞士军刀从严格意义来说，已经不是刀了，它简直成了成年人的高级玩具。 那刀壳上的标识白十字，是某些人精神膜拜的图腾，多少人为他沉醉。 从某种意义上说，军刀是男人品位的象征。 目前国际上主要有两种品牌的正宗瑞士军刀，它们分别是维氏和威戈。 瑞士军刀的命名也值得琢磨。 野外旅行用的"露营者"、"攀登者"、"登山家"。 钓鱼时用的"垂钓之王"、"渔夫"。

特品收藏：男人们从容的呼吸

收藏字画、古董的历史由来已久，假如你有一种与众不同的收藏，感觉一定会很不一样。 比如烟斗。 烟斗是一种让人思考的东西。 抽烟斗是一件很个人的事，要问自己的感觉，而不是给别人看你有一只什么样的烟斗，那不是烟斗的初衷。 烟斗是为从容的男人而生的，你必须学会从容地与烟斗相处。 如果你爱他，你会发现，烟斗暗合了几种男人应该具备的品质：从容、内敛、思考、自然。 做男人其实还有很多乐趣，都需要从容地去享受，这些东西可能是男人物质生活之外的独特享受。

品茶：唯有暗香来

如果说男人们喝酒有时带了些"外交"的成分，那么品茶就是男人完全面对内心了。 俗语云：酒醉不如烟醉，烟醉不如茶醉。 闲暇时候，约三五私友，在悠闲的气氛里，轻言细语，浅酌小饮，完全释放自己紧绷绷的心情，也别有一番滋味。 茶是很理性的，它要先被仔细地摘下，细心地烘焙，周全地储藏，然后还要人们懂得正确地炮制，什么样的温度的水，什么样的茶具，什么样的心情什么样的人。 所以男人也要懂得品茶，西湖龙井风味绝佳；六安瓜片有荒野气息；岳阳君山清香不俗。 商海里的男人，若懂得品茶，便懂得了一半人生。

高尔夫：奢侈的运动

这是一项近乎于奢侈的贵族运动。 行走于蓝天之下，绿草之上，自有一份悠然自得。 从 1983 年，霍英东在广东中山三乡建设了中国大陆的第一个高尔夫球场——中山温泉高尔夫乡村俱乐部开始，高尔夫越来越被男人认为是身份与地位的象征，然而，懂不懂高尔夫却是品位的象征。现在，中国已经有了 200 多个高尔夫球场。 现在的高尔夫则更像一种休闲方式、一种生活态度、一个社交圈子、一个时尚话题，高尔夫，用 20年的时间进入了中国人的生活。 这种被称为"绿色鸦片"的运动，让男人在舒缓间彰显身份。

垂钓：无鱼亦无我

繁忙之余，垂钓水边，享受一种宁静致远的闲情，别有一番无可替代的乐趣。 远处湖水渺渺，烟雾蒙蒙；近处芦苇蒿草，清香扑鼻；不远不近处，痴迷的垂钓者，一弯长长的钓鱼竿，淡淡的墨线一般，浅浅地划进水里。 垂钓者大致有三层境界：第一层，有鱼有我。 为了图个热闹，图个实惠。 第二层，有鱼无我。 这类钓者就是自己喜欢在河中、湖中、海中垂纶的那种意境，从这个意义上说他们是真正的钓鱼者。 第三层境界，无鱼无我。 这类钓者钓鱼不仅仅是为了钓鱼，还为的是休闲，为的是修身养性，享受作为钓者的过程和感觉。

●● 男人要有
　　自己追求的梦

　　一日，走在街上，无意中听到街边两个中年男人的对话：一个说，你现在混好了。另一个说，好啥呢，钱未赚下，官没当上。他俩虽是闲聊，却在不经意中揭示了如今大多数男人的所思所想抑或说奋斗目标。

　　男人有时比女人更虚荣，更要面子，而最能满足这一心理的，不外乎金钱和权势。尤其在当今社会，似乎也只有这两样东西才能够抬高男人的身价和地位，使男人的形象在女性的心目中高大起来。男人们拼命地、想尽一切办法甚至不择手段地赚钱或朝官场里挤，是不难理解的。但是，一个男人优秀与否，金钱和权势却也并非是惟一衡量的标准。如果一个男人不看重这些，而能够将精力之钢全部用在事业的刀刃上，却也不失为明智之举。因为仕途之路，充满名争暗斗，你所获得的官位，说失去也是眨眼间的事，整天处于一种剑拔弩张、草木皆兵的状态，弄得人焦虑不安，哪有坦然自在可言呢！

　　在一个人的一生中，金钱所起的作用自然是巨大的，如古人所说"贫贱夫妻百事哀"，"千里做官为了吃穿"，但如今在社会上流传的这句话却同时也揭示了金钱有其诱发腐败、堕落的一面："男人有钱就变坏"。也许会有人说，你既不赞成男人当官，也不支持男人多赚钱，难道让男人们平庸度过一生吗？不，事业，是一条可提升男人品位、价值的途径，也是一条最站得住脚的途径。比如，你可以在文化、艺术方面有所作为，也可从事一种社会实业，它们比你的政治生涯更具有持久性，不受国界、地域限制，在任何时候都是社会所需、民众所求的。

　　一位退休老工人，他在厂里工作时，放弃了许多次当官的机会，只一心一意钻研技术，由于这个厂有一项技术只有他一个人能拿下来，所以他退休后又被单位以比较优厚的待遇返聘，受到各方的器重，外单位的人也

时常用车接他去处理技术上的难题。 与他的情况形成鲜明对比的是，有一位干部卸任后，据说因为不适应这种境遇的"落差"，整天呆在家里不出门，尤其让他忍受不了的是：逢年过节，当下级提着各种礼品给上司拜年慰问的时候，他的门庭异常冷清，无人问津。 这大概也是其他为官者必须遭遇到的尴尬。

当然，对于男人来说，当官也是一种事业，如果你能把党和人民赋予你的权力用在完成一种利国利民的政治抱负和理想上，这种择抉无疑是正确的，正如焦裕禄式的领导干部，他们为官一任，造福一方，以此完善自我形象，实现人生价值，生前鞠躬尽瘁，死后名垂千古。 然而，遗憾的是，在现今社会，像这样的干部越来越少了。 无论在哪个国家，在哪个朝代，像这种不趋炎附势、只一门心思兢兢业业干事业的男人，永远是受到民众尊敬和爱戴的。

男人，活在这个世上注定的就是要累，就要不停地追求。 但是追求什么，很多人自己可能都说不出来。

时下很多男人就是很简单的一个追求目标，拥有一个幸福美满的家，温柔美丽的妻子，可爱的儿子，有自己的私家车，有自己的房子，不缺钱花，在同学同事中不能数一数二，也要算是中上等啊？ 能够出人头地，整天带着妻儿老小生活在别人羡慕又妒忌的目光中的感觉是多么的惬意？

可是当这些目标全部达到了以后，更多的新的更高的目标会让你沮丧，让你不得不把自己久违了的羡慕眼光投向混得比你好的那些能够在赌场上挥金如土，输赢百八十万不当回事的男人；房子比自己好，有一个或是几个私人别墅的男人；单位里，官场里比自己会往上爬并且比自己升迁得快的男人；生意比自己做得好做得大，比自己还会挣钱的男人；私家车比自己的私家车高档的男人；浑身上下都是名牌"家中红旗不倒，外面彩旗飘飘"的男人。

于是乎，这些本已经认为自己功成名就的男人们，才发现自己和那些财大气粗的男人比起来，就如同爬山一样，自己不过是刚刚起步，连山腰都没有爬到呢，只是比那些刚刚开始往山上爬的人早走了几步而已，而更可怕的是和那些成功男人的差距要大得多，只不过是当初的自满和知足还有那自尊和虚荣蒙蔽了自己的眼睛罢了！ 这样的情况下，你还能够自欺

欺人地自得其乐吗？而且自己以往奋斗得来的那些让自己满意过的成就，现在已经在自己的脑海里黯然失色……

其实这山望着那山高，是男人的本质。只要是个有自尊的男人，都不会满足自己的现状，当发现了自己和别人的不足时，没有一个不会去在心里攀比，没有一个会不去想要超越的。这其实又何尝不是件好事呢？就是连乞丐也要比比今天乞讨的钱物谁多谁少，何况我们都是堂堂的"男人"呢？

所以说，男人就是命中注定的要累，来到这个世上，就要拼搏，就要奋斗，就要去和比自己强的人比着干，一定要做到比别人强才行，而这个比别人强的标准又是永无止境的。

男人们，既然停不下来，就接着为了满足自己的追求而累下去吧！

●●男人要有
自己的个性

当一个英雄时代结束，当没有了枪林弹雨，没有了苦难生涯，男人会渐渐地退化。随着阳刚之气的消失，取而代之的是一种娘娘腔式的刻意矫情。男人女人化已成为大趋势，男人由最初的女人保护者，慢慢成为女人守望者。如果你拥有一张清秀的脸，说话再慢声细语一点，再加上一头飘逸的长发，那你一定大受欢迎。这一点我们可以从那些疯狂的韩国、台湾明星的粉丝身上看出倪端。英雄的时代已离我们远去，时尚、温柔、略带奶油气的男人渐渐有了用武之地。

有人说现代社会已进入男色时代，女人化的男人是一种时代特征。这一点我并不反对，但也不完全赞成。男人不同于女人的地方就是他的力量之美，每一个男人都有英雄情结，这种情结或多或少地影响着男人。刀光剑影、枪林弹雨既能展示男人的阳刚之美，又能把男人的英雄梦发挥得淋漓尽致。男人之所以为男人，热情似火和强烈的征服欲是他们一惯的作风。 但每一个时代都有它们鲜明的特点，刀光剑影、枪林弹雨的时代已经过去，长期的歌舞升平中，男人的个性在慢慢消退，随之而来的是一种迎合潮流的退化。 男色时代的到来意味着女权主义的兴起，男人也由最初的支配女人，变成了现在的迎合女人。 这种迎合女人口味的结果是：英雄成为梦，小马哥式硬派小生渐已远去，取而代之的是有着清秀脸庞略带孩子气的新型男人。 男人的美也是优点，这个我不反对，但女人化的外表，外加一身时髦的打扮绝不是男人的美，那只是一种女人气的美。 他只是一种脱离男人本色的绣花枕头而已。 男人的美应内外兼修，男色时代的男人，他的外表可以退化，可以具有女人相，但男人的本色绝不能退化。一个没有个性的男人，就像英雄没了宝剑一样可悲。

男人可以不是英雄，但一定要有英雄情结。 男人可以没有脾气，但一定要有性格。 不管男人如何退化，如何去迎合女人，真正的男人应该包括以下三种：

第一种：内涵的男人

这种男人不一定有一张俊朗的脸庞，但长相不至于难看。 他很有底蕴，这个是最重要的。 他最大的优点在于有清晰的思维，缜密的逻辑，有冷静处世的阅历，说话条理分明，做某一件事时，只要下定决心就一往无前，绝不犹豫。 这种男人往往第一印象不是太好，但相处长了他会用他的优点掩盖他的缺点，他会用他的长处去征服每一个人。 最重要的一点是他会给女人以安全感。

第二种：激情的男人

他的性格外向，他给人的第一印象就很有朝气，他精力充沛，做事要做就做最好。 对女人来说，他永远有用不完的创意，永远让你充满惊喜。 在待人接物上往往豪气万丈，从他诚恳的语言上就可以感觉到他那强烈的意志力。 偶尔来一句：钱不是问题，只要我能达到目的。 仅这一句就能倾倒无数女人心。 他不一定很有钱，但最重要的是他的上进心，

这一点是女人最欣赏的，哪一个女人不希望嫁一个具有成功潜力的男人。

第三种：幽默的男人

他有一张讨人喜欢的脸，他深明幽默的含义，他明白滑稽并不等于幽默，这种幽默也会充分展示他的学识渊博，他能在他人心情低落时给予激励，在他人成功时会去适当地赞美。他才华出众，和他在一起会非常快乐，他的幽默不是去讨女人欢心，而是他用幽默去感染每一个人，这是一种乐观向上的男人。

男人，小心你在退化，以上三种是男人本质的升华，尽管时代在变，但男人的本质不会变。

●●男人要有
属于自己的空间

男人在家里常常是没有空间的，尤其是在拥挤的城市家庭中，两代甚至三代人相互搅扰的情况下。主卧室通常是妻子的天下：除了那张双人床有男人的一半（夜间才用），其余便是衣柜、梳妆台等等；一间小屋是孩子的乐园，常是杂乱无章无以插足的地方；而门厅是公共场所，用于大家吃饭、接待客人之类，男人可以在这儿抽支烟，喘口气，但无法静心呆在这里。女人习惯于这种环境，无论走到卧室、厨房、洗手间或者门厅，她都感到自在、充实，因为到处都有她要干的活计。而男人见妻子得心应手地做事，孩子埋头苦苦地学习，不禁感到自己碍手碍脚，总是显得多余，有时好心地去帮妻子的忙，还没准儿笨手笨脚地把活儿干"砸"了，惹得妻子生气。于是，男人的心就只好溜到外边儿去了。

心理学家们分析说，男人通常缺少归宿感，总觉得自己的精神和灵魂处于飘浮状态。男人顶着必须成功的压力去上班，在工作世界里承担责

任和应对风险，回到家里又面对另一种尴尬和压抑。 他没有神经放松的感觉，在办公室和在家里都感到很紧张。 如果家对他没有特别的吸引力，他就很可能退回到办公室或者别的什么地方去呆一阵。 种种荒唐故事也就由此而生。

有位丈夫这样对咨询者诉说自己的苦衷："我所有的东西，包括书籍、工具、唱片、照片，甚至衣服鞋袜，都不知被妻子胡乱塞在什么地方，甚至我的裤衩背心也混在妻子女儿的乳罩袜子堆里，令我哭笑不得。我好不容易在阳台的一角给自己设了个小仓库，但不久又被妻子的高跟鞋挤占了。 在我家，大间卧室是妻子的世界，小间卧室是女儿的宝地，两处都神圣不可侵犯。 而我活像个寄人篱下的大老爷们儿，或者只是个回来过夜的房客。 您说我该往哪里去？"

的确，两个成年人之间的爱毕竟不像母亲与幼儿之间的爱那样形影不离。 当丈夫和妻子同处在一个房间时，就如两个魔术师相遇，双方都担心对方窥探到自己的诀窍，从而影响了自己的魔力。

总之，这样的矛盾普遍存在着，但却并未引起人们的注意。 男人和女人都需要一个属于自己的空间，使自己有一点"隐私"感。 这是现代人精神和心理的需求。 因此，在家里让男人有个小小的空间去暂时歇息和躲避女人的唠叨，是很有必要的。

现代婚姻中的夫妻关系，好像两个交叉但不重合的圆圈。 交叉部分是夫妻共同的生活世界。 他们在这里尽享亲密、温馨，同时也在这里争吵、妥协、和解。 不交叉的部分则是各自的独有天地。 这里有男性和女性不同的色彩，也有千差万别的个性特征，甚至可能有各自的"隐私"世界。

在丈夫和妻子各自独有的那片空间里，容不得对方过多打扰和干涉。自由和民主的现代氛围就充分体现在这里。 丈夫和妻子把自己在那片独有空间里耕耘的成果与收获的欣喜拿来充实自己的内心世界，也就自然充实了夫妻共同生活的内涵。 君不见，正是那些毫无距离、毫无自由、不能独处的夫妻，更容易矛盾冲突或淡漠厌倦。 此时，寻求解脱与向往自由的心理会油然而生。 "外面的世界很精彩，家里的世界很无奈"，正是那些缺少独立空间的丈夫们的心理写照，也正是这种心理，导致了一些

本不该发生的故事。 如今，有些男女害怕走进婚姻这座"围城"，或者进去了的想冲出"围城"，如果能使夫妻双方都在婚后享有一片独有的空间，让婚姻不再是戒备森严的"围城"，那又会是怎样一番景象呢？

●●男人要有
属于自己的生活方式

各种关于新男人的说法不胜枚举，而且对新男人的要求也达到历史最高点：要有创业精神，有创造财富的能力和机遇；要有社会认知度，人缘好；要有足够的个人魅力，懂得制造浪漫情调，每天像魔术师一样变出各种惊喜；要有健美的身体，旺盛的精力；要喜欢做家务；要有坚强的毅力和惊人的体力，从不小病大养、无病呻吟；要具备较高的修养，不抽烟，不喝酒玩牌；要谦虚谨慎戒骄戒躁，承认错误及时，改正错误彻底；要像胶泥一样可塑性强，随着要求的变化而及时改变自己，做到与时俱进……男人，要有自己的生活方式，在属于自己的地盘，我们将变得更从容和淡定。

下面，我们介绍 10 种让男人寻找自我的生活方式，以供参考。

好斗男人的场地——击剑吧、拳击馆

好斗仿佛是男人的本性。 既想威风一下，又不能逾越社会秩序，刚刚落户都市中的击剑吧和拳击馆正是给这样一种好斗男人施展拳脚的大好空间。 通过训练，拥有像动作明星那样的体魄和身手，圆男人一个儿时的梦想，又可以像勇士一样尽情发泄自己的不满，也许这就是拳击馆和击剑吧吸引男人的地方。

现代男人的时尚——泡吧

那些既新奇有趣又可让人亲自动手的特色吧就让人特别心动。 最刚开始的是陶吧、布吧，现在又有印染吧、亲自一吹的玻璃吧……把整个小型啤酒厂搬进酒吧，让顾客亲自参与并享受每一杯鲜酿啤酒的制造过程的啤酒吧把每一个走入这里的客人带进了一个新奇的世界。

户外男人的时尚——极限运动

对于每个喜爱冒险的男人来说，征服恐惧是一种最大的收获。

攀岩、蹦极、登山探险……一个又一个极限运动就是他们表现自我、尽情地展示自己的另一个舞台。 每当到达顶点，那种超越自我的快感就是一种难以忘怀的乐趣，游戏后获得的那本勇敢者的证明书也是一种男人的证明。 极限运动就像王朔的小说《玩的就是心跳》一样在男人中占据广大的市场。

强调男人的时尚——咖啡馆、茶楼

男人从不会放弃对高水准的追求，即或不懂，也要用旁人营造的品位来抬高自己的身价。

如雨后春笋般在大街小巷遍布的咖啡馆和茶楼正好满足了男人的这种虚荣。 或三五好友、或一人独饮，悠闲地谈天说地，分外舒适。 咖啡馆和茶楼或高档或独特的装修，既让人品尝到高品质的咖啡与茶的文化，又满足了人的视觉、听觉、嗅觉，让人在现代而又有些古典的浪漫气息中度过悠长的时光。

行走男人的时尚——旅游

鼓鼓的腰包和越放越长的假期让许多中国人有了走出国门去游玩的机

会，报纸上已纷纷推出了各类的国外旅游热线。 当然，最先酷一回的还是那些舍得拿出大把金钱的年轻白领，归国后拿着一大把照片与朋友分享，真是乐趣无穷。

童心男人的时尚——成人玩具

时尚评论家说一个男人最可爱的地方就是他的童心，因此现在的男人时尚之一就是扮年轻。 看成人卡通片、逛成人玩具馆也都成为时尚。 在北京、上海还出现了既出售又可现场一试的各类玩具的成人玩具馆，许多男人在这里动手又动脑，愉快地消磨时光。

居家男人的时尚——网络世界

许多男人迷上了"网"，足不出户也可以一览天下事。 尽管网上的速度慢得让人担心，网上购物不敢过分盼望，但网上聊天却总让人觉得网上世界很精彩，一来二去就可以结识不少女网友，还可以来一段令人痴迷的网恋。 当然，无数的前车之鉴证明最好别与网上的"她"见面，说不定，"她"就是一个男人。

另类男人的时尚——逆时运动

武则天的霸气体现之一便是诏令百花为她逆时开放。 在今天，"逆时"对人类来说已并不难，冬吃西瓜已成易事，而夏天里在真冰场上一展身手也成为时尚。 这种新型的室内溜冰场可以全年开放，不受地球气候变暖的影响，南方的男人们也可以在真冰场上享受盛夏了。

速度男人的时尚——车展和赛车场

喜爱车和喜爱赛车的绝大多数都是男人，不信就去看看车展里的男、女比例，当然美女模特除外。 传说中男人的心会在身体停止运动时衰亡，于是他们总是不顾一切地加速飞奔。 赛车俱乐部能令男人感到开车真实的刺激，随时向速度和极限挑战，同时又有一种安全的保障，享受 21 世纪的各种时尚。

活力男人的时尚——热舞

热舞的盛行可能与欧美文化在中国的流行有关，却也与年轻人喜好创新的个性和热辣的生活有关。 那些可以让人尽情狂跳的舞厅风格大多源于时髦的西方文化。 推门而入，大块大块鲜艳的色彩便扑入眼帘，喧闹的音乐声震得人耳鼓作响，一种跳动的生命力豁然而出。 在这里你尽可以像广告中说的 "just do it"，调动全身的细胞狂舞，让自己 High 起来。

在我们的生命里不能用价值去衡量的是什么呢？ 那就是 "快乐"，快乐不是放纵而是享受自然舒心而愉快的情绪。 黑暗中的快乐不是快乐，那是恶魔在你身边念着咒语。 只有阳光下的快乐才是真正的快乐，男人就该更多地去承担去创造，给你身边的女人带来快乐。

Chapter 2

狠男人是这样炼成的

男人,田中的劳动力。这就决定了男人的一生注定要顶天立地,担当起生活的重任。可是,当今社会并不是种地那么简单,我们身处的是知识经济时代,比的是头脑,拼的是实力。

●●男人需要
那股子狠劲儿

男人，田中的劳动力。 这就决定了男人的一生注定要顶天立地，担当起生活的重任。 可是，当今社会并不是种地那么简单，我们身处的是知识经济时代，比的是头脑，拼的是实力。 在步入社会的那一天起，就是检验自身素质的开始，因此，男人只有对自己狠一点，才能有立足于强者之林的本钱。

下定决心，瞄准目标，再苦再累，拼了。 狠一点，就要有较高的目标，必胜的信心和顽强拼搏的精神。 人的惰性是最难克服的，毛主席有一句话很令人深思：与人斗，其乐无穷。 战胜自己，战胜别人，也就取得了胜利。

只有在水深火热之中，才有那种勇者无惧的气魄，才有奋力一搏的斗志。

战斗的号角再次吹响，摆在面前的还是那条拼搏之路，也只有这么一条路，虽然走得很坎坷，是男人，就要勇敢地去面对，去挑战人生的极限，人生的拐点，这种机遇一生只要抓住一次，就足以改变人生的轨迹。因为年轻，所以无惧，因为不甘于平庸所以才选择去抗争。 男人，对自己狠一点，把每次挑战看作是对自己的考验，如果想用双手去撑起头顶的蓝天，那么就把这双手磨练得更有力些吧！

男人，心理上要狠一点，狭路相逢勇者胜！ 何谓勇者，是指有胆识！要有这样的心理：即使面对再大的困难，也要亮出自己的勇气与胆略来，拿出自己的刺刀，随时做好勇猛地冲向困难的心理准备！ 不对自己狠一点，关键时就拿不出手，再有勇气也是无谓的牺牲！ 要在日常的工作与学生中对自己狠到位，这样碰到任何困难才不怕！ 没有平时对自己狠一点，怎么可能磨练出过硬的本领？

男人，行动上狠一点。 如何做到行动上狠一点？ 借用经济学家一句

狠男人是这样炼成的

话：先开枪后瞄准！ 因为目标时刻在变化，不先开枪，等瞄准后再开枪，目标早已经跑掉了！

现在的社会中，我们不要当弱者，不需要同情，不需要怜悯，因为上帝是不会同情弱者，只会给强者更多的机会。 作为男人，不要再怨天尤人、牢骚满腹，我们偶尔宣泄一下自己的感情是可以的，但是只有对自己狠一点，我们才有可能变成强者，才有可能取得最后的成功！

德国新总理默克尔的丈夫绍尔，就是一个对自己非常"狠"的男人——这位德国历史上首位"第一先生"，本可以"夫以妻荣"，为自己也挣一点出镜率什么的，但他却逆而行之，不但沉默寡言，不喜欢在公众场合露面，而且对媒体的采访也是敬而远之。

就连默克尔当选总理的那一天，绍尔也没有到现场去见证妻子的历史一刻，而是呆在家里看电视直播。

据说，他的姓氏绍尔在德语中有"坏脾气"的意思，但他显然没这么嚣张，他只是默默地对自己发狠，让自己沉默，然后在幕后全心全意地支持老婆的工作。

也许过不了多久，德国人会流行一句话：每一个成功女人的背后，都有狠男人。

罗马尼亚的一位市长也对自己挺狠的，他宁可被抗议者变成"人肉火把"，也不愿出台政策降低当地的房价。

据报道，这位名叫所罗门的市长管辖的是罗国东部城市巴拉德。 该市市政厅官员提出了一项为无家可归者建造一批廉价房屋的计划，但是，被不通人情的所罗门市长一口否决了。

为了抗议市长，一名无家可归者竟然在市政厅门前放火将自己烧死。这下，立即引发众怒，当地一些愤怒的市民威胁称，与其放火烧死自己，不如把市长点把火烧死更痛快。

得知这一威胁后，所罗门市长胆战心惊，命令秘书随身携带一只灭火器，以防万一。 同时他还请了一名摄影师随时跟随，万一遭到袭击，就可以拍下袭击画面作为证据交给警方。

看看，这位市长对自己有多狠。

这年代，男人要想有点成就，就是要对自己狠一点。

●●感谢
　折磨你的逆境

　　假如真有上帝，天下会像天堂一样，人间会处处洒满阳光。　然而，这个世界上苦难太多，我们的生活中压力太大。　谁来拯救自己？　奇迹该怎样发生？　无数的人有无数的困惑，无数的追求有无数个答案。　而成功者选择了这样的道路：从灾难中爬起，在废墟中新生。　只要点燃了自己那熊熊生命之火，辉煌的成功大门就一定会为你打开。

　　一个男孩回家后，告诉父亲，他的生活十分不尽人意，父亲为了改变儿子的想法，在厨房里架了三口锅，分别放上了一些水，等水开了以后父亲在一个锅内放了一根胡萝卜，另一个锅里放了一个鸡蛋，最后一个锅里放了一点粉状咖啡豆，再接着开火。

　　大约过了二十分钟，父亲把胡萝卜和鸡蛋拿出来，再盛了一杯咖啡给儿子，让儿子说出他们与开始有些什么不同。

　　儿子一一说出了。

　　父亲说，他们都面对同样的逆境——开水，一个变软了，一个变坚强了，一个改变了逆境，你想做哪一种人呢？

　　儿子终于明白了父亲的用心良苦。

　　挫折是人生道路中无法避免的，每当遇到挫折时，痛苦随之而来，痛苦是心理的作用，它可以减少，从而可以用一种正确的心态去面对挫折。

　　儒勒·凡尔纳是法国现代幻想小说的鼻祖，他的第一部小说《气球的五星期》，一连投了十五家出版社，都被退了回来，凡尔纳一气之下，要将稿子烧掉。　幸亏他妻子把它从炉火中抢了出来，凡尔纳不甘失败，他要下苦功写好幻想小说。　为了了解各个科学领域的知识，例如文学、生物学、气象学、化学等的知识及其发明创建，他订有二十多种科学杂志，保存了上万种科学资料并都分类，当这部小说报到第十六家出版社时，稿子终于被接受，由于凡尔纳有渊博的知识，小说的内容丰富精彩，写得生动迷人，所以，很快成为畅销书。

逆境也有它的好处，就像丑陋而有毒的蟾蜍，它的头上却顶着一颗珍贵的宝石。

其实挫折并不可怕，你可以在挫折中感觉到突破，希望创造和追求的精神，这是一种不埋怨命运的坎坷多舛，不叹恨生活的无情磨练的精神，一种夸父逐日，精卫填海的精神。

生活并不亏待你，当它把你推向一条死路时，又为你指明了另一个出口。

没有风吹雨打，哪会有秋实的成熟；没有刺骨的寒风，哪会有松柏的坚韧。 在逆境中，不要一味地怨天尤人，要多考虑怎样克服困难。 彼得逊说过："人生中，经常有无数来自外部的打击，但这些打击究竟会对你产生怎样的影响，最终决定权在你自己的手中。"逆境给人宝贵的磨炼机会。 只有经得起逆境考验的人，才能成为真正的强者。 古今中外的伟人，大多是抱着不屈不挠的精神，从逆境中挣扎过来的。 失聪的贝多芬，艰难跋涉于荆棘丛生的黑白键上，用手指重重地扣响了神圣的《命运》之门，挥洒出一部音乐家顽强与厄运抗争的辉煌乐章。 司马迁忍受宫刑之痛完成了历史巨著《史记》。 周文王受拘禁而演《周易》。 "天将降大任于斯人也，必先苦其心志，劳其筋骨。"因此，逆境是强者攀登高峰的垫脚石，是弱者走向毁灭的万丈深渊。

欧美有些国家，故意将笔直的公路修造成弯道曲道。 筑路费用多，开车时间长，对于视时间如金钱的颇具经济头脑的欧美人，真是"自讨苦吃"。 但他们认为这很值得，因为长时间在笔直、没有任何阻碍的公路上疾驶，易使人麻痹，从而引发交通事故。 有了弯道曲道的阻碍，司机须时时警醒，不敢掉以轻心。 事实证明，他们的做法是明智之举。

无须赞美逆境，无须企盼逆境，但必须正视逆境，一旦身处逆境，最重要的是要有信心、有恒心、有勇气、有毅力、有实干精神，即使眼看山穷水尽，仍要想到会峰回路转、柳暗花明。 自古以来，所有能成就一番大事业的人无一不是脚踏实地、努力奋斗的人。 临渊羡鱼，不如退而结网。 唉声叹气或幻想憧憬不是办法，只有信心十足地去干，才能走出困

境。 爱迪生花了整整十个年头，经过五万次的实验，发明了蓄电池；著名科学家竺可桢七十多岁还到野外考察，获得第一手资料，直到临终的一天还不忘做科研记录。 人生的价值，生命的意义，该在什么地方以什么形式体现出来，许多先进人物都为我们做出了表率与说明。 不经一番风霜苦，哪得梅花扑鼻香。 让我们学会坚强，学会抗争，用奋斗走出逆境，这将会成为我们巨大的财富。 人的生命，似洪水在奔流，不遇着岛屿、暗礁，难以激起美丽的浪花。

一个成功的男人，在遭遇严重困难、挫折的情况下，不是意志消沉、束手无策，听任命运的摆布，而是咬紧牙关，顶住压力，以坚强的毅力、顽强的意志与困难、挫折去抗争、去奋斗，只有如此，才能柳暗花明、转危为安，最终走出困境，获得成功。

●● 坚韧

　　是强者的一种态度

许多年前，一位聪明的老国王召集大臣，让他们编一本《古今智慧录》，以便留传给子孙。 这些大臣工作很长时间，完成了一套 12 卷的巨作。 国王说太厚，需要浓缩。 这些大臣又经过长期的努力，变成了一卷书。 然而，国王还嫌太长。 于是，这些人把一本书浓缩为一章，然后缩为一页，再变为一段，最后变成一句。 聪明的国王看到这句话，显得很得意。 他说："这是古今智慧的结晶。 全国各地的人一旦知道这个真理，我们大部分的问题就可以解决了。"这句话是："挫折是一笔可贵的财富。"

有责任感的人都会同意"挫折是一笔可贵的财富"，没有人会不劳而获，在走向成功的道路上，你要付出汗水，还要勇敢地面对挫折与失败。从挫折中汲取教训，是迈向成功的踏脚石。 当我们观察成功人士时，会发现他们的背景虽各不相同。 但他们却有一个共同点，这就是他们都经

历过艰难困苦的阶段。

把每一个"失败"先生拿来跟"平凡"先生以及"成功"先生相比，你会发现，他们各方面(包括年龄、能力、社会背景、国籍以及任何一方面)都很可能相同，只有一个例外，就是对遭遇挫折的反应大小不同。

当"失败"先生跌倒时，就无法爬起来了。他只会躺在地上骂个没完。"平凡"先生会跪在地上，准备伺机逃跑，以免再次受到打击。但是，"成功"先生的反应跟他们不同。他被打倒时，会立即反弹起来，同时会汲取这个宝贵的经验，继续往前冲刺。

哈佛大学的一位教授讲过一件这样的事：

几年前，他把毕业班的一个学生的成绩打了个不及格，这件事对那个学生打击很大。因为他早已做好毕业后的各种计划，现在不得不取消，真的很难堪。他只有两条路可走：第一是重修，下年度毕业时才拿到学位。第二是不要学位，一走了之。

在知道自己不及格时，他非常失望，并找这位教授要求通融一下。在知道不能更改后，他大发脾气，向教授发泄了一气。这位教授等待他平静下来后，对他说："你说的大部分都很对，确实有许多知名人物几乎不知道这一科的内容。你将来很可能不用这门知识就能获得成功，你也可能一辈子都用不到这门课程里的知识，但是你对这门课的态度却对你大有影响。"

"你是什么意思？"这个学生问道。

教授回答说："我能不能给你一个建议呢？我知道你相当失望，我了解你的感觉，我也不会怪你。但是请你用积极的态度来面对这件事吧。这一课非常非常重要，如果不认真培养积极的心态，根本做不成任何事情。请你记住这个教训，五年以后就会知道，它是使你收获最大的一个教训。"

后来这个学生又重修了这门功课，而且成绩非常优异。不久，他特地向这位教授致谢，并非常感激那场争论。

"这次不及格真的使我受益无穷。"他说，"看起来可能有点奇怪，我甚至庆幸那次没有通过。因为我经历了挫折，并尝到了成功的滋味。"

我们都可以化失败为胜利。从挫折中汲取教训，好好利用，就可以对失败泰然处之。

　　千万不要把失败的责任推给你的命运，要仔细研究失败的实例。如果你失败了，那么继续学习吧！这可能是你的修养或火候还不够好的缘故。世界上有无数人，一辈子浑浑噩噩，碌碌无为，他们对自己一直平庸的解释不外是"运气不好"、"命运坎坷"、"好运未到"，这些人仍然像小孩那样幼稚与不成熟；他们只想得到别人的同情，没有自己的主见。由于他们一直想不通这一点，才一直找不到使他们变得更伟大，更坚强的机会。

　　马上停止诅咒命运吧！因为诅咒命运的人永远得不到他想要的任何东西。

●●跌倒
###　　与爬起的距离

有这样一个故事：

三只青蛙掉进了鲜奶桶中。

第一只青蛙说："这是命。"于是他盘起后腿，一动不动地等待着死亡的来临。

第二只青蛙说："这桶看来太深了，凭我的跳跃能力是不可能跳出去的。今天我死定了。"于是，他沉入水底淹死了。

第三只青蛙打量着四周说："真是不幸！但我的后腿还有劲。我要找到踮脚的东西，跳出这可怕的桶！"

于是，它一边划一边跳，慢慢的，奶在他的搅拌下变成了奶油块，在奶油块的支撑下，这只青蛙一跳，终于跳出了奶桶。

朋友，你现在明白了吧，坚定的意志、必胜的信念、持续的行动，会帮助你爬起来！

Men should be tough to himself

人们在跌倒时的态度有三种。 第一种，乌龟式的。 跌倒后四脚朝天，只有等别人帮他翻身，才能继续爬。 第二种，不倒翁式的。 跌倒了，能很快爬起来，但是固步不前，原地打转。 第三种，朝圣者式的。 每一次倒下是为了下一步的前进，并且执着地对着朝圣的方向。

在一次奥斯卡的颁奖礼上，一位刚刚获奖的演员准备上台领奖，也许是因为太兴奋、激动了，他被自己的鞋带绊了脚，摔倒在舞台边上，全场都静默了，因为还从来没有人在这样全球直播的盛大晚会上跌倒过，他迅速地起身，从主持人手中接过话筒真挚而感慨地说："为了走到这个位置，实现我的梦想，我这一路走得艰辛坎坷，甚至有时跌跌撞撞。"机智、真诚的话语使他成为那个晚上最耀眼的明星，智慧而幽默的调侃赢得了满场喝彩。 生活中的"跌倒"容易起来。 可是，生命中的"跌倒"，常会使"危机"四伏。 在漫长的生命过程中，我相信每个人都会有"跌倒"的时候，或是在生活中，或是在事业上，在家庭婚姻，在生命的心灵深处。

人与生俱来的软弱性、逃避性，常常使人失去信心与勇气，也最容易放弃自己。 有时候，观念改变，行动改变，命运就会改变。 下面是一个真实的故事：

1992 年，南下海南特区一年的小涛走上了创业之路，他参与创立的一个房地产公司的资产规模曾超过 2 亿元。 后来，由于国家宏观调控，未能顺利渡过"房地产泡沫潮"，公司于 1995 年宣告破产，他的身上也一下子背上了一大笔债。

经过对形势的分析比较，他决定到深圳去开始新的事业。 初到一个陌生的地方且身无分文，想打下一片天地谈何容易。 两年中，小涛先后遭遇三次大的失败，最穷困潦倒时经常口袋里拿不出钱来吃饭……困境中的他这时想起了自己曾在海南听过的成功培训课，身无分文的他决定将此作为新的创业起点，他走上了自由职业讲师之路，讲授的就是对他影响颇深的成功学。 而他自己也正是在用这些方法来激励和鼓舞自己。 从每天出门前照镜子给自己以鼓励，到进行自我训练来改变思维习惯，从制定并付诸行动要三年成为百万富翁的目标计划，到通过增加做俯卧撑的次数来强化自己的意志力……

由于融合了自己的亲身经历，他的课很受学员的欢迎。 开始时，他只能靠每小时36元的讲课费度日，到了第二个月，他一天能得到2000元的讲课费；再后来，他每小时的讲课费高达8000。 这离他失意地告别海南只有四年左右的时间。

在决定做一件新事情的时候，我们常常会因为未来的不可预知性而经常把困难想得很多，这样考虑的最终结果是放弃了许多能做而没有勇气去做的事。

美国南加州大学附近有个加油站，大家都称加油站的加油老人是"Professor"，为什么这样称呼呢？ 原来这位老人年轻时是"真空管理论"的权威教授，发表过很多论文；可是当"晶体管"的理论出现后，这位教授不愿接受挑战，在新的理论面前甘拜下风，最后被大学淘汰了。 为了打发老年无聊的时间，便跑到加油站赚外快。

一个人一生如果从未跌倒过，算不得什么光彩；每次跌倒之后，都能再勇敢地站起来。 这才是最大的荣耀和成功。 因此面对困难时，首先要消除"怕输"的心理障碍，再试着想出解决困难的办法。 试想如果平平淡淡地选择接受，不需要承受失败的痛苦，又怎么会享受到成功带来的喜悦之情呢？

●●靠人
不如靠自己

生活中有很多人依赖性特别强，他们习惯于有困难求父母帮助，大事小事都找朋友帮忙。 可是，世界上哪有那么多一成不变的事情，又哪有那么多随时随地都能帮得上忙的朋友？ 当靠山山倒，靠水水流，身边的人无力让我们依靠的时候。 我们又能怎么办呢？

靠人不如靠己，求佛不如求己，这个世界上根本就不会有可以依靠一辈子的人或事。 人只有靠自己才有自主权和足够的自由。 与其指望别

人，倒不如自己制造机会。

在香港经济发展史上，一举暴富的华人企业家为数不少。 但真正依靠自己白手起家、靠艰苦奋斗创业的人却屈指可数。 霍英东就是白手起家的人中的一个。 他以经营地产业、淘沙业为主，兼营石油、航运、旅游、饮食等多种行业，经营着60多家公司，人称亿万富翁。

霍英东身材并不高大，也无富态，是个典型的广东老人。 他1922年生于香港一个穷苦的水上人家，一家五口常年漂泊在舢舨上。 7岁那年，父亲死于暴风雨之中，后来两个哥哥也相继落海身亡。 母亲带着霍英东及两个妹妹，以缝补衣裳和用小艇运煤维持生活。

18岁那年，霍英东挑起了全家生活重担。 他先在轮渡上当加煤工，后又去机场做苦力，被机器轧断了一个手指，不久，机场开除了他。 总之，刚踏上社会的霍英东，终日在苦难中挣扎。

抗战胜利后，霍英东开始用小舢舨收购各种战后剩余物质，然后转手卖出。 一条小舢舨载着他风里来雨里去，饱受了生活的折磨，同时也造就了他坚韧不拔的意志。 经过一段时间的辛苦创业，霍英东竟奇迹般地发达起来。 他将舢舨换成了小艇，小艇又换成了驳船，终于积聚了相当的资金。

霍英东这个贫苦的水上人家的后代，原先既不懂航运业，也不懂建筑业和地产业，更无可依赖的势力，全凭自己的艰苦奋斗获得了成功。 他由一条小舢舨起家，最后成为"工商巨子"。 现在，他常常坐着自己的豪华游艇在维多利亚湾游弋，让回忆告诫自己不要忘记那风雨飘摇的小舢舨。

生活就是这样。 一个人就是一个世界，每个人都是这个世界的主人。 每个人对自己世界作出的选择和决定，随即影响到所有其他世界的存在。 当自己对自己的世界感到沮丧、不满、无望时，实际是对自己的选择、决定作出的反应，解决的方法也只有自己去改变这一切，因为最能依靠的人是你自己。

人总要学着长大，不要让依赖这条"毒蛇"，慢慢地将你的思想与灵魂吞噬。 不要让生活在安逸无忧中僵直麻木，无力再面对外面的风风雨雨时，才后悔莫及。 靠人不如靠己，这可以算是一句至理名言了。 事实

上，每个人都有巨大的潜能，每个人都有自己独特的个性和长处，每个人都可以选择自己的目标，并通过不懈的努力去争取属于自己的成功。

人要想生存，最踏实的一条出路就是自力更生、奋发图强，一个人只要有靠人不如靠己的决心，就能产生一种无穷的力量。

●●退路
是懦夫的专利

项羽有一次与秦兵交战，面对优势敌人，过河后项羽命士兵把锅都打碎，船都弄沉，并对士兵说："我们惟一的生路就是要战胜敌人。"士兵们在没有退路的情况下都奋勇杀敌，结果大破敌军。这次战役给后人留下了"破釜沉舟"这个成语，也让大家知道了什么是置之死地而后生。

同样在日常生活中，在一些关键时刻，有意识地断绝自己的退路，把自己置身于只能前进无法后退的状态下，就能产生一种内在的自我激励。而这种激励会使你树立自信，发挥自己的潜能，获得成功。

杰克是美国《国家地理》杂志的一名摄影师，他拍过很多动物和它们的生活，让他至今难以忘怀的是非洲草原上狼和鬣狗交战的一幕：

那是草原上一个极度干旱和燥热的季节，许多动物因为缺水和食物而死去。生活在这里的鬣狗和狼，也面临同样的问题。不同的是狼群外出捕猎统一由狼王指挥，而鬣狗却是一窝蜂地往前冲，它们仗着数量众多，常常从猎豹和狮子的嘴里抢夺食物。由于狼和鬣狗都属犬科动物，所以能够相处在同一片区域，甚至共同捕猎。可是，在食物短缺的季节里，狼和鬣狗也会发生冲突。这一天，为了争夺被狮子吃剩的一头野牛的残骸，一群狼和一群鬣狗发生了冲突。双方死伤惨重，但由于鬣狗数量比狼多，很多狼都被鬣狗咬死了。最后，只剩下一只狼王与五只鬣狗对峙。显然，精疲力竭的狼王根本不是鬣狗的对手，何况狼王还在混战中被咬伤了一条后腿。那条拖拉在地上的后腿，是狼王无法摆脱的负担。

面对步步紧逼的鬣狗。狼王猛然回头一口咬断了自己的伤腿，然后向离自己最近的那只鬣狗猛扑过去，以迅雷不及掩耳之势咬断了它的喉咙。其他四只鬣狗被狼王的举动吓呆了，都站在原地不敢向前。终于，四只鬣狗拖着疲惫的身体一步一摇地离开了怒目而视的狼王，狼王得救了。

当生命遭遇威胁时，狼王选择了咬断后腿，为的是让自己毫无牵累地应付强敌。狼王自断退路的精神值得我们深思。日常生活中，虽然没有如此血淋淋的生死战役，但人生其实也是一个大战场。很多时候，你面前也只有两条路：要么成功，要么失败，没有任何后路可退。

这就像中国的象棋，过河的小卒是没有退路的，因此它往往能发挥不小的作用，对于一盘棋局的胜负常有决定性的作用。如果你要想真正获得一点成就，真正不虚度光阴，一定要敢于把自己推到一个无路可走的境地，置身于死地，这样才会有"山穷水尽疑无路，柳暗花明又一村"的豁然开朗。要相信，当你就要坚持不下去的时候，也就是天快放亮、山快到顶、路快见宽的时候，千万不要放弃。

是的，人生没有退路，往前走，终会成功！

●●万事俱备
还要敢拼

从前，有一位聪明的商人，准备扩展自己的事业范围。他带着罗盘、地图，带着满满两袋大蒜，骑着骆驼，跋涉来到遥远的阿拉伯地区。当地每星期只赚两块钱薪水。他们没有把贫穷当成前行的障碍，而是把所有精力都用于工作，根本没时间自我怜惜、寻找借口。

萧伯纳从小家境窘迫，在他13岁的时候，家长便通过熟人给他找了份工作。服装公司的老板嫌萧伯纳年龄太小没有留用，可是萧伯纳的家人却未因此放弃。最后他们通过萧伯纳叔叔的关系为萧伯纳找到了一份工作，开始赚钱养家了。

Men should be tough to himself

后来，为了迁居伦敦，萧伯纳的母亲将家里的一切都变卖了，只留下一架钢琴。"我突然觉得自己生活在一个没有音乐的屋子里，仿佛只有通过自己才能证明我的存在"。从此，萧伯纳开始自学钢琴。在那段时间里，所有住在哈考特街的居民们都饱受了来自 61 号居室声音的侵扰。因为在此时期，萧伯纳经常靠音乐排遣工作中的烦恼。他的主要工作就是每周都要到各家各户去收房费。跟那些贫穷的房客们打交道。这种生活用他自己的话来说。比去蒙特乔依的监狱探视好不了多少。

虽然萧伯纳很厌恶这份工作，但在这个行业里还是干了整整四年，工作之余他将自己的精神寄托于音乐、绘画和文学。就这样，孜孜不倦的萧伯纳改变了自己的命运。

爱尔兰伟大的戏剧家曾说过："人们时常抱怨自己的环境不顺利，因此使他们没有什么成就。我是不相信这种说法的，假如你得不到所要的环境，可以制造出来一个呀！"

萧伯纳的成功之路同样也是障碍重重，但他却从不自弃，从不放弃拼的勇气和机会。再比如，文学家罗伯·路易·史蒂文森多灾多病，却不愿让疾病影响生活和工作。身边的家人和朋友都认为他十分开朗、有精力，他所写的每一行文字也充分流露出这种精神来。由于他不愿向身体缺陷屈服，并对此感触很多，因此使得他的文学作品更精彩、更丰盛。

古人说，人生不如意之事常十之八九。既然不如意难免，不足常在，那么你所需要做的就是：勇敢战胜它们。

只有坦然面对自己的不足，把失意当成前进的动力，才有可能会取得成功。请记住，像伟人、巨人、成功者们一样，用失意来鞭策自己，用拼搏去战胜不足，永不言败！

在招聘的条款中，经常会有这样一条：能在一定的压力下工作。要承受巨大的压力，需要有很坚强的毅力。那么，你的坚毅度如何呢？

美国著名心理学家苏珊·杜薇在她的著作中提出以下三点可视为心理坚毅的成分，因为心理坚毅的人才不易于变得焦躁不安，被压力打垮，不使个人或组织在压力和危机面前陷入困境。这三点是：第一，对自我、工作、家庭和其他重要决定执著不变；第二，掌握对自我生命的感觉；第三．视生活中的转变为人生的挑战。

但凡满足了这三点的男人，无论在金钱上或心情上有多么不顺利，也不会身陷其中无法自拔。 因为，面对坚毅，所有的困难挫折都有尽头，只要坚持到了最后。 看似不见成效的努力必然会有收获的一天。 肯德基很多人都吃过了，但肯德基的创始人桑德斯上校是怎样成就如此大规模事业的呢？

　　65 岁以前，桑德斯上校穷困潦倒，需要靠领救济金生活。 后来，他不甘心一无所有地虚度余生，于是他问自己："我到底能做些什么呢"？ "他开始仔细思索，试图找出可为之处。 他想到了自己拥有的一份炸鸡秘方："这是人人都喜欢的食物，餐馆应该会要。"一开始，他挨家挨户地敲门，和餐馆老板谈他的设想："我有一份上好的炸鸡秘方，如果你能采用，相信生意一定能够提升，而我希望能从增加的营业额里抽成。"

　　很多人不仅不相信，甚至还当面嘲笑他："得了吧，要是你真有这么好的秘方，你还需要这么辛苦地推销吗？"桑德斯上校没有生气，而是从拒绝中虚心地接受了很多改良炸鸡秘方的建议，不断改进方法，最终，桑德斯上校的点子被接受了。 而在此之前，他被拒绝过整整 1009 次，花了两年的时间，驾着老爷车，几乎跑遍了全美国。

　　整整两年的时间，1009 次的拒绝。 有多少人能锲而不舍地继续下去？ 然而这正是坚毅的可贵之处。 无独有偶，肯德基最强有力的竞争对手麦当劳最崇尚的也是"坚毅"，麦当劳创始人雷·克罗克常说："世上没有东西可取代坚毅的地位。 有才能而失败的人比比皆是，才华横溢却不思进取者众多，受过教育但潦倒终生的也屡见不鲜。 惟有坚毅的人无所不能。"

　　如果你曾好好研究过历史上那些成功人士。 就会发现他们骨子里都有着几分坚毅，都不会轻易选择退却。 罗蒙·诺索夫是著名的俄罗斯学者、诗人。 他出生于渔民家庭，八岁丧母，少年饱受继母的虐待，每天从早到晚干着做不完的家务活。 可是，这个聪明的孩子不放弃学习。 俄罗斯寒冷的冬夜里，他常常因为偷偷看书被继母赶出家门，即使冷得直发抖，也仍然偷偷借着屋外微弱的路灯看书。 等继母睡着后又钻进堆满杂物的板棚里学习，寒风从裂缝中透进来，使他抖个不停，但他凭借自己的坚毅，最终成就了自己的事业。

　　成功和顺利常常只是事情的一半，挫折和困难则是事情的另一半。 当我们对挫折与困难的这一半不能够正确对待时，我们不仅失去的是一半，而且有可能失去的是全部。 因此，即使觉得自己已经跌落谷底，前进的道路一片迷茫，依然要努力坚持下去。 在这个过程中，你可以不断提醒自己目标在哪里，也可以从家人或榜样那里寻求前进的动力，暂时不刻意去与面临的问题或困境针锋相对。 要知道，事情总会有解决的办法，即使一个问题会困扰你一时，但决不会困扰你一生。

狼男人是这样炼成的

Chapter 3

男人的
字典里没有不可能

这个世界上,没有比人更高的山,也没有比脚更长的路。其实,在男人心中,一直存在着这么一个信念:我们能行! 只要我们愿意! 这个世界上,没有不可能。如果你愿意,成功将不再是奢望;如果你愿意,快乐将不再是幻想;如果你愿意,幸福将不再是迷茫。

●●没有什么是不可能的

当你拥有激情、兴奋和动机，不断向前进，任何事情都可能会发生。你要牢牢记住：没有任何事能让你气馁。 如果你认为你气馁了，那么告诉自己，要马上振作起来。 激励起你内心中的巨人，并不断向前迈进。

假如你在开始做一件事之前已经被打倒，并且已接受自己已失败的消极思想，认为你将永远爬不起来，你该怎么办呢？ 那么请立即改变你的态度，要从心里真正地改变。

你要开始向上看，开始向上思考，开始以一种奋发向上的态度采取行动，并且不断维持着向上的方向。 不管这次攀爬的坡度有多大，要耗费多长时间，只要你保持积极的思考，并经常实行积极原则，那么这条道路将很宽阔，你将会到达你所渴望的最高点。 有了这种精神，你心中的那个最高峰就不会再遥远。

有一位朋友，已经52岁了。 他是一家基础稳定的制造公司的执行副总经理。 他本身是个工程师，同时具有很杰出的管理才能。 可是在他的身上却发生了两件对他很不利的事：当时正是经济不景气时期，一家同他们竞争的公司拥有了一项新发明，使他们公司的生产线完全停顿了下来。这家公司宣布关闭时，正是就业机会最少的时候，对一个年过50岁的人来说，找工作实在太难了。 他的情况越来越糟，只要能找到工作，干什么他都愿意。 他敲了很多家公司的门，"对不起，现在并没有任何工作机会，把你的姓名留下来吧。"日子就这样一天天地过去了。

最后，有一位人事经理在看过他的人事资料之后，有点犹豫地说："你有很好的工作经验，不过我们现在并不缺人。 但不久以后，我们将有一个空缺，职位很低，我想你可能不会有兴趣。 你看，问题是你的条件太好了。"

"条件太好？ 没有这回事。 我虽然是个工程师，也可以拿起扫把。我将向你证明，我是本地最好的一个清洁工。 "他真的被录用为管理员

的助手，也就是一名清洁工。 他把他的工作技巧应用在清洁工作上，他十分努力，每件工作都在预定时间之前完成，然后再去要求指派更多的工作。

后来，他成为那家机构的部门经理。 现在他正朝着这个公司的最高职位进军。

你应该记住，你不能让任何事情把你绊倒，如果你已经被绊倒，就不要让任何事情使你永远爬不起来。

在西点军校，最著名的校训之一是：没有什么不可能。 "没有办法"或"不可能"常常是庸人和懒人的托辞。 这对西点人在智慧、性格、纪律和毅力方面的塑造是十分成功的。

"没有什么不可能"是美国西点军校传授给每一位学员的工作理念。它强化的是每一位学员积极动脑，想尽一切办法，付出艰辛的努力去完成任何一项任务，而不是为没有完成任务去寻找托辞，哪怕看似可以原谅的理由。

正是这种理念，培养了一代又一代真正的男人，他们带着无所畏惧的心态、冲破任何阻力的力量、诚实执着的工作态度、负责敬业而灵活机智的思维，走出了西点，走向了各行各业的巅峰，取得了令世人瞩目的成绩。

拿破仑信奉"世上没有什么不可能的事"，因此创造了许多奇迹。 许多的"不可能"只是常规理论下的结论，也许是因为信心不足，努力不够，或是过高估计了困难。

西点人相信，"没有办法"或"不可能"使事情划上句号，"没有什么不可能"则使事情有突破的可能。 "没有什么不可能"是男人的硬道理，所以应把它加入到你的大脑中。

Men should be tough to himself

●●超越平庸
　才能更完美

很久很久以前，一位有钱人要出门远行，临行前他把仆人们叫到一起并把财产委托他们保管。依据他们每个人的能力，他给了第一个仆人 10 两银子，第二个仆人 5 两银子，第三个仆人 2 两银子。拿到 10 两银子的仆人把它用于经商并且赚到了 10 两银子。同样，拿到 5 两银子的仆人也赚到了 5 两银子。但是拿到 2 两银子的仆人却把它埋在了土里。

过去了很长一段时间，他们的主人回来与他们结算。拿到 10 两银子的仆人带着另外 10 两银子来了。主人说："做得好"，你是一个对很多事情充满自信的人。我会让你掌管更多的事情。现在就去享受你的奖赏吧。"

同样，拿到 5 两银子的仆人带着他另外的 5 两银子来了。主人说："做得好！你是一个对一些事情充满自信的人。我会让你掌管很多事情。现在就去享受你的奖赏吧。"

最后，拿到 2 两银子的仆人来了，他说："主人，我知道你想成为一个强人，收获没有播种的土地，收割没有撒种的土地。但是我很害怕，于是把钱埋在了地下。"主人回答道："又懒又缺德的人，你既然知道我想收获没有播种的土地，收割没有撒种的土地，那么你就应该把钱存到银行家那里，以便我回来时能拿到那份利息，然后再把它给有 10 两银子的人。我要给那些已经拥有很多的人，使他们变得更富有。"

这个仆人原以为自己会得到主人的赞赏，因为他没丢失主人给的那 2 两银子。在他看来，虽然没有使金钱增值，但也没丢失，就算是完成主人交待的任务了。然而他的主人却不这么认为。他不想让自己的仆人顺其自然，而是希望他们能主动些，变得更杰出些。

不要满足于自己现在的工作表现，只有做到最好，你才能成为不可或

缺的人物。 人类永远不能做到完美无缺，但是我们要不断增强自己的力量、不断提升自己的能力，对自己要求的标准也要越来越高。 这是人类精神的永恒本性。

对于我们来说，顺其自然是平庸无奇的，是一个没有出路的选择。 为什么可以选择更好时我们总是选择平庸呢？ 为什么我们只能做别人正在做的事情？ 为什么我们不可以超越平庸？

在比赛场上，如果一个人顺其自然的话，那么他也不会赢得奥林匹克竞赛。 哈伯德曾说过如此一段话："不要总说别人对你的期望值比你对自己的期望值高。 如果那个人在你所做的工作中找到失误，那么你就不是完美的，但是你也不需要去找借口，承认这并不是你的最佳程度，千万不要挺身而出去捍卫自己。 当我们可以选择完美时，却为何偏偏选择平庸呢？他们可能会说："我的个性不同于你，我并没有你那么强的上进心，那不是我的天性。"

在某大型机构一座雄伟的建筑物上，有句很让人感动的格言。 那句格言是："在此，一切都追求尽善尽美"。 "追求尽善尽美"值得作我们每个人一生的格言，如果每个人都能重视这一格言，实践这一格言，决心无论做任何事情，都要竭尽全力，以求得尽善尽美的结果，那么人类的福利就不知要增进多少。

人类的历史，充满着由于疏忽、畏难、敷衍、偷懒、轻率而造成的可怕惨剧。 在宾夕法尼亚的奥斯汀镇，因为筑堤工程没有照着设计去筑石基，结果堤岸溃决，全镇都被淹没，无数人死于非命。 像这种因工作疏忽而引起悲剧的事实，在我们这片辽阔的土地上，随时都有可能发生。 无论什么地方，都有人犯疏忽、敷衍、偷懒的错误。 如果每个人都凭着良心做事，并且不怕困难、不半途而废，那么非但可以减少不少的惨祸，而且可使每个人都具有高尚的人格。

养成了敷衍了事的恶习后，做起事来往往就会不诚实。 这样，人们最终必定会轻视他的工作，从而轻视他的人品。 粗劣的工作，就会造成粗劣的生活。 工作是人们生活的一部分，做着粗劣的工作，不但使工作的效能降低，而且还会使人丧失做事的才能。 所以，粗劣的工作，实在是摧毁理想、堕落生活、阻碍前进的仇敌。 它会让人终其一生都处于社

会的底层，不能出人头地。

要实现成功的惟一方法，就是在做事时，要抱着非做成不可的决心，要抱着追求尽善尽美的态度。 而世界上为人类创立新理想、新标准，扛着进步的大旗，为人类创造幸福的人，就都具有这样的素质。 无论做什么事，如果只是以做到"尚佳"为满意，或是做到半途便停止，那他绝不会成功。

有人曾经说过："轻率和疏忽所造成的祸患不相上下。"许多年轻人之所以失败，就是败在做事轻率这一点上。 这些人对于自己所做的工作从来不会做到尽善尽美。

大部分年轻人，好像不知道职位的晋升，是建立在忠实履行日常工作职责的基础上的。 只有尽职尽责地做好目前的工作，才能使他们渐渐地获得价值的提升。

相反，许多人在寻找自我发展机会时，常常这样问自己："做这种平凡乏味的工作，有什么希望呢？"可是，就是在极其平凡的职业中、极其低微的位置上，往往蕴藏着巨大的机会。 只要把自己的工作做得比别人更完美、更迅速、更正确、更专注，调动自己全部的智力，从旧事中找出新方法来，才能引起别人的注意，使自己有发挥本领的机会，满足心中的愿望。

做完一个工作以后，应该这样说："我愿意做那份工作，我已竭尽全力、尽我所能来做那份工作，我更愿意听取别人对我的批评。"

成功者和失败者的分水岭在于：成功者无论做什么，都力求达到最佳境地，丝毫不会放松；成功者无论做什么职业，都不会轻率疏忽。

你工作的质量往往会决定你生活的质量。 在工作中你应该严格要求自己，能做到最好，就不能允许自己只做到次好；能完成百分之百，就不能只完成百分之九十九。 不论你的工资是高还是低，你都应该保持这种良好的工作作风。 每个人都应该把自己看成是一名杰出的艺术家，而不是一个平庸的工匠，应该永远带着热情和信心去工作。

●●狼性的男人
永远没有失败

什么是狼？ 能蔑视危机、啸傲丛林、坚忍而不屈不挠、无往不利等，并且拥有我们人类的那种爱、奉献、忠诚和知恩图报。 在它们面前永远都没有"失败"，这就是——狼。

狼群是"失败是成功之母"信条最卓越的实践者。 失败是一种心态，而不是现实。

失败和挫折其实本来就是人生不可或缺的一部分。 失败的痛苦是上帝与每一种生物沟通并指出它们错误时所使用的语言。 有些动物甚至人，在听到上帝的这些话时，可能会变得胆怯，致使它们逃避所有可能的威胁。 但另外一部分，在听到上帝的这些话时，就会变得更为谦虚，以及学到更多的智慧。 我们应该知道，我们成功的转折点通常是在失败之后出现的。

狼就属于刚才我所说的"另外一部分"。 "失败是成功之母"，毫无疑问，这是智慧的人类说出的话语，但我们人类是否按照这样的真理生活或者工作呢？ 面对这样的疑问，我们变得不再理直气壮，因为即使我们说出了真理，我们相信真理，但我们却很少遵循真理。 狼群，在这里又一次成为我们的老师。 狼群就是"失败是成功之母"信条的最卓越的实践者。

狼群面对失败，从来不会退缩、屈服，它们甚至没有一点沮丧。 它们不会像人类一样，在失败之后不停地抱怨，不停地为自己寻找各种各样的借口，它们要做的只是默默地忍受失败，忍受饥饿，然后从失败的行动中寻找经验教训，以便在下一次捕猎时避免重蹈覆辙。

对狼群来说，失败就是经验，它们会把每一次失败都牢牢记在心里，以避免再犯同样的错误。 它们会在失败之后，等待下一次机会。 对狼群

来说，再多的失败都没有关系，只要它们能捕捉到猎物，只要它们能生存下来，就是最大的成功。

任何人在到达成功之前，都会遭遇到一些失败。每一个成功的故事背后都有无数失败的故事。伟大的发明家爱迪生在经历了一万多次失败后才发明了电灯，而沙克也是在试用了无数介质之后，才培养出了小儿麻痹疫苗。

我们应该把暂时的失败当做发现真理、走向成功的必经之路。如果你真的能理解这句话，那么就会调整你对逆境的反应，继续满怀信心地向最终目标前进。暂时的挫折失败绝对不等于永远的失败——除非你自己这么认为。我们遭遇的失败来自我们的软弱，当我们被戳、被刺甚至被伤害到不知道疼痛的程度时，才会唤醒包藏着神秘力量的愤怒。

对于失败所持的态度，比失败本身更重要。这种态度对你是否能够掌握自己的命运具有决定性的影响。你可以把失败看成是一种"失"，但你也可以把它看成是一种"得"，这是两种完全不同的心态。在莎士比亚的一出戏剧中，凶手布鲁特斯的一段台词正好表现出以消极心态面对失败的情形：

> 在人类的世界里有一股海潮，
>
> 当涨潮时便引领我们获得幸福；
>
> 不幸的是，他们的一生都在阴影和痛苦中航行。
>
> 我们现在就正漂浮在这股海潮上；
>
> 当它对我们有利时，就应该充分把握机会，
>
> 否则的话，必将在危险的航行中失败。

这是一位被判处死刑的人所说的话，他根本不了解引领人们获得幸福的机会绝不只有一个。积极的心态与布鲁特斯消极的心态完全不同。让我们再来看一首名叫《机会》的诗：

> 当我一度敲门而发现你不在家时，
>
> 他们都说我没有希望了，但是他们错了；

因为我每天都站在你的家门口，

叫你起床，并且争取我希望得到的。

我哭不是因为精华岁月已成云烟；

每天晚上我都烧毁当天的记录；

当太阳升起时又再度充满了精神。

像个小孩子似的嘲笑已顺利完成的光彩，

对消失的欢乐不闻不问；

我的思考力不再让逝去的岁月重回眼前；

但却尽情地迎向未来。

如果你能发现在每一次失败中都有等值利益的种子时，你就会接受这首诗中的观点。记住"当太阳下山时，每个灵魂都会再度诞生"。而再度诞生就是要把失败的痛苦抛到脑后，认真反思，并期待下一次机会的来临。

有人曾经问一个孩子："你是怎么样学会滑冰的？"孩子天真地回答："跌倒了爬起来，爬起来再跌倒，然后再爬起来，就学会了。"一个人或者团队，要战胜失败，要想取得最后的成功，实际上需要的就是这种精神。

任何事物，都有一个成长的过程，从幼稚到成熟，从弱小到强大。这种规律是不会改变的。看看世界上那些著名的大公司，每一个都是从一无所有开始创业。没有任何一个公司是刚刚创立就能在它所在的行业中处于最高地位。即使有雄厚的资金支持，有足够的人力资源，有百年不遇的机会，这个公司也要经历由小到大，由弱到强的过程。而在这样的过程中，它会经历各种挫折，甚至是惨重的代价。竞争对手们看到了潜在的市场瓜分者，会趁它还没有能力与他们抗衡的时候，给它打击，延缓它前进的步伐，甚至让这个公司在摇篮中死亡。

不要抱怨对手的残忍，竞争从来都是如此。当市场决定了只能有三家生产同样产品的公司存在时，那么四家公司的其中一家就肯定要从这个市场上消失。任何人都不愿用自己的灭亡来换取他人的生存。

所以，任何一个团队，都要有面对各种困难、挫折和失败的勇气。

经历过失败的痛苦，才能找到真正的自我，才能发现团队的不足之处，才能感受到自己真正的力量。 遭遇挫折时，要像狼一样，将失败当成练兵的最好机会，增加团队成员对成功的渴望。 跌倒了爬起来，再跌倒再爬起来，但最后一个动作永远是爬起来，爬起来永远要比跌倒多一次。

所谓"逆水行舟，不进则退"，我们时刻都要为自己充电，才能让自己壮大，才能不被这个残酷的社会淘汰。 要有狼那种不屈不挠的精神，才能充当真正的勇士。

●●没有"不可能"的概念

作为一个男人，应该要学会把"不可能"化为"可能"。 如果你不愿意被"不可能"这三个字征服，那么就将它们从你的字典里除掉吧，让积极的思想帮你摆脱绝望。

我们现在讲一个关于弗瑞和珍妮芙的故事，他们欠了一大笔的债务，经营的那家小服装店也难以维持。

当时经济很不景气。 他们旁边的店铺都关了门，他们离倒闭的日子也不远了。 他们欠账的数目加起来已经非常庞大，而他们的收入却又少的可怜，除非有奇迹发生，要不他们根本就无法把债还清。

一天早晨，弗瑞和珍妮芙坐在他们的办公室里发愁，把他们的账单拿出来再次看一遍。 店里十分冷清，一个顾客也没有。

然而有一件值得高兴的事情发生了。 他们的一位在化学研究上极有名望的科学家朋友，正好从附近的街道走过。 突然心血来潮，决定去看看弗瑞和珍妮芙。

这位科学家朋友发现了这对年轻夫妇的沮丧和焦急。 他问一个没必要问的问题："生意还好吗？"弗瑞拿起一张纸，在上面大大地写下"不可能"三个字，递到这位朋友面前。 这位朋友就是阿弗瑞德·克里菲博士，这位伟大的科学家仔细打量着那几个字，然后说："让我们来看看'不可能'这个词，如果你们不愿意被它征服，那么我们就想想该怎

么来对付它吧。"说完，他拿起一支铅笔在纸上画了两道斜线，一道画在 i 这个字母上，另一道画在 m 这个字母上。 因此，现在这个词看起来就是：possible（可能）。 在去掉 im 之后，possible 这个词就显得既清楚又突出。 他说"如果你不认为任何事情都是不可能的，那么，就没有任何事是不可能的。 你觉得如何呢？ 让我们只看到 possible 这个词。 我们可以运用积极思想来应对现在面临的情况。"

克里菲从一叠已准备好寄给他们顾客的账单中，拿起最上面的一张发票。 "约翰·波特"，他问，"你对波特先生有何了解？ 他是否有妻子和孩子？ 是否知道他的生意做得如何？""我怎么知道？"弗瑞不满地嘀咕着，"他只是一个顾客，而且付款一向很慢。"

"我告诉你该怎么办。"克里菲说，"从电话簿上找出他的电话号码，打个电话给他，以友善的态度问他的情况如何，现在就这么做。"

弗瑞很勉强地照着朋友的指示做了，并且跟对方聊了一会儿，从他脸上浮现的第一个笑容来看，这次谈话显然十分愉快。 "他似乎很高兴，"他说，"而且对于我的问候感到惊讶。 他问我们的情况怎样，我告诉他，我们正在收欠款，并付一些账款给别人。 他说，他的情况也是一样，他接着强调并没有忘掉他欠我们的钱，不过，我一再向他说明，我打电话给他并不是为了讨债。"

然后，克里菲提议说："现在，让我们来想些主意。 有足够的钱买一罐油漆吗？"

"有啊！ 我们还不至于那么潦倒。"弗瑞不高兴地说。

"嗯，你们可以把店铺内部重新粉刷一遍。 把那面橱窗和展示架刷得闪闪发光为止。 为天花板上那些美术灯换上一些新灯泡。 最重要的是，在你们脸上挂满微笑，在店里等待顾客上门。 当人们到来时，以真诚友善的态度去迎接他们。 不断地把事情认为是有可能的。 永远除掉那个不可能的概念。 当然这并不很容易，但只要按照我的话去做，你们就能一帆风顺，勇敢地朝前迈进。"

在一个月内，这对年轻夫妇收回了不少欠款，足够使他们度过难关。渐渐的，他们开始有了收益，终于度过了这个难关，而这完全是因为他们采纳了一位老朋友聪明的建议，对"不可能"这个词采取了新的看法。

●●勇于突破，
尝试新的体验

21世纪是一个"快鱼吃慢鱼"的信息时代，资源共享，每一天都在发生新的改变。当身边的人都一边充电一边向新的领域进军时，原地踏步的人，很快会发现自己虽年纪轻轻，却已有了落伍的烦恼。

许多二十几岁的年轻人，时常把"自我突破"四个字挂在心上，但又往往不知道应该从哪里下手。那么，请你先来回答一个问题：你觉得自己是个老实人吗？

"老实人"在现代社会不一定是个褒义词，它暗示着某个人缺乏探索的勇气。勇气是一种精神，只有具有健康心态的人才有勇气。老实人总是瞻前顾后地害怕跌倒，因此永远跑不快。二十几岁的年轻人，首先要突破的就是老实人的裹足不前。

许多能做大事的人，在他们心目中也并没有许多明确的目标，相反却是变动得非常快，有时甚至连目标是什么都不知道。他们只是不断地去尝试新的事物，大胆接受新的信息，直到对自己所做的选择有所把握为止。

对台湾的企业家廖镇汉来说，打造微风广场，不但塑造了台湾百货业新风貌，也是人生的重要历练。当年面对隔壁百货业龙头老大sogo的威胁，廖镇汉不甘示弱，他心里只有一句："不拼，怎么知道不行？"他跌破大家眼镜，第一年就让商场获利，营业额超过60亿元，廖镇汉用微风的营运成绩，证明自己不再是商场的初生牛犊。

廖镇汉脑筋动得快，虽是市场新兵，但很会参考别人的经验，因此生出不少新点子。重点是，他敢放手大胆去做。他常说："不试怎么知道？只要有1%的机会，我就去做。不做，永远都不会有，做了至少还有成功的机会。"廖镇汉自负地说，就像十多年前，在众人都不看好的情况下，他咬紧牙关，不服输地从无到有打造了微风广场。

有成功潜质的人，永远在不断地改善自己的行为、态度和自己的人格，他们总是希望更有活力，总是希望产生更大的行动力。 相比之下，很多人饱食终日，无所用心，不做运动，不学习，不成长，每天都在抱怨一些负面的事情，日子就这么一天天混过去了。

不前进，就意味着后退，只有积极行动，才能使我们在激烈的竞争中获得一个更为有利的位置。 网易的丁磊说："人生是个积累的过程，你总会摔倒，但即使跌倒了，你也要懂得抓一把沙子在手里。"

衡量一个人成功与否，与金钱无关，与年龄无关，关键在于你是否能够抱有理想，你是否勇于进取。

大学毕业后，丁磊回到家乡，在电信局工作。 电信局旱涝保收，待遇不错，但丁磊觉得那两年工作非常辛苦，同时也感到一种难尽其才的苦恼。 他准备从电信局辞职，遭到家人的强烈反对，但他去意已定，一心想出去闯一闯。

他这样描述自己的行为："这是我第一次开除自己。 人的一生总会面临很多机遇，但机遇是有代价的。 有没有勇气迈出第一步，往往是人生的分水岭。"

他选择了广州。 初到广州，走在陌生的城市，面对如织的行人和车流，丁磊越发感到财富的重要性。 最现实的是一日三餐总得花钱吧？ 也不可能睡在大街上成为乞丐吧？

不知道去过多少公司面试，不知道费过多少口舌，凭着自己的耐心和实力，丁磊终于在广州安定下来，并进入一家外企工作。

经过一段时间的打拼，丁磊决定创办自己的网易公司。 此后，在中国IT业，丁磊成了举足轻重的人物。 自从 2001 年底推出《大话西游》以来，网易已经从网络游戏领域的"小人物"变成该领域的巨头之一。

事实证明，尽管网络游戏市场竞争激烈，网易的投入还是获得了很好的回报。

一个人想要实现自己的目标，除了勤奋之外，就是要积极进取和创新。 丁磊能在信息产业中站稳脚跟不是偶然的，从创业到现在，他每天都在关心新的技术，密切跟踪互联网新的发展，每天工作 16 个小时以上，其中有 10 个小时是在网上。 他的邮箱有数十个，每天都要收到上百封电子邮件。

他认为，虽然每个人的天赋有差别，但作为一个年轻人，首先要有理想和目标。 他本人就在技术方面爱动脑筋，有聪明之处，但如果没有积极进取的态度，没有在技术方面不停地摸索，也不会有熟能生巧的本领和创新。

年轻的朋友也许会以为，创造价值神话的时代已经过去，先行者已经占据了有利的地形，留给无名小辈的机会已越来越少。 其实能否自我突破，更注重的是一种心理体验，在日常工作生活中，随时都会有新的障碍考验你的冲劲儿。

王林毕业于某财贸学校，被聘为某公司会计。 因为他在应聘时说自己有两年工作经验，所以主管直接指派他做会计。 其实他连一天工作经验也没有。 一接触到实际工作，他才发现学校学的那点东西远远不够，连有关会计科目都理解不清，怎能做账？ 但他坚信自己能完成工作。 他每天加班到凌晨三点，查阅以前的会计账，并参考有关书籍，边学边做。十天后，王林按时完成了工作，并发现自己在处理会计账目时，已不比老会计差。

阿平是某名牌大学的毕业生，参加工作后，很想干出一些令人刮目相看的成绩来，以体现名牌大学毕业生的真正价值。 但是，接触到实际工作后，他总觉得自己有所欠缺，对完成任何事都没把握，或者专业知识不够完善。 因此，他从不敢大胆承担棘手的任务，生怕做不成，有失身份。 久之，上司对他失去了信心，将他当成一个打杂的人，只交给他一些简单的工作。 阿平也对自己失去了信心，怀疑自己只适合当学生，不适合在社会上混。 正当阿平为何去何从的问题犹豫不决时，调来了一位新上司。 新上司对阿平说："不要找那些不能完成的理由。 如果什么事都等到十拿九稳才去干，那就什么事也干不成。 行动吧，行动产生奇迹。"对阿平来说，这是一个良好的开端。 一年后，他成了这家公司最优秀的职员。

当你遇上害怕做的事情时，只要敢试一试，就会觉得并没有什么，也没有你原先想象的那么可怕。

怕了一辈子鬼的人，一辈子也没见过鬼，恐惧的原因是自己吓唬自己。世上没有什么事能真正让人恐惧，恐惧只不过是人心中的一种无形障碍罢了。不少人碰到棘手的问题时，习惯设想出许多莫须有的困难，这自然就产生了恐惧感，当你大着胆子去干时，就会发现事情并没有自己想象的那么可怕。

有时候，我们不敢学外语，不敢学小提琴，不敢下水学游泳，不敢在课堂上提问，不敢上台讲演，明知这件事不对也不敢说个"不"字，等等。这种种不敢，其实都是我们自己给自己设下的无形障碍！也正是这种无中生有的无形障碍，使我们裹足不前，错过了许多我们本来应该去做，而且能够做好的事。要记住，在尝试新事物的过程中肯定有输有赢，但你如果什么都不敢去做，那就是自动投降，就会一输到底。

●●荒山也能走出路

商机来自政策、来自信息，先下手者先得益，但也有毫无创新头绪的时候，这时候怎么办？模仿、跟风或许是最好的办法。跟风是一把钥匙，许多草根出身的商人，最初正是通过"模仿"和"跟风"，在商品经济的海洋中淘到第一桶金的。

以娃哈哈为例，该公司的每一个产品都不是第一个吃螃蟹的。最早做营养液的时候，调研人员的结论是市场饱和、退出竞争。后来做水、做茶，都在"旭日升"、"康师傅"之后。"非常可乐"，更是在"可口可乐"和"百事可乐"最威风的时候推出的，但娃哈哈做一个赚一个，而且都具有较高的市场占有率。

由于中国市场环境十分特殊，任何一家外资企业要在这块土地上打下一片天并不容易。经过二十几年来的惨淡经营，可口在中国可乐市场拿下了57.6%的占有率，公司经营已开始出现盈利；百事可乐则取得了21.3%的份额，仍处于小幅亏损状态。这两家死对头在中国市场的竞争中延续着过去的传统，到处都留下浓厚的硝烟味，激烈程度不比在美国本土上

的战况逊色。 1998 年中国可乐市场杀出了一个程咬金，娃哈哈以本土饮料业老大之姿，来势汹汹地推出非常可乐，并成功地攻取了约 10% 的占有率。 在中国巨大的消费市场里，非常可乐以独立的姿态站在了中国人面前，从中国这片只有外国可乐的海洋里走了出来，开辟了一条属于自己的道路。

当然，模仿不是事业的终极目标，它只是发展道路上的一个阶段，创新、建立自己的品牌和形成自己独立的知识产权才是真正的目标。

在没有机会的地方创造出机会，在别人还在苦苦挖掘机遇的时候找到并踩出上山的路，这是优秀商人应该具备的另一个能力。 不过，这需要足够的勇气和永不言败的精神。

1987 年，普通中学教师宗庆后带领两名退休老师，靠 14 万元借款成立了杭州市上城区校办企业经销部。 由于找不到什么项目，他们先卖四分钱一支的"棒冰"。 这个谁也没有看好的校办企业经销部，就是娃哈哈的前身。 1989 年，宗庆后等人用卖冰棍积攒的钱，成立了娃哈哈营养食品厂。 现如今，"喝了娃哈哈，吃饭就是香"这句广告词可谓家喻户晓，娃哈哈也成了中国规模最大的食品饮料企业之一。 然而，宗庆后并不是从一开始就设计好了企业发展道路，而是偶然闯入了中国的营养品市场，有点儿"脚踩西瓜皮，滑到哪里是哪里"（柳传志语）的味道，或许谈不上什么先知先明，但是超人的勇气和进取的精神使娃哈哈走向了成功。

从娃哈哈的成功和柳传志的"西瓜皮理论"中，我们可以看出：只有勇于探索的人，才有可能成功。 "滑到哪里是哪里"并不是顺坡溜，而是对市场的一种适应，通过这种"适应"找到了属于自己的"奶酪"。它靠的是对市场的敏锐直觉。 直觉从何而来？ ——关心时政大局，关注信息。

Chapter 4

男人哭吧不是罪

生活中很少看到男人哭，也很少感到男人需要什么关怀。他们似乎永远都是豪气干云一群，永远都要展现铁骨铮铮的一面，无论站起坐下都像一座挡风的山，一座遮天的山，把所有的风霜承担了，把所有的压迫都自己扛。

●●哭，不是女人的专利

很多人都认为哭是女人的专利，只有女人才会哭，哭与男人无关。 但现实真是这样吗？ 男人同样是人，男人也有感情，他们同样也需要哭。 不要认为男人哭是可耻可笑的、是见不得人的，一个男人不会哭才会被称之为不是一个纯正的男人。

男人不能像女人一样，不高兴可以用眼泪发泄一下，如果你哭了，女人会毫不犹豫地给你一句："你还是不是男人？"工作上的压力、家庭的重担全放在他们身上，他们还不能叫苦，谁叫你是堂堂七尺男儿呢。 苦的、累的事情都应该是男人做，女人们往往都是只能站在一边，或者帮点小忙。 男人辛苦一天回到家的时候，如果可以看到自己爱人的一个笑脸，或者喝到一杯泡好的茶，再或者是老婆的一句"老公，辛苦了"，我想他们再苦，他们也会觉得值！

每个人都有不愉快的时候，每个人都有心情压抑的时候，每个人都会碰到伤心痛楚的时候。 每每心情不爽时，女孩子往往会选择哭，哭一场，让泪水洗掉心灵的创伤，也许这是一种不错的选择。 而男人呢，他们大部分选择借酒消愁，让酒精去杀死不高兴的细菌，压抑内心强烈的感情。

某一个公司的会议上，来自亚洲各地的地方主管齐聚一堂，忽然间，有一位女性主管讲起她开拓新业务上所受到的委屈，对同一地区的男性主管的袖手旁观甚至横加阻挠很是不满。 说着说着，忽然哭了起来。 当她的啜泣声变成嚎啕大哭时，在座的男性都不知所措，像一群做错事的孩子，只能呆呆看着她。

会场本来的火药味，在女主管停止呜咽后，看似平和了许多，好像一场春雨浇灭了燃起的火药线一样。

"对不起，我不该这么冲动的，可能因为家里的孩子疑似肠病毒，正在发高烧的缘故……"

男人哭吧不是罪

这是好结果吗？ 未必见得。 吃午餐的时候，女主管仍孤零零地坐在角落。 开完会后，男主管一提起这位女主管，用的代号都是：那个歇斯底里的女人！

另一人也哭了，下场却完全不同。

有一位男性中年主管说起他工作上的障碍，竟然也失声哭了出来。

大家都很惊讶，几个女性主动走过去拍拍他的肩膀表示关心，他停止啜泣后，说："对不起，我不该这么激动，昨天我的孩子发烧，太太又出差，所以……"

吃午餐时，他的身边坐满了充满关心的女人。

后来，所有女性都对这位本来凶巴巴的男主管改观，说他是铁汉柔情，以前真是错看他了。

哭对一个女人来说，是简单的，女人有哭的权利，这是整个社会环境赋予。 但是男人的哭也不必去顾虑"男儿有泪不轻弹"，无须去追寻"男人哭吧不是罪"。 毕竟男人的哭不是一场招募怜悯的秀，而是在倒影着真实的自我。

有泪有声为哭，有泪无声为泣，有声无泪为嚎。 男人大可不必像淑女般的默默低泣，这未免掩饰了男人沉重的心门，敷衍了事；男人又切不可泼妇般的嚎啕无忌，这打雷不见雨下的方式，实在有装腔作势之嫌疑，最后弄得本是委屈压抑的自己更加有口难辩。 男人的哭还是要发自肺腑，声泪俱下，犹如火山爆发般气势磅礴、一泻千里、彰显着男性特有的野性魅力。

好男人一定是热血儿郎，但好男人未必是铁石心肠。 再好的弹簧也有劲度系数，再好的金属也有柔韧底线。 再好的男人不释放过多的内存垃圾，也会崩溃，也会迷茫，也会让锐气消亡。 为什么男人注定要无声忍受家庭、社会压力的不断刺激？ 为什么男人必须要沉默承受物质、精神的频繁折磨？ 既然提倡男女平等，男人也应该不再沉默！ 饶有气势地哭一场，响彻云霄，把烦恼清出九天。 像暴风骤雨来临般地哭一场，惊天动地，让委屈溢出心田。 撕心裂肺地哭一场，无怨无悔，让自己重新找回坚强的自我！

要哭就哭得畅快淋漓吧，毕竟是日积月累的发泄；哭得山崩地裂吧，毕竟是千难万险的缩影；哭得轰轰烈烈吧，毕竟擦干泪后还要去独自勇敢地面对一切，挑战所有。 因为你是男人，男人可以抱怨，但男人不能退缩；男人可以无助，但男人不能停滞；男人可以流泪，但男人不能言败！好男人，勇敢地哭吧，风雨过后将是你们更大的施展空间！

●●男儿不哭才是罪

男人有泪不轻弹，打掉牙齿也往肚里咽。 若是男儿也双泪长流，失声大哭，则不是大悲，而是大喜。 更会让男人散发出阵阵阳刚气息。

由于环境和教育所致，男人经常把让别人看到自己流泪视为莫大的耻辱。 对于他们来说，即使遇到天大变故而悲痛欲绝，也得设法抑制，表现出"笑在脸上，哭在心里"的男子汉气概。

小男孩刚学走路，不慎摔了一跤，哇哇地哭出来。 这时候，母亲就会告诉他："男孩子不许哭，一哭就会惹人笑！"

我们很少看到这样说话的母亲："噢！ 摔疼了是不是？ 好，好，你就尽情地哭吧。"

正是由于从小受到了这样的教育，所以，男人在以后即使被恋人甩掉，在牙医诊所遭受彻骨之痛，或是遭遇打击，在别人面前也绝对不会流下一滴泪。

这个戒律，可真把男人整得够呛了，无法流露天性，想来真可怜。

不过，也有少而又少的男儿尽情流泪的例外。

如平时有泪不轻弹的男人，终于忍不住而放声大哭，就为了他的悲怆，会被赋予高度的评价，也就是说，哭在这时彰显了男子气概。

在姜文导演的电影《秦颂》中，一向无比坚强的秦始皇最后在登基时，面对祭坛内引燃的"圣火"，他的眼睛里忽然滚动出一串泪水，这一画面就非常真切地把秦始皇那种悲喜沧桑的复杂心理表现得淋漓尽致。

每四年一度的世界足球大赛，比赛完毕的笛声一响，胜队固然喜泪满面，败队也大洒悔恨之泪。

刘德华的一曲"男人哭吧不是罪"火遍了中国的大江南北，也不清楚被这首歌感动过的男人又有多少人！ 武侠小说家古龙曾说英雄无泪。 尽管我们不明白这个世界上有没有真正的英雄，但至少我们能够了解到生存在这个世界上的男人更多的是平凡的人。

但在当代社会里，面对日益激烈的竞争，男人们常常会感到自己太累，太压抑，他们累着并拼搏着；而面对外人，特别是面对女人，他们累着并掩饰着；面对天真的孩童，他们又是累着并慈爱着。 他们的内心世界复杂而又单纯、坚毅而又脆弱、温和而又冷酷。 或许在社会中承担重要角色的男人们本身就是这样的让人捉摸不透，更难以把握吧。 了解男人的内心世界，当他们面对困境，面对脆弱的自己时，该怎样将自己的情感表达出来，又将采取什么样的方式进行宣泄呢？ 在一般情况下，人类情感流露的一种自然方式就是哭泣。

35 岁的张伟是一家建筑公司的职员，他对男人哭有这样一种看法：我觉得男儿有泪不轻弹就是指在受到挫折的时候要坚持下去，在通常情况下我是不会哭的。 哭和笑都会给人的内心带来舒畅的感觉，我并不认为我的尊严会因为哭过之后而会受到影响。 当男人感到压力过大的时候，也需要一种方式来宣泄自己的感情，不能一味地控制自己的情绪，给自己一个哭出来的理由，真真实实、痛痛快快地做一回自己。

27 岁的杨君是一个图书管理员，他说：我觉得不管是男人还是女人，想哭就应该哭出来。 男人怎么了，伤心的时候一样可以哭啊，我认为这不是什么难为情的事情。 然而在我哭的时候我还是不愿让其他人看到，其实我挺想告诉别人：哭是一种最好的宣泄方式，更何况哭过之后心情会好一些，特别是向别人倾诉过之后。 情感要畅达，眼泪该流就让它流吧，哭过之后我也从来不会觉得自己是一个软弱的男人。

按照中国的传统来说，中国的家庭模式都是以"男主外，女主内"的固定形式而存在，男人像一座山，顶天立地，是一个家庭的顶梁柱，为自己的家庭撑起了一片天。 他的存在意味着一种威慑力，一份责任。 而男人在现代社会里所扮演的角色永远都是与"刚毅"、"勇敢"这些词汇相联系，让人领略到他的稳健和力量美。 事业在男人的生命里占有很大的一部分，只有事业的成功才能使其生命具有最大的活力与最灿烂的光辉。

他能够为了追求理想，历经坎坷而持之以恒；在商场激烈的追逐中也能够忍辱负重，最后，终于找回自己的一席之地等等。 在社会上男人扮演了非常重要的角色，把一生的重心都放在了事业上，家庭只是男人养精蓄锐的地方，等到精神与情绪调整好了，又要回到社会中去搏击。 总而言之，男人就是一座坚不可摧的堡垒，而事实的结果也正是如此。

现实社会里的男人们为了追求个人所谓的坚定信念，在拼搏中折磨着自己，虐待着自己。 来自事业的压力和感情上的挫折，能够使他充分体味到人间的冷暖生活。 所以，越来越多的男人认为活得非常地不轻松，整天都要面对这些压力所带来的负面影响，他们焦头烂额、手足无措。 而且，男人们都十分地注重面子，有极强的自尊心作祟，使得他不会轻易在别人面前把自己的疲惫和不安暴露出来。 他们压抑着自己的不安，掩饰着自己的疲惫，就算是面带倦容，依旧是一副勇士的姿态。

当男人在面对工作压力、就业压力、住房压力、心理压力时总是会一味地忍耐、憋屈而不能够及时地将之宣泄出来，长此以往，能够让男人产生诸多消极情绪，如烦躁、郁闷、害怕、恐惧等，甚至患上抑郁症、精神分裂症。 但绝大部分的男人面对诸多压力时，就会选择一些不健康的方式来解脱苦恼，如吸烟、喝酒、开快车、疯狂玩电子游戏、看恐怖片、去夜总会等等。 这些几乎是对男人本来就亮起红灯的身心健康再一次雪上加霜。 诸多影响男人健康隐患的存在易致男人早衰或因病而"猝死"，特别是近年来男性的自杀率又呈显著上升的趋势。 因此他们的身心健康更需要引起人们的特别关注。

所以，作为一名男人，当你的心中感到苦闷、哀愁、异常压抑的时候，就一定要学会用某种健康、合理的方式来使自己负荷超重的心理得到减压。 比如，可以选择通过运动、听音乐、找朋友倾诉等方式来达到减压的目的。 倘若你觉得哭对你而言是一种最适合你的宣泄方式，那你就尽情地哭吧。 正如狄更斯小说《苦海孤舟》中的笨伯先生说的："哭可以打开肺腑、洗涤面孔、锻炼眼睛、温抚脾气。 所以，男人，你放声地哭吧！"

男人哭吧不是罪

●●会哭的男人更有魅力

现代社会过快的节奏，已经取代了属于我们个人的时间和空间，我们情绪极其强烈的时候，也很难找到一个可以尽情哭泣的地方，我们还如何哭泣？ 我们还会不会哭？ 其实，能尽情地放声大哭一次，也成了一种奢望。 如果，你有这样一个地方，能让你放声大哭，你的情绪就能得到很直接的释放，你压抑的心情就会好很多，但我们能在谁面前哭？ 我们有多少地方能让自己哭？ 我们不能对着自己的亲人哭，害怕亲人的担心；我们不能对着朋友哭，害怕朋友的不理解；我们更不能对着同事哭，那样会让人误解，于是，有了太多的欲哭无泪，有了太多的长歌当哭，有了在文字中的哭泣，有了默默的哭。

男人的魅力首先通过深刻的内涵放射出来，它是一种隐藏的力量，具有震撼人心的效果。 人们往往有一种错觉，以为高大威猛、俊美、外向就是魅力男人，其实魅力是一种内在的体现，并非一件可以随便戴在身上的装饰品，有的时候哭也会成为男人的一种魅力。

男人的世界里不容失败，男人被迫戴着面具做人，在男人的世界里不容软弱，男人被迫冷面或笑面迎人。 但男人也是人，在面具背后，既有脆弱的一面，也有疲累的一刻。

男人以面具待人其实也是迫不得已。 因为根据社会规范，男性需要想象自己所处的那个情境对他有怎样的要求，社会规则又是怎样，然后才决定是否按这些要求、规则来表现自己。 因此面具就是一连串的适应，是个人与社会接触的媒介。

男人最典型的面具有三副：对等级的追寻；将情感聚焦在物件上；情感的压抑。 许多人对这三副面具习以为常。 试问有哪个男人不想事业有成，在社会上享有地位？ 男人爱好物件而忽略关系，也不少见。 至于男人不轻易流露真情，也是众所周知的。 正因为这些面具在现实生活中屡见不鲜，我们才不易察觉它们对情感的杀伤力。

香港著名心理学者区祥江先生很贴切地取金字塔这个意象来图解男人的面具，称之为"男人金字塔的心"。

　　首先，金字塔是角锥状的，由下而上，给人以清晰的等级感觉。 男人一生的追求便是在社会阶梯上挣扎着向上爬，以确立自己的地位和成就。这等级的面具，规范了男人与他人相处的模式：对上司服从；对下属命令；对平辈竞争。 它使男人与同性的相处功能化，封杀了建立友情的空间；它使男人的生活变得单向，除了工作就没有了其他；它还容易造成两性沟通的障碍，使他们的婚恋家庭关系失调。

　　金字塔的第二个特点，是它顶部的尖端为整座塔的焦点所在。 男人的心也是十分聚焦的，他可以沉迷工作，沉迷电脑，而不顾周围发生的事。但奇怪的是，男人聚焦的对象，往往不是人，而是物或理念。 他们以此面具阻隔了人际关系的亲密，从而使自己孤独寂寞，然后又以追求物件来填塞空虚，其直接的后果，就是情感的困难和人际的障碍。

　　金字塔的第三个特点，深深描写到男人内心的困境。 金字塔是存放古埃及法老王遗体的，加上其冷冰冰的外表，给人一种疏离的感觉。 这正是男人内心世界的光景。 许多男人不单外表冷漠，内心情感也多受压抑。男人往往敢愤怒而不敢哀恸。 在"男儿有泪不轻弹"的古训中，男人将所有的情感都一并压抑下去。

　　近年来发自欧美、继之港台的男性自省运动，就是对男人这种困局作出呐喊，希望能唤醒男人僵化了的心，促其放下冰冷坚硬的面具，而勇于流露自己的真感情——不单是粗犷奔放的热情，也有哀伤、流泪的柔弱情绪。 热爱的不仅仅是物件，也热爱生命，将本来"童心无忌"的真我释放出来。

●●哭，也是一种心情

我们用哭和笑来表达心情。有时是痛快地大哭，有时是小声地抽泣，有时是泪水默默地流；同样笑也有好多种，有时是开怀大笑，有时是舒心微笑，有时是心里悄悄地笑；当然有时是还有两种状态——不哭不笑和又哭又笑。

有人哭，代表着凄凉；有人哭，可以得到安慰；有人哭，显示他的伤心；有人哭，表示他的孤独；有人哭，表示着艰辛过后的成功；有人哭，代表着无奈；有人哭，激起人的崇敬；有人哭，代表着喜悦；有人哭，代表着岁月；有人哭，代表着哀悼、怀念；有人哭，是因为离别；有人哭，显示着友谊和怀念；有人哭，代表着成功；有人哭，是因为愤怒；有人哭，是因为生活的艰辛……

很多男人会被突然而来的残酷现实当场击倒，例如失业、长时间找不到工作。媒体报道上海的一位研究生毕业之后半年都没有找到工作。他是从农村出来的，本来家里供他念研究生就非常困难了，没想到念完之后年纪已经老大不小了，还是无法赚钱回报父母。现在的就业形势的确不容乐观，在国外留学了好几年的 MBA、博士们甚至都在竞争月薪 1500 元的工作。他寄居在女朋友处，虽然女友支持他，但他心里非常不好过，有时候甚至想去超市应聘当收银员，好歹也有一份收入。结果被女朋友骂他自贬身价。于是他继续茫然地寻找着一份白领的工作，同时考虑是不是应该再继续努力考博士。

中国人有句老话叫："三穷三富过到老"。意思是人生没有一帆风顺的，总会遇到一些人低谷时期。这时，人的本能反应是对自身价值产生怀疑，甚至激烈地怨恨社会、诅咒造化弄人。能像诗仙李白那样有极强的自信心，高吟"天生我才必有用"，然后摔柴门而去的旷达之人很少。

面对现实的困境，首先要有勇气。有的人美丽而且勇敢，令人欣

赏，出场时总是活力充沛、充满了抖擞的精神和昂扬的斗志。 西点军校的格言说："永远没有失败，只是暂时停止成功。"这样才不会被困境击倒。 软弱的人不敢正视困境，多半采取逃避的态度来解决问题。 失恋的变成了工作狂、境遇不佳的借酒消愁、受到打击之后开始暴饮暴食，以此来麻醉自己。 就是不敢让自己安静下来，静下来心灵就会受到痛苦的啃咬。 有时候其实痛苦是一针强心剂，不如让它直接刺向你的心脏，痛哭或者狂吼一番，然后睡觉。 第二天醒来又是新的一天。

其次要接受现实，遇到挫折时，很多人不愿相信这样的事情会真的发生在自己身上。 当事情发生在别人身上的时候，谁都会冷静而且理智地劝解别人，轮到自己的时候就总是宁愿相信自己是一个例外。

防患于未然的准备工作是每个人都应该做的功课。 例如不要把所有的钱都花光、信用卡额度全卷用完，要储备一点存款；也不要把自己在朋友当中的信用花光，在需要帮助的时候能找到支援；计算最坏结果的可能性和杀伤力；凡事做一下第二手准备。 使我们能够经受艰难困苦的考验并顽强生存下来。

每个人都有自己的解压方法，例如跑步、呐喊、打沙包、喝酒等。据说以情绪压抑著称的日本人，有的公司就会设立一间"发泄室"，里面都是软垫和沙包，而且隔音效果奇佳，让情绪糟糕的员工可以进去捶打、吼叫一番。 发泄完出来之后就又是一个彬彬有礼的绅士。 现在很多国内企业也采用一些方法帮员工"发泄"。 可以匿名发表意见的内部局域网上的留言版就是一种。 有的公司在会议室的白板上钉上各个老总的照片，员工可以随便在下面写自己的意见，有的人还拿这些老总照片练习"飞镖"。

大吃一顿是很多人经常采用的一种缓解恶劣情绪的方法。 俗话说捧着饱足的胃，会觉得活着还是好的。 人情绪不好的时候，就容易多吃；更深一层的意思是，因为巨大的失望或者悲观情绪，所以才会暴饮暴食，反正也不在乎形象了。 刘德华和郑秀文主演的喜剧片《瘦身男女》中，郑秀文就是因为感情失意而吃成了大胖子，后来"瘦身"成功的同时也找到了真情。 影片结尾，另外两位失意的俊男美女，本来都很窈窕的，也开始暴饮暴食起来。 所以这种方法太过危险，容易有后遗症，一旦心情

好转起来，外型想扭转过来还没那么容易呢。

有些什么办法可以有效地迅速让你摆脱恶劣情绪呢？有的人说情绪不好的时候会听音乐，总是把两盘心爱的 CD 摆在触手可及的地方，听着就会镇定下来，就算是悲伤的时候听着音乐也会升华到一个比较美丽的境界去。"原来一切的悲愁，如加以诗情和智慧去涂染，将都成为深沉激动的美丽"——这说的可能是写作。而有的人就觉得一个人安静地呆一会儿最有效，任何声音，哪怕是音乐也会让人心烦。即使只是原始的哭泣，对很多人来说也非常简单而有效的，大哭一场之后会觉得轻松许多。

●●男人
要懂得自我调节

男人不能一直处于高强度、快节奏的生活中。要善于调节自己的情绪，缓解压力，使生活劳逸结合，张弛有度。

随着社会的不断变革和生活节奏的加快，人们的情感、思维方式、生活方式、个人成就、人际关系等都在发生变化，现代社会中的人们面临的各种压力空前巨大，处理不当就会引发各种心理问题。

比如，面对纷繁的世界，一些人的盲目行为增多，加之过分追求短期效益，因而失败的几率较高，内心失去平衡，就容易产生心理问题。这一点对于年轻人尤其重要，由于其生活阅历和社会经验的匮乏，对生活中各种问题的应对能力相对较弱，不能应对和化解各种压力就难免会造成心理问题。而一个人的心理状态常常直接影响他的人生观、价值观，直接影响到他的某个具体行为。从某种意义上讲，处理不好情绪和心理问题，对于一个人来讲是很危险的。

事实也正是如此。根据权威专家和机构的调查结果显示，现在中国社会处于转型期，已步入压力社会，各年龄段、各行各业的人们都在承受着来自社会、单位和家庭的各种各样的压力，而 20 ~30 岁的人群成为各年龄段压力之首。 这种压力或大或小地影响着人们的身心健康，对于一部分人而言甚至成了"不可承受之重"。 来自中国心理卫生协会的数据显示，目前中国的抑郁症患者已经超过 2600 万。

人不能一直处于高强度、快节奏的生活中。 要善于调节自己的情绪，缓解压力，使生活能够劳逸结合、张弛有度。 这才是应对生活中各种压力的正确途径。 只要我们学会了情绪调节的"太极"，压力再怎么来势汹汹，也能"兵来将挡"，将其化解。

有一位讲师在课堂上生动地演绎了这样一个道理，讲师在课堂上拿起一杯水，然后问台下的听众："各位认为这杯水有多重？"

有人说是半斤，有人说是一斤。 讲师则说："这杯水的重量并不重要，重要的是你能拿多久？ 拿一分钟，谁都能够，拿一个小时，可能觉得手酸，拿一天，可能就得进医院了。 其实这杯水的重量是一样的，但是你拿得越久，就越觉得沉重。 这就像我们承担的压力一样，如果我们一直把压力放在身上，到最后肯定会觉得压力越来越重而无法承担。 我们必须做的是放下这杯水，休息一下后再拿起这杯水，如此我们才能拿得更久。 所以，男人应该将承担的压力于一段时间后适时地放下并好好休息，然后再重新拿起来，如此才可承担得更久。"

小宁是某公司的销售总监。 市场竞争激烈，工作压力很大。 在工作不繁忙的时候，他喜欢观察办公室里的绿色植物来调节心情。 比如可爱的仙人球、优雅的绿萝，以及一些叫不出名字的植物，都能给他带来心情的调节。 他还喜欢和同事分享一些有意思的照片和音乐，并且和他们进行讨论。 这些小习惯不但丰富了同事之间的生活，也增进了大家的感情。 除此之外，他认为看书也是很好的减轻压力的办法。 不断学习专业知识可以充实自己，使自己在业务上更熟练，也使自己更加自信和专业。 这样也会减少工作压力，使工作变得轻松。

减轻压力的方式还有运动。 平时工作的时候没有机会运动，他经常在上班和下班路上徒步一段路程，同时听着音乐。 虽然这样需要早起或者晚一点到家，但是对身心的健康是很有帮助的。

保持好的心情，把工作和休息适当地结合起来，就会发现工作的意义和乐趣所在。 这是小宁的经验之谈。

Chapter 5

男人
要有"钱途"才有前途

男人需要自尊，而证明自尊最好也是最长久的办法，就是打出自己的一片天，就是我们闪着金光的"钱"途！为了"钱"途，你不需要理由。辛酸故事，只有留到你得到所谓的尊严的时候，别人才会爱听。既然这辈子是男人，就得有个活法。如何把握自己的前途？又如何利用钱途来铺垫你的前途？是时候考虑一下了。

●● 是男人
　　就一定要有钱

　　男人，有高大勇猛、威武有力的；有风流倜傥、玉树临风的；有温文尔雅、多才多艺的；有貌若潘安、多愁善感的。有有情有义的大丈夫，也有虚情假意的伪君子。但以钱而论，只有有钱的男人和没钱的男人两种。

　　男权社会，男人享有一定的特权。过去的三妻四妾，现在的"小蜜"、"二奶"，那都是有钱男人的特权。曾听人讲老婆和情人的区别有如此的说法。老婆就像夏天时的电扇，情人则是天热时的空调，你怕热，想要享受空调，那就得多付电费。付不起过多的电费，那就只能吹电扇。实在是连电费都没有，对不起，那就只有自己摇扇子。

　　不是说有钱的男人都有"小蜜"，都包"二奶"。而只是想说明，没钱，等于老天连机会也没给你。不仅这种机会没有，其它很多的机会也没有。诸如，升学、升迁、创业、立业等等。

　　一家之主，讲的是男人。因为，男人多是家庭的主要经济来源。养家糊口，是男人传统的责任。没钱是男人的悲哀，更是家庭的悲哀。老话讲，"贫贱夫妻万事哀"，不知是不是出于此理。

　　是不是有钱就快乐，也许说不清楚。但没钱要想快乐则是难上加难。如果说有爱就有快乐，那么，爱，也是要有钱的。

　　男人缺钱，则缺自信；男人没钱，则没自信，这一点是肯定不错的。男人做事，有钱，就财大气粗，没钱则唉声叹气；男人做人，有钱就趾高气扬，没钱则低声下气。一个男人的男子汉气概，是他兜里的钱烘托的。

　　钱与男人的自信，是否成正比，每个男人心中都清楚。没钱就有烦恼和自卑，有钱的就兴奋和自信。没钱，对男人而言，与夏天烤在火炉

边，冬天泡在冰窟里的感觉，没什么两样。

齐国有个人上无片瓦，下无立锥之地，自己又没有一技之长。因为没有谋生的手段，他每天只有靠在城里乞讨度日，生活十分困窘。

刚好在此时，有个马医因为活太多，忙不过来，需要找一个帮手。这个乞丐便主动找上门去，请求在马厩里给马医打打杂工，以此换取一日三餐。

可是，有人却取笑他说："马医本来就是一个被人瞧不起的职业，而你不过是为了混口饭吃，就去给马医打杂，当下手，这不是你莫大的耻辱吗？"

这个昔日的乞丐平静地回答："依我看，天下最大的耻辱莫过于寄生虫，靠乞讨度日。过去，我为了活命，连讨饭都不感到差耻；如今能帮马医干活，用自己的劳动养活自己，同时还能学到东西，这又怎么能说是耻辱呢？"

没有多少人生来就处于社会上层，更多的人都是靠从底层工作奋斗成功的。只要肯吃苦、肯干，必定会有自己的一片天地。

如今抱怨找不到工作的大部分人，并不是真正找不到工作，而是他们不愿从底层干起。他们的态度就像社会欠他们一份工作一样。他们总以为，政府或公司必须为他们的困苦负责任，许多人从不想自己奋斗一番。事实上，绝大多数人只要肯从底层奋斗，都能有一番作为。

男人的财富，要取之有道，用之有度。男人要有钱，就要会赚钱。要赚钱，男人只能靠自己，靠自己的智慧，靠自己的运气，靠自己的奋斗。如果，男人都靠自己赚到了钱，也就尽到了一个男人对这个社会应该尽的责任。

●●要有 追求金钱的意识

权利和金钱是我们生存的保障，同时也代表着我们的自信和尊严，那么我们可以大胆地撕下一切伪装，毫不掩饰自己对它们的渴望。及早认识这一点，可以最大限度地调动一个人的聪明才智。

如果你已经踏入社会，并有些工作经验，就会发现，在现实中有些人总是受人敬重，有些人却是被人看不起。有很多人在从事一项工作时，得过且过，甘愿做一个掉在队伍后面的"末等公民"，而不能根据自己的强项，去争做"一等公民"，这就注定了这类人无法成大事。

一个人在二十几岁的时候，是由青春向成熟的过渡期，这时候及早地认识现实，树立切合实际的人生理想，就可以少走许多弯路。

只要在法律和道德的底线内，有赚钱的野心就是一件好事情。有了这个动机，才能有一个好的心态和好的习惯去奋发图强、孜孜不倦地做事情，才可以逼着人调动一切聪明才智去解决问题，不会因为偶尔的挫折去怀疑自己的能力。

特别是对一个二十几岁的年轻人，强大的赚钱野心，能充分挖掘他的潜力和天赋，还能增进他为人处世的积极性。

耶鲁大学是美国乃至全世界有名的一所私立大学。耶鲁大学现在很骄傲，布什总统、老布什总统、克林顿总统都是耶鲁大学毕业的。耶鲁的办学理念只有一句话：培养未来世界的领导者。耶鲁最有影响的是本科教育，他们的教育思想是要把每一个学生培养成为未来的领袖。所以入学的时候，校长要找学生一个一个面谈，看他的本质、潜质里面像不像耶鲁学生，看他能不能成为领袖人才，每年都这样筛选。学生进来以后给学生相当多的空间去自主地发展、全面地发展，所有的教授都要给本科生上课，教课期间完全是讨论。耶鲁的正教授招聘条件有这么一句话：

此人能够在本领域与世界各方面的领袖进行竞争。

耶鲁的学生都体现出充分的自信、自强和挑战精神以及社会责任感，他们觉得自己通过努力一定会成为领袖人才。

耶鲁的成功提示我们：追求成功、财富和幸福，不但是人类天生的不可剥夺的权利，而且是与生俱来不得放弃的责任和义务。 贫弱是一种疾病，是一种恶习，如果不是由于懒惰，就是由于无知。 贫穷不单是金钱和物质的缺乏，最主要的还是精神、信心、勇气、热情、意志和知识的欠缺。

二十几岁的年轻人，由于缺少生活的磨砺，不知道钱是个重要的东西，有些人反而认为穷是一种风度。 其实贫穷在高尚这种思想观念里，只是在特殊条件下，人们无法走向富足的一种安慰剂，随着时代的发展已失去了它存在的价值。

往大里说，社会的和平与幸福，唯有财富的创造和经济的繁荣才能达成，一个贫穷的社会绝对无和平与幸福可言。 消灭贫穷和创造幸福，是我们在现代社会里每一个人责无旁贷的义务。 就个人而论，一个人活着，要吃饭，要穿衣服，要受教育，还要旅游或者娱乐，钱就一日不可或缺。

在文明制度下，财富可能来自机遇、创新、变革和勤奋。 一般而言，一个人的财富多少也就基本代表了他的才能和努力，财富越多，表明他对社会做出了越多的贡献。 拥有更多的财富，代表着人可以节省很多为谋生而奔波的时间，自己和家人将可以过上一个相对稳定和安逸的生活。

一个人的贫富，与他对金钱的态度息息相关，要赚钱，一定要先爱钱，也就是说，对金钱充满自由、地位、信心、保障等正面的联想。 要是以为金钱是万恶之源，会影响现在的和谐关系或者会带来不可预测的风波，那么财富永远会与他擦肩而过。

犹太人是世界上拥有财富最多的民族，是因为他们以赚钱为荣，从来不"犹抱琵琶半遮面"。

上海张君，是二战时逃亡的犹太人后裔。 中以正式建交后，他回到以色列，他的三个子女，开始重新接受犹太人的赚钱教育。

　　与中国人的"教育从娃娃抓起"一样，犹太人认为"赚钱从娃娃抓起"。 在犹太家庭里，孩子们得不到免费的食物，任何东西都是有价格的。 每个孩子必须学会赚钱，才能获得自己需要的一切。

　　因为自己在做春卷生意，张君将每个春卷以 30 雅戈洛的价钱批发给孩子，让他们带到学校后自行加价出售，利润部分可自由支配。 当孩子们赚取了一定的资金以后，他们一家人以股份制的形势，集资开了一家中国餐厅。

　　犹太人用敲击金币的声音迎接孩子出世，赚钱是他们人生的终极目标。

　　美国"钢铁大王"卡内基先生曾说过："贫穷是无能的表现。"此话也许显得有些绝对，但现实生活就是随着年龄的增长，结婚置业、赡养父母和抚养后代的责任会随之而来，钱在生活中越来越不可或缺。 对于二十几岁的男人来说，要想赚大钱，第一步就是先改变思想，尤其是思想中对金钱的负面联想必须先消除，要建立对金钱的正面联想，这是每一个有钱人都做得到的事。 像有钱人一样思考，才会有和他们一样的结果。

　　人喜欢与接受他的人在一起，钱也是一样，你不断地想它不好、排斥它，它就不会来找你。 而如果你热爱钱，也非常珍惜钱，就能保留自己已获取的财富，通过正确的理财方式，自然会成功致富。

　　如果你认为权利和金钱本身只是一种社会符号，那么就应该承认它们对一个人社会地位的衡量作用。 当你拥有了足够的力量之后，才可以实现自己并帮助他人，否则，一切都是空谈。 从今天开始，大大方方地承认自己对权利的野心和对金钱的渴望，开始自己的人生积累，从而实现人生的辉煌吧！

男人要有『钱途』再有前途

●●金钱
造就成功的男人

美国作家泰勒·希克斯在其所著《职业外创收技巧》中指出，金钱可以使人们在 12 个方面生活得更美好：物质财富、娱乐、教育、旅游、医疗、退休后的经济保障、朋友、更强的信心、更充分地享受生活、更自由地表达自我、激发你取得更大成就、提供从事公益事业的机会。

事实上，人类社会发展的历史也已经有力地说明：金钱对任何社会、任何人都是重要的；金钱是有益的，它使人们能够从事许多有意义的活动；个人在创造财富的同时，也在对他人和社会做着贡献。

随着现代社会的不断发展，人们对生活水平的要求不断提高。 现实生活中，我们每个人都承认，金钱不是万能的，但没有金钱却又是万万不能的。 我们每个人都需要拥有一定的财产：宽敞的房屋、时髦的家具、现代化的电器、流行的服装、高级小轿车等等，而这些都需要钱去购买。 人们的消费是永无止境的，当你拥有了自己朝思暮想的东西之后，你会渴望得到更新更好的东西。

再没有比腰包鼓鼓更能使人放心的了，或者银行里有存款，或者保险柜里存放着热门股票，无论那些对富人持批评态度的人怎样辩解，金钱的确能增强凭正当手段来赚钱的人的自信心。

实际生活中的许多事情告诉我们随着一个人财富的增长，他的自信心也随之增强，所谓"财大气粗"就是这个道理。 拿破仑·希尔说，钱，好比人的第六感官，缺少了它，就不能充分调动其他的五个感官。 这句话形象地道出了金钱对于消除贫穷感的作用。

在生活中，我们常会看到一些经济拮据的人患得患失，有家的男人怕被解雇，当他为自己的某种嗜好花了几块钱时，会有一种犯罪感。 因为这笔钱对他的家人来说可以买到其他必不可少的东西，因缺钱而产生的压

Men should be tough to himself

力阻止他做自己想做的事，他的欲望受到压抑，他被缚住了手脚。

光是贫穷本身就足以毁掉进取心，破坏自信心，毁掉希望，如果再在贫穷之上加上债务，那么，成为这两位残酷无情监工的奴隶的人，面对失败的几率就更大。

只要头上顶着沉重的债务，任何人都无法把事情办得完美，任何人都无法受到尊重，任何人都不能创造或实现生命中的任何明确目标。

很多年轻人在结婚之初就负担了不必要的债务，而且，从来不曾想到要设法摆脱这笔负担。 在婚姻的新奇味道开始消退之后，小夫妇们才开始感受到物质匮乏的压力，这种感觉不断扩大，经常导致夫妻彼此公开相互指责，最后终于走上法庭离婚。

一个被债务缠身的男人，一定没有时间，也没有心情去创造或实现理想，结果往往是随着时间流逝，他在意识里对自己作了种种的限制，使自己被包围在恐惧与怀疑的高墙之中，永远逃不出去。

如果你渴望自由，如果你渴望表现自我，那么就把重视金钱作为动力吧！ 这种动力也是强有力的刺激源。 有人曾这样写道："让所有那些有学问的人说他们所能说的吧，是金钱造就了人。"

这句话的确有一定的道理，因为在一定程度上崇尚金钱也是一种崇高幸福的生活信念。 许多不以挣钱为目的的失败者，常常批评金钱的追求者，说他们自私。 然而，不能否认，金钱是世界前进的原动力之一。 不要忘记，正是美国巨富洛克菲勒先生捐出了一块地，使之后来成为联合国的所在地。 没有巨大的财富，是很难想像要做这样一件流芳百世的大事的。

一些知名的富翁，如著名侨商陈嘉庚、香港船王包玉刚，影业巨子邵逸夫等人，都有过投资建校的公益行为，从帮助缺乏资金的企业和穷人中得到满足。 把你辛辛苦苦赚到的钱拱手送人似乎是愚蠢之举，但当做为一项公益事业做贡献时，你得到的是莫大的快乐。

为有益的事业捐款，你永远不会为此懊悔。 给予在某种程度上可以弥补你内心对某些事的负罪感。 有人或许会批评这种用金钱换取人生和平的做法，但这种慷慨给予行为的实际结果是有益于社会的。

那些为自己创造财富的人，只要手段是正当的，无论其财富多少，都

是无可指责的。 所以，不要去理会那些批评者，去追求财富吧！ 去创造财富吧！ 请永远记住：在你创造财富的同时，你也帮助了周围的人；在你赚钱的过程中，你也为别人提供了有价值的服务；在你花钱时，你也给别人提供了工作机会。 "君子爱财，取之有道"，这是永远充满生命力的真理。

●●赚钱
需要计划

人在迈出左脚的时候，很容易预见到下一步迈出的是右脚，但多走几步以后，心里是不是还那么清楚呢？ 更多的人其实是只能看到眼前，对未来没有明确的规划，只是凭着惯性，随意地走。 所以大多数人的人生，也就不是他们自己安排的人生，而是一连串偶然的结果。

棋坛高手和普通人的差别，往往就在于眼光的远近，高手能算到几十步之后的局面，一般的人也就只能看到两三步远。 高瞻远瞩，才能运筹帷幄，这就是素养的问题。

男人想赚钱就要认真地赚钱，把赚钱当成职业，以专业的精神去对待财富，而不是几个哥儿们喝醉了酒，随便说说而已。 有计划地赚钱，是很多富人的必经之路。 有计划，是高素质赚钱人才的标志之一。

人们常常将富人的成功归结于聪明和勤奋。 聪明犹如一部车的四个轮子，灵敏、结实、质量很好，车要跑得快，跑得远，离不了这样的轮子，通常所说的聪明才智，就属于这个范畴。

但光有好轮子显然不够，一部好车最重要的是发动机，没有发动机就没有动力，再精美的汽车都只是摆设。 对于人来说，发动机相当于激情、毅力，它使人产生创造的欲望，产生工作的积极性和持久性。

然而，这还是不够的，如果没有方向盘和刹车，车跑得越快就毁灭得越惨。 对于人来说，这些控制着人生的方向和方式的因素，就是信念和

理性。

一个人成功的因素中，聪明仅仅只是一种很表浅的东西，虽然必不可少，但并不是决定因素，光有聪明远远不够，如果不解决好其他问题，聪明甚至是有害的。

能够有计划地赚钱，就说明你拥有了方向盘和发动机。 有计划地赚钱，一步一个脚印地赚钱，所赚到的钱才是真正的钱，而不是一堆泡沫，随时有破灭的危险。

本来一个平常的街口，因为建了一座大商厦，陡然就热起来，成了黄金宝地。 其实想想，这个宝地并不只是这一座商厦营造出来的，因为有了这座商厦，就有了某种号召力，周围就会形成一个磁场，就会吸附上很多中小投资者，从而形成一个商圈。

这个商圈的中心就是这个商厦，哪怕除去经营的收益，大厦本身，从当初进来时的低廉地价，到此时作为黄金宝地的地标性建筑，也已经增值不少了。

富人是潮流的领导者，他可以制造机会，而不是简单地寻找，当他把一股潮流带动起来的时候，因为他是走在最前面的，也就最先尝到甜头。

富人是以大搏大，手里越有钱，越可以赚更多的钱。

如果某个企业总价值 100 万元，其中 60％ 是一个人的，那这个人就是最大股东，假设他的职务是董事长，他就具有对整个企业的支配权，包括对别人的那 40％ 股份，实际上，他的资本就放大了。

然后他拿这个企业去融资，吸收到 80 万元，现在资产增加到 180 万元，他仍然是最大股东，仍然是董事长。 然后他又以 180 万元，去和一个 150 万元的企业合股，这时的企业总值已经升到 330 万，他还是董事长。 其实最初的资金只有 60 万，经过几次放大，也就是资本运作，他成功地实现了财富的飞跃。 这就是所谓的蛇吞象。

蛇吞象是以小搏大的典范，但并不是所有的资本运作都能这样顺利，真正做到的只是凤毛麟角，简直就相当于神话。 大部分的人，能实现其中的十分之一，就算相当成功了。 所以最终以小搏大的人很少，更多的是以大搏大，甚至以大搏小。

蛇吞象很难，象吞蛇就容易了。 日本的相扑运动员为什么要长那么

胖？体重本身就是一种力量！ 在技巧相当的情况下，力量决定胜败。 在资本市场上，如果没有特别的智慧，钱多就是大哥。

能够攀上金字塔尖的人，永远只是极少数，但是他们的高度对整个塔的结构是一种提升。 如果把"蛇吞象"作为一个成功的案例，那它提供的最有用的经验就是，永远要有资本的支配权，并且把资本的作用发挥到极致。

有一个寓言"猴子掰包谷"，说的是猴子在包谷地里收获，刚掰下一个，觉得前面的更好，就扔下手里的去掰另一个，另一个到手，觉得还有更好，又扔掉手里的，去掰那个"更好"，不知不觉走到玉米地的尽头，天色已晚，只得慌慌张张随便掰一个，回去一看，恰恰是个赖子包谷。 也只好将就了。

我们都会笑那个猴子太傻，可是换了你，又会怎样？

猴子犯傻是有客观原因的。 首先，包谷有层层叠叠的皮包着，里面的内容究竟如何，并不那么容易判断。 其次，太多的包谷摆在面前，形成了诱惑和干扰。 只有一个包谷时，你会剥开来细细观察；两个包谷，你会放在一起比较；满眼的包谷，你就分不清谁是谁了。 高矮胖瘦相差无几，一律地摇曳生姿，掰了这个就要放弃那个，你到底要谁？

人往往觉得已经到手的不是最好的，凡是有机遇路过，都想一把抓住，创造一个奇迹。

其实真正的机遇是很少的，人一生中可能就只有一两次。 所以男人必须学会抓住机遇，有计划地赚钱。

●●你不想钱，
钱更不会想你

男人一定要有想攒钱的意识并养成想赚钱的习惯，这是作为一个男人必须要做的事情。 不攒钱的理由可以列出 N 个，但都是商家为了赚取年轻人的钱，而给年轻人制造的概念。

精明的人为了把庸人口袋里的钱拿出来放进自己的口袋里，必须得为庸人制造一些消费的概念。 为什么一定要给庸人制造消费概念呢？ 因为庸人多而精明的人少，精明的人也不会轻易被一些概念所动，知道自己应该把钱花在什么地方，而庸人却跟着概念跑，毫无理智地把钱花在这些概念上，然后再拼命地去赚钱。

精明的人就是在花钱和赚钱的过程中不断地想，不断地使自己变得更有钱。 这就是庸人越来越没钱，精明人越来越有钱的原因之一。

爱因斯坦说："想像力比知识更重要。"杰克·韦尔奇说："有想法就是英雄。"西方研究成功学、创富学的人甚至说："钱是想出来的！"您最喜欢听的、最愿意相信的，可能就是这个了！

香港"汉荣书局"的石景宜老先生从 1978 年至 1998 年，先后向内地赠送图书 300 多万册，价值 2 亿港币，加上他的儿子石汉基、石国基的捐赠，目前石家赠书价值已超过 3 亿港币。 石景宜老先生因此获得"赠书大王""一代书使"等美誉。 石家赠书一掷千金，而他们的生活却极为俭朴。石汉基一家和石国基一家至今仍各住在不足 60 平方米的房子里。 石汉基说："把钱留给后人，不如让知识回报社会，造福祖国。"这种对待钱的态度，是来自慈悲。

陈天桥说："在我看来财富实际上是你可以帮助别人的一种资本，一个小孩子在路上摔跤了，你跑过去把他扶起来，你就能帮一个小孩子，如果你有财富以后，你可以通过教育，或者通过资助的方式扶起一万个甚至十万个跌倒的小孩子的话，那就是你的一种真正的价值。"这种对待钱的态度，是来自实力。

而很多美貌的少女，为了钱甚至可以出卖自己的肉体、尊严。 这种对待钱的态度，是来自无知，或者无奈，或者无所谓。 你把钱当目标还是手段？ 当命根子还是身外之物？ 怎样对待钱，也是需要想像力的。 中国很多人说，钱是赚来的，或者是骗来的。

好莱坞巨星金·凯瑞未成名的时候，自己先给自己开了一张 1000 万美金的支票，每天带着，没事就拿出来看，每天想像自己在 1995 年底得到 1000 万美金。 在此同时，他不断训练，提高自己的演技。 很巧的是，在

1995 年，金·凯瑞从事电影行业的第二年，他得到一个契约，片酬高达 2000 万美金，超过他原来的期望。

了不起的牧师、"积极思考之父"罗曼·文特森·皮尔早期在办杂志《标杆》的时候碰到了困难，无力支付账单。 在他们最沮丧的时候，有人教他们想像有 10 万的订户（那时他们仅仅有 4 万订户而已），他们天天想像。 后来订户越来越多，他们的困难迎刃而解。 后来《标杆》发行量一度高达 450 万份。

赚钱始于一个想法，开始于一次想像，富翁的钱都是"想出来的"！想当初，比尔·盖茨怎么就会做软件？ 怎么就会搞"视窗"？ 因为他想到了，正如他自己说的"我眼光好"。 孙正义在美国读书时，没钱就去发明翻译机，一下子卖了 100 万美元，他的头脑和眼光也了不得。 这是他想出来的。 所以男人要赚钱，就要好好地想，想好了就行动，这样才会有好的收成。

●●想法
　　决定活法

甲、乙两个男孩出生在一个贫困农村的两个贫穷家庭，两人都是村里有名的孝子，为了减轻家里的负担，一起来到城里打工赚钱。

两人同时进入一家礼品公司当推销员，工作就是每天带着公司的样品到各个写字楼里推销。 收入是每个月有 800 元的保底工资，外加销售业绩的提成。

两人为了攒下钱，租最便宜的房子，吃最廉价的食品，并且努力工作，收入还算过得去。

两人收入差不多，日常消费差不多，只是对待剩余的钱，处理方式不一样。 甲为了改善家里拮据的经济状况，把剩余的钱全部寄到家里，供父母支配。 而乙则把剩余的钱存进银行。

Men should be tough to himself

甲的父母收到儿子寄来的钱，全部用来提高家里的生活水平，给家里人购买新衣服、新家具、新家电，改善家里交通、饮食条件，最后还建了村里最漂亮的砖瓦房。 村里人见甲家日子蒸蒸日上，每个月都有新变化，都夸甲有本事，有孝心，同时羡慕甲家有这么一个有出息的儿子。 甲的父母也为有这样的儿子感到骄傲自豪。 因为在家乡人眼里，甲已经是一位成功人士，每年春节都是衣着光鲜地回去，大把大把地花钱，装款玩派，活像一个发了大财的人。

除非家里有非钱不能解决的问题，乙才会寄点钱回去。 平时只是给家里写写信，打打电话，在外面混得如何只字不提，赚到多少钱更是不说。每到春节，总是找各种理由不回来，不是找了一个兼职的工作，就是买不到车票。

乙父母觉得自己的儿子白养了，根本就没把父母放在心里。 村里人也说乙在外面吃喝嫖赌什么都干，钱没少赚，就是没花在正经地方，据说还欠下了外债，要不然怎么连家都不敢回呢？

五年后，乙开着车回家了，掏钱给父母建了一幢小楼，买了最高档的家具、家电，同时给父母存了一笔款，足够两个老人以后日常开销的。 原来，乙在城里已经开了一家礼品公司，掏这点儿钱给父母，只是九牛一毛。

而这时的甲，还是一家礼品公司的推销员，每月赚的钱已经是刚进城时的 10 倍，但手里依然没有多少钱，而且时不时接到家里的电话，这也需要他寄钱，那也需要他寄钱。 其实他知道，家里未必真的需要钱，只不过父母已经习惯做村里人眼里的有钱人了，别人家里有的东西要有，别人没有的东西也要有，因为他们认为自己的儿子能赚钱。

甲在内心深处，一直在和乙比较，五年之中，他觉得自己处处比乙强。 没想到平时自己眼里的吝啬鬼、葛朗台，不鸣则已，一鸣惊人。 他经过五年的酝酿，已经完成了破茧成蝶的过程，完成了靠劳动赚钱到靠资本赚钱的转变。 而自己，除了收入和欲望一起增长以外，似乎什么都没变。

有一天，甲乙相遇，乙请甲吃饭，问甲是否愿意到他的公司去工作。甲拒绝了，他到哪家公司都可以，就是不能到乙的公司工作。 他觉得两

个人起点是一样的，乙的能力比自己强不了多少，在这样的人的手底下赚钱，没面子。

借着酒劲儿，甲问乙："我们起点一样，从事的工作也一样，为什么你能成为一家礼品公司的老板，而我还是推销员呢？ 在家乡，很多人都认为我比你强啊！"

乙说："我并不比你强。 我之所以能成为老板，只是我想到了你没想到的两点：第一是我比你了解咱们的父母。 五年间，你把自己赚到的钱交给了父母，他们把这些钱都花在什么地方了？ 花在了满足自己的虚荣心，满足逐渐增长的欲望上。 你就像给一个失去造血功能的人无休止地输入自己的血一样，这个人无休止地吸收着，而你日渐赢弱。

我也想让自己的父母过上好日子，但是我知道他们并不会把每一分钱用得恰如其分，只会把钱花在对将来而言毫无意义的地方，而那钱，就是我为他们建一座血库的启动资金。 我的父母已经受穷几十年了，再受穷五年也没什么，但这五年对我们来说，意味着什么呢？ 我们赚了 10 万，给他们 10 万，我们就一无所有；我们用这 10 万赚到 100 万，给他们 20 万，我们还有 80 万。

第二，我比你多一颗极度渴望获得财富的心。 我憎恨贫穷，憎恨穷人对待金钱的方式。 我们在一起工作，我所能遇到的机会，你都曾经遇到过，只不过我们的准备程度不同而已。 你想成为别人眼里的有钱人，而我想成为真正的富翁。"

这样的故事，每一天都在我们身边上演着，故事的主角就是我们这些二十几岁的男人。 其实，只要我们勤奋，只要我们付出，不论是开公司还是打工，我们都可以赚到钱，只是有多有少而已。 是多是少，要根据我们的能力、资源的占有程度而定。 而我们的贫穷，不仅在于自己会不会赚钱，更在于自己会不会驾驭钱。

让自己的钱袋子迅速鼓起来，是年轻男人最大的渴望。 但是办法呢？最笨的最实用的办法恐怕只有以下两个：

控制自己和家人的欲望

年轻人每天都会产生很多欲望，而且都觉得自己有这样的欲望很正常，也应该得到满足，否则就太对不住自己了。 特别是我们爱的人和爱我们的人，我们有满足他们欲望的使命和责任，自然会觉得能满足的一定要满足。

无论是我们的欲望，还是我们爱的人的欲望，只要我们不是富豪，就无法完全满足，因为这时我们欲望的增长速度绝对大于我们收入的增长速度。 想用工资来满足自己和亲人的欲望，无论你每个月的工资有多高，都是很难做到的。 欲壑难填，就是这个意思。

农民种庄稼时不认真，觉得地里长几棵野草没什么。 没想到野草比苗的生命力强出百倍千倍，生长迅速并四处蔓延，一段时间后地里只见野草不见苗。 二十几岁的人的欲望就像农民地里的野草，如果不知道控制自己和所爱的人的欲望，一个欲望得到满足，另一个欲望就会接踵而来，紧接着还有第三个，第四个……而自己的能力只能满足其中很小的一部分，并因为自己的欲望得不到满足而苦恼、愤怒甚至是失去理智。

年轻人，欲望即使得到满足，也是对一生毫无意义的事情，只会使自己更庸俗。 这时候，如果一味地放纵自己，花光昨天和今天赚来的钱，透支明天和后天能赚到的钱，只会助长贪婪的恶习，将贻误很多东西。

为每一份开支做精准的预算

把上一个月所有的开销都列出来，我们肯定会发现，其中百分之九十是完全没有必要的。 比如能在食堂吃饭的时候去了饭店；能坐公交车的时候打了车；本来朋友请客，为了显示大方自己买了单；手机还能用，见别人换了自己也跟着换了；看了一场自己喜欢的歌星的演唱会……

认真分析一下，有些东西是可买可不买的，有些钱是可花可不花的，对自己将来赚钱起不到任何作用。

所以，年轻的男人，在你想花钱的时候，先要问问自己，这钱不花可以吗？ 有什么原因一定要花这个钱？ 是一种理性的投资还是一种只是短暂愉悦自己的消费？ 这钱花掉了能给自己带来什么呢？ 多问自己几个为什么，就会保证自己理智地消费，把钱花在刀刃上，使钱的实用率达到百分之百。

在每一个月甚至是每一天，都要明白自己赚了多少，花了多少，一定要保证自己花销低于收入。 月初要把这个月的预算做得很详细，划掉所有含着水分的预算，保证这个月不透支，还得有盈余。

别信什么钱是赚来的不是攒下的歪理邪说，没有精准预算的开销，赚多少也是填坑的土。 抓钱的手再大，放进没底的口袋也剩不下一分钱。

把钱花在刀刃上，不但解决了今天的问题，也为明天赚钱埋下了伏笔，积攒了力量。

●●赚钱的路上
没有不可能

"生命诚可贵，爱情价更高。 若为金钱故，二者皆可抛。"这是温商的生存逻辑，强烈的赚钱欲望是温州人成功的第一要素，没有一个温州人试图掩饰他们血液里始终兴奋着的发财欲望，他们的志向是不赚钱，毋宁死。

温州人不在乎干什么，只要赚钱的事，不管自己以前熟悉不熟悉，都干。 最初，他们只是从事修鞋、小发廊、小商贩这些事情。 从表面上看，他们与其他地方的民工、小商贩没有什么两样。 但是，他们不会满足于现状，他们的目标是将生意做大，赚更多的钱。

穷人与富人最大的区别是自我认知的不同。 穷人很少想到如何去赚钱和如何才能赚到钱，认为自己一辈子就该这样，不相信会有什么改变。 正相反，富人深信自己生下来不是要做穷人，而是要做富人，他们有强烈的赚钱意识，这是他们血液里的东西，他会想尽一切办法使自己致富。 心理学家认为：一个人一旦强化了某方面的意识，这种意识会渗透到他的生活之中，表现在他的一举一动之中。 他做起工作来就一定非常自觉、非常认真，也就非常得心应手。 强烈的赚钱意识使致富成为可能。

赚钱的路上没有不可能。 菲勒出生在一个贫民窟里，但与众不同的是，他从小就有一种致富的信心。 他把一辆从街上捡来的玩具车修好，让同学们玩，然后向每人收取 0.5 美分。 在一个星期之内他竟然赚回一辆崭新的玩具车。 菲勒的老师深感惋惜地对他说："如果你出生在富人

的家庭，你一定会成为一个出色的商人。 但是，这对你来说已是不可能的，你能够成为街头商贩就不错了。"事实证明老师的预言是错误的。 有一次，菲勒在酒吧喝酒听到几位日本海员正与酒吧的服务生讲自己的倒霉事。 原来，轮船在航行过程中遭遇风暴，船上的来自日本的丝绸被染料浸染了，数量足有 1 吨之多。 如何处理这些被浸染的丝绸，成了日本人非常头疼的事情。 他们想卖掉，却无人问津；想运出港口扔了，又怕被环境部门处罚。 菲勒意识到机会来了，第二天，菲勒来到轮船上说："我可以帮你们处理掉那些没用的丝绸。"结果，他没花任何代价便拥有了这些被浸染过的丝绸。 然后，他用这些丝绸制成迷彩服装、迷彩领带和迷彩帽子。几乎一夜之间，他就拥有了 10 万美元的财富。

有人说"北京人的性格是正统，上海的性格是现代，杭州的性格是婉约，而温州的性格是浓郁的商业氛围"。 由于种种文化上的习惯和影响，人们对于金钱怀有爱恨交加的矛盾心理。 中国古人一方面讲"钱能通神"、"有钱能使鬼推磨"，另一方面又说"君子喻于义，小人喻于利"，"为富不仁，为仁不富"。 对于金钱，很多人是缄口不谈的，他们害怕背上"拜金主义者"的包袱，但温州人从不回避钱的话题，他们相信金钱不是万能的，但没有钱是万万不能的，"商海无涯钱做舟"是他们总结出来的至理名言。

"在金钱上我从小就喜欢以万和千万为单位，即使是在身无分文的时候也是这样。"一位温州商人说，"我们一般从小就确立了赚钱的志向，而且把目标定在 1000 万元以上。"有人统计，美国《财富》杂志每年所列的全球最富的 100 个人，其中有 95% 以上的人从小就有发财欲望，57% 的全球巨富在 16 岁之前就想到了要开自己的公司，43% 的全球巨富在成年之前已做过第一桩生意。 我们可以得出结论：要想致富，需要从小树立赚钱意识。

可能是受温州"商"风的影响，方德华 5 岁时开始卖东西，他把买卖东西当成了一种乐趣。 6 岁时，他有一块形状古怪的石头，他定价 10000元，姐姐问他为什么这么贵，他就说："别人都没有这么漂亮的东西，我想要多少钱，就要多少钱！"1981 年，方德华考上了杭州师范学院的大专班，此时的他以"赚钱"作为自己的第一要务，在校园摆摊卖书、倒卖文

具用品、倒卖邮票，为同学联系家教等等，只要能赚钱，他什么都干，到大二的时候，他每月的收入已经和父亲不相上下，于是干脆写信告诉父亲，让他不要再寄钱给他了。

1984 年，有一次方德华在宿舍里不小心碰倒了热水瓶，把瓶胆摔碎了，开水流了一地。 热水瓶的外壳很漂亮，也很新，扔了可惜，于是他拿着空壳去找瓶胆。 可是校里校外没有一家商店卖瓶胆，他灵机一动：为什么自己不能卖瓶胆呢？

于是他马上着手调查。 他先在男生宿舍调查，得知一个学期一个宿舍 8 个热水瓶只有 2 个是好的，而女生宿舍的调查结果让方德华更加高兴，8 个热水瓶顶多剩下 1 个是好的。 方德华马上行动，他在附近的一家商店谈定了 50 个瓶胆，然后在校园里贴出好几张海报，白天上完课在食堂门口摆摊，晚上就在宿舍里销售，当天就把 50 个瓶胆全部售出。 在剩下的两年里，方德华将杭州市大中专院校的热水瓶胆生意垄断了，生意一直红红火火。

1986 年，21 岁的方德华大学毕业的时候，已经有了超过一万元的存款。 最后一个学期，当所有同学都在忙于找工作，为将来的生计担忧的时候，方德华住在租来的一居室里，心平气和地做着自己的买卖。

贫穷是什么？ 在温州人看来，贫穷不是缺米少盐，也不是缺衣少食。贫穷是无能，是罪恶。 《塔木德》箴言提到：身体依靠心灵而生存，心灵则依靠钱包而生存。 而任何东西到了温州商人手里，都会变成商品，然后变成钱。

用赚钱意识武装头脑的商人，可以把西瓜当成花来卖。 精明的小张一次路过西瓜地灵机一动，决定把西瓜秧卖个好价钱。 他花 20 元钱批发了 100 个塑料花盆，把西瓜苗移植进去，再在花盆上搭个小木架，把瓜秧缠上去，一根瓜秧能挂三、四个小西瓜。 结果，在花木市场的西瓜秧吸引了很多人的围观，以 30 块钱一盆的价格被人哄抢一空，100 盆的西瓜秧净挣了 1000 多块钱。

有的人智商很高，聪明绝顶，才高八斗；有的人情商很高，左右逢源、八面玲珑；但他们为什么却时常入不敷出，捉襟见肘，穷困潦倒？ 温商会告诉你，因为他们欠缺钱商分数，所谓钱商就是关于金钱的智慧和能力，主要包括两方面的内容：一是正确认识金钱及金钱规律；二是正确应用金钱及金钱规律。

畅销书《富爸爸，穷爸爸》指出，富爸爸、穷爸爸都是聪明能干的人，但因为两人对金钱的看法有很大的不同，最终决定了一个身后留下了数千万美元的巨额财产，而另一个终生为财务问题所困扰。穷爸爸会说"我对钱不感兴趣"或"钱对我来说不重要"，富爸爸则说："金钱就是力量"。穷爸爸总是说："我从不富有"，于是这句话就变成了事实。富爸爸则总是说："我是一个富人。穷人和破产者之间的区别是：破产是暂时的，而贫穷是永久的。"因为金钱观念不同，穷爸爸一生都在为钱工作，而富爸爸的人生是"钱要为我工作。"

犹太人认为：《圣经》发射光明，金钱散发温暖。温商执着于钱，他们对财神关公、赵公明顶礼膜拜，他们对有钱人崇拜，对穷人鄙视，经商、赚钱、做生意的观念在他们的思想里根深蒂固，他们的每个细胞都充满了对金钱的渴望，他们的人生目标是不做金钱的奴隶，而是要潇洒地奴役金钱。

作为现代男人尤其要有强烈的赚钱意识，要知道现今社会是一个竞争相当残酷激烈的社会，男人口袋里如果没有钱就谈不上有任何的前途。所以男人应该跟温州人学习如何去赚钱，让自己成为坐拥财富的钻石王老五。

●●更新
你的财富理念

钱是人类的好朋友，尤其是你需要它帮你赚钱的时候，根本不需费一丝一毫的心力，它就能帮你把更多的钱放入自己的口袋里。举例来说，你把 500 元存入一个年息的 5％的定期账户里。一年之后，你不需帮人除草，也不需要代人洗车，你的钱就帮你赚进 25 块钱了。

男人要有『钱途』再有前途

25 块钱看起来没有什么了不起，但是如果你每年存 500 元。长达 10 年，让这 5％的利息利上滚利，10 年之后，你的账户里连本带利就会有 6603．39 元了。

如果你每年投资 500 元于股市里，即使你到外地度假时，这笔钱仍将为你赚进更大的财富。平均来说，这笔钱每 7 至 8 年就会增值一倍，当然，前提是你投资在股票里，许多聪明的投资人早就学会了这点。

巴菲特是当今全球首富之一，他的致富秘诀就是将钱投资在股票里。他和美国许多孩子一样，都是从送报生开始做起的，但是，他比别人更早了解金钱的未来价值，所以，他珍惜来之不易的每分钱。当他看到店里卖的 400 元电视时，他看到的不是眼前的 400 元价格，而是 20 年后的 400 元的未来价值。因此，他宁愿做投资，也不愿意拿来买电视。这样的想法使他不会随意将钱花费在购买不必要的物品上。

如果你很早就开始储蓄并投资时，当你存到一定程度之后，就会发现你的钱会自动帮你准备好所需的生活花费。这就像你生活在一个好人家，有一个富有的亲戚每月会固定送上生活所需一样，你甚至不需要感谢他们，就是在他们生日时去应酬一下。这不正是许多人梦寐以求的境界吗？此时，你完全享有经济独立，做想做的事，去想去的地方，让你的钱留在家里，代你上班赚钱。当然，如果你没有及早储蓄，并且每个月固定拨出一笔钱做投资，那么这一切将永远只是一个梦想。

我们会有几种情况，一种是你一边储蓄一边投资，你会有所收益；另一种情况是你把所有的钱都花光为止；还有一种情况是你把所有的钱花光，并且欠了信用卡公司一大笔债，在这种情况下，你必须付出一笔利息，也就不是让你的钱去赚钱，而是让他人来赚你的钱。在对这三种情况进行选择时，一个人的财商就会影响一个人的理财方式，财商高的男人，无可非议地会选择第一种情况。

因为穷人与富人的理财方式不同，所以也决定了他们获得的财富不同。富人的财产多是以房地产、股票的方式存放，而穷人的财产多是存放在银行里。

诺贝尔奖每次 100 万美元的奖金的确让大家关注，诺贝尔基金会每年发布 5 个奖项，因而每年必须支付高达 500 万美元的巨额奖金。我们不禁要问，诺贝尔基金会的基金到底有多少，能够承担起每年巨额的奖金支出吗？ 事实上，诺贝尔基金之所以能够顺利支付，除了诺贝尔本人损献的一笔庞大的基金外，更重要的应归功于诺贝尔基金会理财有方。

诺贝尔基金会始于1896年，由诺贝尔捐献980万美元成立的。 由于该基金会成立的目的是用于支付奖学金，基金的管理不容许出任何差错。因此，基金会成立初期，其章程中明确规定了基金的投资范围，应限制在安全且固定收益的投资上，例如银行存款与公债，尤其不应投资于股票或房地产，那样会让基金处于价格涨跌的风险之中。

这种重于低报酬率、安全至上的投资原则，的确是稳健的做法，基金不可能发生损失。 但牺牲报酬率的结果是：随着每年奖金的发放与基金会运作的开销，历经50多年后，低报酬率使得诺贝尔基金的资产流失了三分之二，到了1953年该基金的资产只剩下了300多万美元了。

眼看着基金的资产将逐渐消耗殆尽，诺贝尔基金会的理事们及时觉醒，意识到提高投资报酬率对财富累积的重要性，于是在1953年做出了突破性的改革。 他们更改基金管理章程，将原先只准存放银行与买公债的基金转向投资股票和房地产。 新的资产理财观一举扭转了整个诺贝尔基金的命运，其后的几年，巨额奖金照发、基金会照常运作，到了1993年，基金会不但将过去的亏损全数赚回，基金的总资产更是成长到2.7亿多美元。

如果40年前诺贝尔基金没有改弦易辙，仍保持着以存银行为主的理财方式，早已会因发不出任何奖金而销声匿迹了。 诺贝尔基金会成长的历史，再次验证了理财的重要性。 即使初期基金金额庞大，若不理财的话，也耐不住长年的坐吃山空。 坐吃山空的速度虽快，若善于理财的话，财富成长的速度更快，财富仍会快速茁壮地成长。

Chapter 6

男人
半途而废又何妨

　　智者就在于随机应变，借以消患济事。然而，智者不是天生的。因而学习应变之术，掌握应变之道，就显得尤为重要。干事业，要懂得灵活善变之道，不要一条路走到黑。这一点，对男人来说至关重要，因为有些时候，男人的执著就是固执。

●●学会
放下心中的完美

在这个世界上，十全十美的事是不存在的，完美只是人们的一个目标、一个方向和一个憧憬，却不应该成为一个人的追求。

世界上本来就没有完美无缺的人与事。 中国有一句古训：金无足赤，人无完人。 人一走向绝对，就走入了误区。 但是在现实生活中，无数人却不止一次犯着同样的错误——过分追求完美。 我们常常在生活中寻找完美之人，不仅是对自己各个方面要求做到完美，也要求别人是完美之人。正是由于陷入这种误区，使得很多人错失良机，失去友情、爱情，失去自我，以至于改变了对世界、生活的看法。

哲人说："完美本是毒。"事事追求完美其实是一件痛苦的事，就如毒害心灵的药饵！

一位未婚的先生来到一家婚姻介绍所，进入大门后，迎面见到两扇门。 一扇门上写着：美丽的；另一扇门上写着：不太美丽的。 于是他推开"美丽的"门，迎面又见到两扇门。 一扇门上写着：年轻的；另一扇门上写着：不太年轻的。 他推开"年轻的"门，迎面又见到两扇门。 一扇门上写着：善良温柔的；另一扇上写着：不太善良温柔的。他推开"善良温柔的"门，又见到两扇门。 一扇门上写着：有钱的；另一扇门上写着：不太有钱的。 他推开了"有钱的"门……

就这样一路走下去，他先后推开过美丽的、年轻的、善良温柔的、有钱的、忠诚的、勤劳的、文化程度高的、健康的、具有幽默感的九道门。当他推开最后一道门时，只见门上写着一行字：您追求得过于完美了，这里已经没有再完美的了，请您到大街上找吧。 原来他已经走到了婚介所的出口。

这个幽默的故事不只是讲婚姻，更是在讲有关完美的话题。 在这个

男人半途而废又何妨

97

地球上，十全十美的事是不存在的，完美只是人们一个努力的方向，却不应该成为一个人的终极追求。

世界上没有完美的人和事，我们不必去苛求完美。

美国作家哈罗德·斯·库辛写过一篇《你不必完美》的文章，在文中，他写了这样一个故事：因为在孩子面前犯了一个错误，他感到非常内疚。 他思忖自己在孩子心目中的美好形象从此被毁，怕孩子们不再爱戴他，所以他不愿意主动认错。 在内心的煎熬下，他艰难地过着每一天。终于有一天，他忍不住主动给孩子们道了歉，承认了自己的错误，他惊喜地发现，孩子们比以前更爱他了。 他由此发出感叹：人犯错误在所难免，那些经常有些错失的人往往是可爱的，没有人期待你是圣人。

一个"完美"的人，从某种意义上来说，他也是一个可怜的人，他体会不到生活里有所追求、有所希冀的感觉。 正因为"完美"，他也无法体会到当自己得到了一直追求的东西时那种喜悦的感觉。 所以，不必去羡慕完美。 在生活中，不存在完美，美都是相对的。 维纳斯的断臂使她的美成为残缺的美，可谁又能说她不美呢？ 从某种意义上讲，残缺的美才是真实的、可爱的。 正因其残缺，才能让人有更高的期待。

上帝是公平的，它赐予每个人以生命与死亡。

上帝是不公平的，它在赐予每个人以使人羡慕乃至嫉妒的美德，同时也赐予使人抱憾、同情、扼腕或幸灾乐祸等的种种缺陷。

所以，我们不必刻意苛求完美。

我们应该看到自己的优点，也应该接受自己的缺点，世上本来就没有完美的人生。 因此，我们不必戴着假面具去生活。 其实很多痛苦和烦恼都是自己给自己的。 有的人总是在枉费大量的时间和精力试图控制一些自己本来没有，或者根本不与自己相关的事物，而同时却又忽视了自己应当去处理、去关照的份内的事情。 人的一生中有一件很重要的事情，那便是要明确自己的身份和地位，了解自己心里想要的是什么。

做不成大树，就做一棵小草。 别人是别人，你是你自己，别人的得到是因为幸运也好，是因为努力也好，都不必羡慕，更不应该忌妒。

你自有你的长处和优点，做真实的自己比什么都重要。 不必苛求完美，属于你的，好好把握；不属于你的，别去奢求。 世界上永远都没有

完美存在，让我们学会战胜自我，学会包容别人，允许每个人个性的存在，学会清醒地认识自我，正确地协调自我，完全地掌握自我，做一个拥有快乐和幸福的人。

只要心放宽一些，对自己不去苛求，对别人也不去苛求，生活就会少去许多的烦恼。

●●懂得变通
才能成就大事

男人必须要懂得变通。 南辕北辙、背道而驰肯定不行，方向稍有偏差，就会"差之毫厘，谬以千里"。 如果你不懂得根据环境的变化适时调整方向，结果只能是失败。 现实生活中许多人常抱有这样一种想法，认为自己虽然遇上了许多困难，但这时只要坚持一下，成功往往就会到来。

有些人一直抱着这样一个观念：每一个成功的企业，差不多在开始的时候都出现过困难，渡过了难关之后，前面就是康庄大道。

其实，如果你一开始就选错了道路，遇到困境，还一味死撑下去，你可能很快就会陷入破产的困境之中。 可以说，这个世界，这个社会，每天都在变化，我们每个人身处的环境每天都在改变。 如果自己不懂得变通，那么你就很难适应这个"变"的世界。

所以，男人必须要懂得变通，不能死钻牛角尖，此路不通就换条路，有更好的机会就赶快抓住，否则只能以失败告终。

人生如棋，变幻莫测。 既要有执著于目标的勇气，又要懂得灵活变通。 在险境面前，不妨明智地后退一步，结果可能化险为夷，出奇制胜。 所以，对自己的目标一定要认真努力地追求，但同时也要学会变通，若不分时宜地刻板，往往会陷入一种尴尬的境地。

两个贫苦的樵夫靠上山捡柴糊口，有一天在山里发现两大包棉花，两

人喜出望外，棉花价格高过柴薪数倍，将这两包棉花卖掉，足可供家人一个月衣食无虑。 当下两人各自背了一包棉花，赶路回家。

走着走着，其中一名樵夫眼尖，看到山路上扔着一大捆布，走近细看，竟是上等的细麻布，足足有十多匹之多。 他欣喜之余，和同伴商量，一同放下背负的棉花，改背麻布回家。 他的同伴却有不同的看法，认为自己背着棉花已走了一大段路，到了这里丢下棉花，岂不枉费自己先前的辛苦，坚持不愿换麻布。 先前发现麻布的樵夫屡劝同伴不听，只得自己竭尽所能地背起麻布，继续前进。

又走了一段路后，背麻布的樵夫望见林中闪闪发光，走近一看，地上竟然散落着数坛黄金，心想这下真的发财了，赶忙邀同伴放下肩头的棉花，改用挑柴的扁担挑黄金。

他的同伴仍不愿丢下棉花，还是那副以免枉费辛苦的论调，并且怀疑那些黄金是不是真的，劝他不要白费力气，免得到头来空欢喜一场。

发现黄金的樵夫只好自己挑了两坛黄金，和背棉花的伙伴赶路回家，两人走到山下时，无缘无故下了一场大雨，两人在空旷处被淋了个透湿。更不幸的是，背棉花的樵夫背上的大包棉花，吸饱了雨水，重得已无法背动。 那樵夫不得已，只能丢下一路辛苦舍不得放弃的棉花，空着手和挑金子的同伴回家去。 那个背棉花的樵夫固然执著，但他太不会变通了。

我们形容顽固不化的人常说他是"一条道走到黑"、"不撞南墙不回头"。 这些人有可能一开始方向就是错误的，当发现的时候还不愿意改正，所以注定不会成功。

伟大的科学家牛顿早年就曾是永动机的追随者。 在进行了大量失败的实验之后，他很失望，但他很明智地退出了对永动机的研究，在力学研究中投入更大的精力。 最终，许多永动机的研究者默默而终，牛顿却因摆脱了无谓的研究，在其他方面脱颖而出。

因此，在一些没有胜算把握和科学根据的前提下，应该见好就收，知难而退。 遇到走不通的路，就立即收住脚步，检查其原因，调整原来的方向，从而突破桎梏，延伸视野，拓展新的思考空间。

一个人要想获得事业上的成功，首先要有目标，这是人生的起点。 没有目标，就没有动力，但这个目标必须是合理的，即是合乎实际情况和客观规律的，又是合乎社会道德的，是一个可以实现的目标。 如果不是，那么即使你再有本事，付出千百倍努力，也不会获得成功。

人生总会碰到许多走不通的路，这时，你就该换个角度去考虑问题，重新去把握机会。 在人生的每一个关键时刻，要审慎的运用智慧，做最正确的判断，选择正确的方向，同时别忘了及时检视选择的角度，适时调整。 懂得随时灵活地变通，冷静地用开放的心胸作出正确抉择。 每次正确无误的抉择将指引你走在通往成功的坦途上。

标新立异者的"新和异"是适应环境的变通，是对已知的挑战。 变则通，通则久。

1982 年，在美国《幸福》杂志上所列的全美 500 强大企业名单里，赫然跃上了一个名不见经传的电子工业公司——苹果计算机公司。

一年之后，奇迹再次发生。 当美国《幸福》杂志再次公布全美 500 家最大公司的排位时，人们惊奇地发现，年轻的苹果计算机公司青云直上，一举跃到了第 291 位，营业额达 9.8 亿美元，职工人数 4000 人，它的迅速发展，引起了美国企业界的极大关注。

是谁采用了什么策略取得了这么大的成绩？

领导这家公司的主要是两位年轻人，他们叫史蒂夫·乔布斯、斯蒂芬·沃兹奈克。

当时，在美国，许多计算机生产厂家，都把研制和生产的重点放在大型计算机上。

虽然当时微电脑在美国市场上已经出现，但大多是供工程师、科学家、电脑程序设计师使用，还相当不普及，普通家庭很少购买。

史蒂夫·乔布斯和斯蒂芬·沃兹奈克决定另辟新路，将注意力集中到个人计算机上。

创业开始，困难重重，缺乏资金，乔布斯卖掉自己的金龟牌汽车，沃兹余克卖掉了心爱的计算机，凑了 1 300 美元。 没有工作场所，他们就在乔布斯父母的车库里工作。 他们弄来廉价零件，利用业余时间在车库里苦干。

功夫不负有心人，经过长期艰苦的努力，他们终于在 1976 年研制成功了一台家用电脑，命名为"苹果 I 号"。 当他们把这台电脑拿到俱乐

部去展示时，立刻吸引了不少电脑迷，他们纷纷要掏钱购买，一下子就订购了 50 台。 为了生产这 50 台电脑，他们跟几家电子供应商谈妥，以 30 天的期限，向电子供应商们赊了 2.5 万美元的零件，结果在 29 天之内就装配了 100 台家用电脑，他们用 50 台电脑换了现金，还将供应商的借款偿还了。

从此，局面打开了，他们的订单源源不断。 他们认定家用电脑的发展前景广阔，于是打算成立一家公司，专门生产家用电脑。

他们的想法得到了投资家马克拉的帮助，他愿意投资 9.1 万美元，美国商业银行也贷给了他们 25 万美元贷款。 然后，他俩又开始了游说活动，募集到 60 万美元的资金。 这样，1977 年，"苹果计算机公司"宣告正式成立。 马克拉担任公司董事长、乔布斯任副董事长、斯科特任总经理、沃兹奈克任副总经理。

他们将办公地点从车库里搬了出去，又网罗各方面人才，共同进一步研制和改良家用电脑。 不久，他们向市场推出了"苹果Ⅱ号"、"苹果Ⅲ号"和"里萨"等个人电脑新产品。

苹果计算机公司独辟蹊径，瞄准别家计算机公司遗漏的"盲区"，闪电般向市场推出的家用电脑，迎合了美国大众的需要，销路非常好。 人们迫不及待地想买到一部苹果计算机，形成了苹果计算机销量与日俱增的大好形势。 到 1981 年，苹果计算机公司生产的个人计算机占据了美国市场上个人电脑总销售量的 41.2％。 在纽约基础书籍出版公司 1984 年出版畅销书《硅谷热》中，对于苹果计算机公司发迹和崛起的速度极为赞叹，认为："一家公司只用了 5 年时间就有资格进入美国最大 500 家企业公司之列，这还是有史以来的第一次。"

其实，人的一生在某些方面就像做生意，有的人其终点与起点没有什么区别，而另一些人能把自己一生的这笔"生意"越做越大，区别就在于是否在作出人生重大选择时有种经营的心态，而经营是需要变通的。

俗话说："山不转，路转；路不转，人转。"《易经》上也说："穷则变，变则通。"西方的《圣经》上也有这样的记载："上帝关了这扇窗，必会为你开启另一扇门。"的确，天无绝人之路，只要学会转弯，总会走向成功。

"王致和"臭豆腐今天已是许多人心目中的美味，但或许很少有人知道，这闻名于京城的臭豆腐与王致和的失败是有很大关联的。

相传康熙年间，安徽青年王致和赴京应试落第后，决定留在京城，一边继续攻读，一边学做豆腐谋生。 可是，他毕竟是个年轻的读书人，没有做生意的经验，夏季的一天，他所做的豆腐剩下不少，只好用小缸把豆腐切块腌好。 但日子一长，他竟把这缸豆腐忘了，等到秋凉时才想起来，腌豆腐已经变成了"臭豆腐"。 王致和十分恼火，正欲把这"臭气熏天"的豆腐扔掉时，转而一想，虽然臭了，但自己总还可以留着吃吧。 于是，就忍着臭味吃了起来，然而，奇怪的是，臭豆腐闻起来虽有股臭味，吃起来却非常香。

于是，王致和便拿着自己的臭豆腐去给朋友吃。 好说歹说，别人才同意尝一口，没想到，所有人在捂着鼻子尝了以后，都赞不绝口，一致公认此豆腐美味可口。 王致和借助这一错误，改行专门做臭豆腐，生意越做越大，而影响也越来越广，最后，连慈禧太后也慕名前来尝一尝美味的臭豆腐，对其大为赞赏。

从此，王致和与他的臭豆腐身价倍增，还被列为御膳菜谱。 直到今天，许多外国友人到了北京，都还点名要品尝这所谓"中国一绝"的王致和臭豆腐。

因为一次失败，王致和改变了自己的一生。

所以在人生路上，要学会转个弯，选择新的目标或探求新的方法，这样才能从失败走向成功。

"山重水复疑无路，柳暗花明又一村。"只要你不拒绝变化，并且学会转个弯，变化一下自己的思路，我们就能走出困境，进入一片新的天地。

●●吃回头草的马才是好马

如果是"好马"就要敢于面对，敢于从头再来。 是"好马"，必要的时候就要吃回头草，因为这个世界上好马很多而回头草很少。

一个人在一系列不可抗拒的因素下，要想走有利于自己发展的道路，就要有长远的战略规划和发展目标。 既然重在长远，就不能在意眼前，该退让的时候就退让。

有一则寓言故事，一匹精良的马从草原上经过，眼前全是绿油油的青草，它一边随便地吃几口，一边向前走。

它越走越远，而草越来越少，几天后，它已经接近沙漠的边缘了。 它只要回头走就可以重新吃到美味的青草，但它坚持想："我是一匹精良的马，好马不吃回头草。"后来，在饥饿的折磨下，它倒在了沙漠中。

在古代，像这样有"骨气"的人，宁可被活活饿死也不屈服，的确是很伟大，但有时候，你并不能把"骨气"与"意气"划分得清楚。 绝大多数人在面临该不该退让时，都把"意气"当成"骨气"，或用"骨气"来包装"意气"，明知"回头草"又鲜又嫩，却怎么也不肯回头去吃。

如果你不吃回头草就会饿死，吃"回头草"时又会碰到周围人对你的非议。 因此你只要吃你的草，全然不要顾忌别人对你的看法，你只要认真诚恳地吃，填饱肚子，养肥自己就可以了！ 何况时间一久，别人也会忘记你是一匹吃回头草的马，甚至当你回头草吃得有成就时，别人还会佩服你：果然是一匹"好马"！

在面对残酷的现实时，饿死的"好马"就变成了"死马"，也就不是一匹"好马"了。

在生活中有很多这样的例子：A 君因故被炒鱿鱼，一个星期后，老板要他回去，他愤然拒绝："好马不吃回头草！"

B 君被女朋友甩了，过了一段时间，女朋友回头向他认错，要求重归于好，B 君无情地说："好马不吃回头草！"

"好马不吃回头草！"这句话使很多人不知丧失了多少机会。绝大多数人在面临该不该回头时，往往意气用事，明知"回头草"又鲜又嫩，却怎么也不肯回头去吃，自以为这样才是有"志气"。其实，在面临回不回头的关卡时，你要考虑的不是面子问题和志气问题，而是现实问题。

甲午战争后，袁世凯的北洋势力迅速崛起，袁世凯继李鸿章之后担任直隶总督兼北洋大臣，手中握有六镇新军，是当时权倾朝野的实权人物。投机政客江朝宗找关系、走后门，终于攀上了老袁这棵根深叶茂的大树。为了讨好老袁，江朝宗不惜破费钱财上下打点，终于取得了老袁的信任，为自己打开了升官发财之路。

谁知天有不测风云，人有旦夕祸福。1908 年慈禧和光绪帝相继死去，载沣摄政。为报袁世凯在戊戌变法时出卖其兄光绪帝的一箭之仇，载沣上台后首先罢免了袁世凯的官职，将他开缺回籍。老袁失势后，满清亲贵铁良任军机大臣、陆军部尚书，成为当时朝中的实权人物。

江朝宗本是个趋炎附势之徒，看到老袁失势，后悔莫及，只怪自己当初走错了庙门白花了那么多冤枉钱。经再三考虑之后，他决定改换门庭投靠铁良。

江朝宗带了厚礼，面见铁良，二人臭味机投，经江朝宗一阵吹捧赞扬，铁良已飘飘然。这时江朝宗趁机献策说："袁世凯的六镇新军不听调遣，不如将他们分开，另外还要在北京设立一个稽查处，专门处置新军中有越轨行为的官兵。这样才能逐步铲除袁世凯在新军中的势力。"

铁良此时正为如何控制新军的事发愁，听了这一计策，正中下怀，对江朝宗十分赏识，予以重用。

江朝宗由此得志，每天坐着八抬大轿，前呼后拥，不可一世。

但是，好景不长，几年后袁世凯东山再起，清朝灭亡，民国兴起。老袁当上了中华民国大总统，又成了炙手可热的人物。

江朝宗看到袁世凯重新得势，便吃起了"回头草"。他带上厚礼，拜见老袁，痛哭流涕地向老袁表白心迹，说明自己的一片忠心。老袁明知江朝宗是个趋炎附势之徒，但此时正是用人之际，自己当总统少不了要有些吹喇叭抬轿子的，便不计前嫌重新启用了江朝宗。江朝宗心里也明白，自己过去有叛袁劣迹，此时只有在老袁面前倍加卖力地表现自己才能

取得信任。于是，便不择手段地替老袁抛售情报，铲除政敌。袁世凯恢复帝制后，江朝宗马不停蹄地前后奔走，组织请愿团向袁氏"劝进"。由于江朝宗的出色表演，袁世凯终于尽释前嫌委以重任。

很多人都会面临"吃"与"不吃"的选择。如果草不好，不吃也就罢了，可如果是棵好草，是不是回头再吃呢？刘备是匹"好马"吗？是的。可是他依然会三顾茅庐，成为千古美谈。

●●不必
撞到南墙才回头

现代社会竞争激烈，而且人人都是凡人，不可能"一直舍去，舍至无可舍之处"，但是我们可以学会选择，学会放弃。特别是由于种种现实和客观的原因，当顽强地坚持已经沦为一种仅仅停留于表面的姿态时，我们就得反思：自己坚持的方向是不是正确，它会不会真的为自己带来意想中的结果。

蒲松龄少年时勤奋苦读，但当时科举制度不严谨，科场中贿赂盛行，舞弊成风，他四次考取举人都落第了。最后，他放弃了依靠"科考"走上仕途道路的愿望，而选择了著书立说这条另外的人生道路。为了勉励自己有所成就，他在压纸的铜尺上镌刻了一副著名的对联，上书：有志者，事竟成。破釜沉舟，百二秦关终属楚；苦心人，天不负，卧薪尝胆，三千越甲可吞吴。在这条新开辟的道路上，蒲松龄取得了成功，《聊斋志异》使他成为了万古流芳的文学家，也为后人留下了宝贵的精神财富。

由此可见，固守一处不仅看不到希望，还会使人失去发展的机会，失去成功的可能。个人拼搏奋斗如此，企业也一样。"联想"一直担负着中国当代优秀企业中典型代表的角色，因此经营者们曾经铆足劲儿想将它做大做全。似乎只有这样才能称得上真正的成功。而"联想"也因此数年挣扎在这样的战略迷途中。 后来，他们在对全球"财富100强企业"的分析中发现，在市场日趋饱和、竞争日趋激烈的环境下，走四面出击的老路并不能为企业建立起核心竞争力。 于是，他们放弃了多个非核心业务，重新回归 PC(个人电脑)主业，并一举收购了 IBM 的 PC 业务，从"做全"之途转向"做强"之路。

"联想"的转变给了我们更多理性的思考。 但也许你仍然想问，难道不撞南墙不回头就不是一种拼搏精神吗？

是啊。 两者在生活中的表现确实很相似，但并不是一回事。 拼搏精神是一种面对困难和挑战的态度，是在顽强的决心下，对事情作出明智的分析和理解后的一种承担，它是深藏于每个人心中的一台激励机器。 当你在人生的路途上想退却时，当你在事业的瓶颈阶段想放弃时，它都会适时而严厉地敲响你心中的鼓点，激励你继续顽强地走下去，直到取得成功。

但是不撞南墙不回头更多的却是一种固执，他只能让人自以为是，听不进别人的意见。 守着一条道路不放，不自觉地耗费了宝贵的时间和精力。 从这个意义上说，拼搏者们往往更需要的是一种"不必撞到南墙才回头"的睿智。

法国哲学家、思想家蒙田说过：今天的放弃，正是为了明天的得到。每个人都必须审时度势，作出你的选择，找到你真正的生活目标。 如果你坚信这条路是正确的，可以去坚持；如果从实际出发认为有偏颇，应当毫不犹豫地退回来，另走别的路。

人生并非只有一处风景如画，别处风景也许更加迷人。 当你失意的时候，你不妨好好地品味这句话所包含的哲理。

也许你会发现，在我们周围往往有那么一些人，也奋斗过，也拼搏过，也挣扎过，却总是一次又一次地被挡在成功的大门之外。 他们并非没有真正努力，也不是智力平庸。 原因何在？ 还是先来看一则故事吧，或许你能从中找到答案。

有一位德高望重的富商决定给女儿挑选能依靠终身的如意郎君，他昼思夜想，终于有了一个主意。 他把所有的求婚者聚集到一个很大的鳄鱼池边。 对他们说："谁有勇气从池塘的这一边游到那一边，我就把女儿和一半的财产都赠给他。"话音未落,一个小伙子便跳进池子里,他拼命地往前游,终于抢在被鳄鱼攻击前游到了对岸。 自然,小伙子成了这场游戏的大赢家。 有人问他为什么那么勇敢,为什么游得那么快。 他答道:"我的成功并不是由于我的勇敢,也不是由于我游得快。 有人把我推进鳄鱼池里时,我就已没有退路,我必须拼命地向前游,否则我只能葬身鱼腹。 这样我就把自己潜在的能力逼出来了。"

故事中的小伙子就犹如一枚过河的卒子,永远没有退路,永远不能回头,因此才能一往无前地冲杀。 可见,只有当我们的身后没有了退路,那么,前进就是别无选择的选择。 有一位工人,所在的工厂效益越来越差,厂里大多数的工人都在观望和等待,希望有所转机。 可是,这个工人深思熟虑后,毅然辞职。 他利用一次性的工龄补贴的钱,开了一家小商店,辛苦中仍坚持诚信,小区周围的人们都愿意去他店里买东西,最后居然还开起了分店。

几年后,当这位工人被评为下岗职工的楷模时,他原来所在的工厂倒闭了,那些观望的职工不得不面对似乎早已预料的失业结局,最糟糕的是这时工厂连一点工龄补贴的钱也拿不出来了。

截断了自己的退路,好像是对自己的一种残酷。 但往往只有走到山穷水尽,才可能得到柳暗花明的转机。 古希腊著名演说家戴摩西尼年轻的时候为了提高自己的演说能力,躲在一个地下室练习口才。 由于耐不住寂寞,他时不时地就想出去溜达溜达,心总也静不下来,练习的效果很差。无奈之下,他横下心剃去了一半头发,变成了一个怪模怪样的"阴阳头"。 这样一来,由于羞于见人,他只得彻底打消了出去玩的念头,一心一意地练口才,一连数月足不出室,演讲水平突飞猛进。 当你不能专心致志地前行时,不妨也采取一些斩断退路之举,逼着自己全力以赴地寻找出路。

世界上第一位讲授成功学的杰出人物、世界成功学鼻祖拿破仑·希尔,在他全球畅销几千万册的《思考致富》中,曾经提出了这样一个成功学理念:"过桥抽板。"

当然,他所倡导的"过桥抽板",绝不是教导我们要忘恩负义,而是告诉我们在做一项不能轻易实现的事业时,最好把自己的退路切断。 让自己无路可退，这样才能激发我们所有的潜力，调动所有的激情，义无反顾，勇往直前，坚持到底。

在现实生活中，你是否也曾抱着"凡事留三分"的态度，给自己留一条后路：学习时，想着年纪还小来日方长，遇到难题便不肯再坚持下去；恋爱时，总认为"天涯何处无芳草"，于是便错过了一次又一次真心付出的机会；工作时，抱着东家不打打西家的态度，于是总也不能全身心投入去干一番辉煌的业绩出来。殊不知就是这些观点，让你在奋斗过程中有了包袱，不如意的时候你会想"反正还能怎样怎样"，因而懈怠地面对问题，徘徊在原地。

詹姆斯·艾伦在《思想的力量中》曾说过这样一句话："只要将一个人内心的态度由恐惧转为奋斗，就能拒绝各种借口、克服任何障碍，让我们为自己的快乐奋斗吧！"是的，不给自己退路，朝着成功的方向迈进，最终你就会达到成功的彼岸！

●●放下固执，
不要太为难自己

从一定意义上说，智者就在于随机应变，借以消患济事。然而，智者不是天生的。因而学习应变之术，掌握应变之道，就显得尤为重要。干事业，要懂得灵活善变之道，不要一条路走到黑。这一点，对男人来说至关重要，因为有些时候，男人的执着就是固执。

随着情况、形势的变化，掌握时机，灵活应付，这就是"随机应变"。作为应付各种场合、情况和变化的能力，这是人们最经常使用的方法，它的目的是为了保护自己免遭羞辱和灾难，取得事业上的成功。正因随"机"应变，所以随时可能用得着，很难预先计划。

随机应变要求有反应灵敏的头脑，要求对外界发生的一切及时地作出适当的反应，事后于事无补，反添悔恨。当你面对突发的事件，你能够

快速灵敏不露声色地作出正确的反应，这是大智大勇，也是小计细谋。 对于谋求成功的男人来说，面前有多少料想不到的灾难啊！

如不能够随机应变，不能沉着、冷静、迅速地处理各种突发变故，怎能成就大事呢？

我们知道，世界上的万事万物都是在不断发展变化的，环境在变，时势在变，事态在变，生活在变，人类每一个个体也都在变。 尤其是现代社会，科学技术的迅猛发展，对人类生活的改变之快可以用瞬息万变来形容。 要适应环境的更迭，应付事态、生活的变化，就得学会随机应变之术。 荀子曾说："举措应变不穷。"能够随着时势事态的变化而从容应变，是一个男人立身处世、建功立业不可或缺的本领。

男人要能够认清客观形势或时代潮流，能够跟着客观形势或时代潮流的变化而变化，因时制宜，顺势而动。 因而无论古今中外，只有识时务的人才能成为时代的俊杰。 反之，如果不识时务，不顾客观条件的变化和限制，逆势而行，盲目蛮干，一条路走到黑，其结果只能是以卵击石，被时代的车轮碾碎，最终一事无成。

在社会生活中，随机应变的主要功用在于：其一，保持主动地位；其二，变被动为主动。 而终极目的是使自己永远处于主动地位，驾驭事态发展，以实现既定目标。

随机应变一般是指在形势对己不利时而采取的对策。 要做到随机应变，既要有一定的知识、能力做后盾，又需要有良好的心理素质。 一个无知、无才、又没有良好心理素质的男人，断然不能够做到临危而不惧，处乱而不惊，更不能随机应变，巧作应付，化险为夷。

所以，训练自己良好的心理素质，并机智灵活地运用应变之术，可使自己永远立于不败之地。

固执己见似乎让人感到个性，但更多时候给人的感觉是顽固不化。

太固执的人总会自以为是，很轻易地得出一个结论后，就认定是最终真理，别人如果有不同看法，就肯定是他哪儿出问题了。 太固执的人也很容易轻视别人，否定别人，常常刚愎自用。 三国名将关羽之所以最后败走麦城，被俘身亡，最大的一个原因就是固执偏激，刚愎自用。

太固执的人很容易对人产生偏见。 在他们眼里，爷爷是小偷，孙子

也好不到哪儿去；一个人从监牢里出来，他这一辈子肯定不会干好事；黑人永远是劣等人种；希特勒肯定是个固执狂，历史上所有的刽子手都是固执狂……让一个太固执的人去当老师，班里的"差生"永远得不到翻身；让一个太固执的人去做老板，他的职员永远不能犯错误。 世界"牛仔大王"李维的公司却有 38％ 的职员是残疾人员、黑人、少数民族和一些有犯罪前科的人，他们在那里都干得好好的。

太固执的人不易接受新事物。 他们总认为自己的一套是最佳的，对新事物，他们其实根本不了解，但他们却煞有介事地说出一大堆凭空想象的局限和不足，俨然像专家。 他们会坚持认为计算机没有算盘准确，即使他儿子还是个电脑工程师；他会认为生儿子当然比生女儿好，即使他女儿成了名人，他也会坚持认为这是上帝开的一个玩笑。

太固执的人肯定没有好的人缘。 要想改变这种坏脾气，首先得试着去理解人，试着从别人的角度来考虑问题。 抱着一个信条：在不了解一个人或一样东西之前，别妄下结论。

●●换条路
可能会更好

"千万不要吊死在一棵树上。"做一件事可以有无数种方法，而只有一种才是最佳的，而你想到的可能是最差的。 开动脑筋，试着换种方法，你会感觉豁然开朗。 有了这种"换条路"的思考方式，你会发现很多最佳的方法。

聪明人总在想着如何"偷懒"，别人做这件事花了 300 元钱，我能不能少花些，别人做这件事用了两天，我能不能只用一天半。 很难想象一个只找到一种方法就当宝的人如何去参加数学奥林匹克竞赛。 办法是人想出来的，即使你比别人笨一些，只要你多花些时间去想，就可能做得比其他人更好，在别人眼里，你就是一个聪明人。 所有成功者都是用与众

不同的方法才做出了惊人的成绩，"船王"包玉刚之所以能从一条船起家，由一个不懂航运业的门外汉一跃成为一代船主，就是因为他时时处处都在想着如何才是最佳的。 当别人都在搞房地产的时候，甚至当他父亲也主张投资房地产时，他经过分析却决定投资航运业；当别的船主都在用"散租"的方式获取暂时的高额租金时，他却用"长租"的方式获得稳定的收入，但同时却赢得了无数固定的大户顾客。 他之所以成功，不是因为他是"包青天"包拯的第 29 代子孙而有特殊的遗传基因，而是因为他总能发现常人所用方法的弊端，同时又想出一套更佳的新的方法。

当我们发现自己所处的环境不利的时候，那就试着去换一个地方。当你发现手下人不称职时，就坚决地撤换。 当你发现靠每天一封情书的求爱效果不灵时，就试试一个礼拜不给她写信。 当你发现每天弥勒佛似的和人交往，别人还不领情时，你就试着换副阴阳脸。 当你发现对儿子百依百顺，但他却更加无法无天，你就试着狠心些、冷峻些。 总之，发现"不行"你就得变，而发现"行"你也得变着"更行"。 喊出"车到山前必有路，有路必有丰田车"的丰田公司所采用的"参与制"，就是近乎苛刻地挖掘任何一个可能"更行"的机会。 1977 年，丰田公司全体员工提出了 46 万多条合理化建议，每人平均 10 条，为公司节省开支 260 多亿日元。

要想成功，就得时时刻刻想着："是不是可以换种方法。"

●●不要走极端

要么很好，要么很坏，要么是踌躇满志，要么是万念俱灰，稍受鼓励就信心倍增，稍受打击就萎靡不振，虽然说人生是一场戏，但你也不能故意把它搞得大喜大悲，这对身心是很不利的。

有极端思想的人往往是一个完美主义者，或者说是一个理想主义者。在事情开始之前，他们总会把事情的结果想象得很美好。 由于看了一张介绍炒股成功者的报纸，他们就会浮想联翩：如果我也去炒股的话，说不定我能赚个几十万，然后我就能买幢房子，另外再买辆车，当然也要给女儿买架钢琴。 而一旦事与愿违，他们就会痛苦万分，极大的反差加上没有任何的思想准备定会让他们消沉一段时间。

有极端思想的人往往是易冲动、缺少全面考虑的人。 他们对一件事情投入得特别快，他们会调动一切情绪专心于一件事。 当他受了别人的启发，决定开始学外语时，他会专心致志地订好计划，而且立刻跑到书店买来外语书，还有一大堆参考书、工具书和空白磁带，他还会考虑到家里的录音机不行，马上去买个新的。 但学了三天后，就觉得计划是否该改一下，参考书是否太深了。 再过几天，就会问自己：学了外语到底有什么用？ 然后就可能像没发生过这事一样过起了原来的生活。

我们要试着去改变这种极端思想的做法。 首先，要有接受挫折与失败的心理。 在事情开始之前，要告诉自己：结果越美，往往困难越多。 要出门旅游，你不能光想海边风景多迷人，在大海里游泳是多畅快，到山顶眺望是多么心旷神怡，你得想想在海边晒半天会很黑，夜里会皮肤发痛，那座山很陡，小心不能摔跤。 其次，我们在事前不要把结果想象得太完美，可以告诉自己：能有七分成功就算很不错了。 期望值不能太高，以免失望太多。 我们也可以告诉自己：做事要多看过程，只要我们尽力就行了。 万一我们不幸遭遇失败，我们应告诉自己：生活大部分时间是平淡无奇的，我们只不过又回到了起点，让我们从头再来。

●●别总是后悔

因为一件事做得不完美而后悔，或因为不经意的一句话而伤害别人而后悔，这都是难免的。 但如果一个人经常是说话一出口就后悔，那就不大正常了。

这种坏习惯有时候是因为犹豫不决的性格造成的。 有的人面对选择时，总会考虑得无比周到。 从大到小、从前到后，样样都要考虑，到最后连自己都糊涂了，不知如何做出选择。 好不容易在别人的帮助下或在内心的催促下做出了决定，话一出口马上就会后悔，心里想：可能作另外一种选择更好。

考虑太多会使你"说了常后悔"，欠考虑也同样使你"说了常后悔"。 有些人喜欢信口开河，说话不着边际，只管吹牛扯蛋倒也无妨，问题就在一不小心就可能伤了别人，那就只有道歉了。

由于犹豫不决而常后悔的人，总会有种失落感，本来做出选择是件很痛快的事，而对他来说却是痛苦的事。 去购置一样东西本来是一种享受，而他却体会不到这种满足。 上街去吃火锅，走过麦当劳门前，会禁不住想：吃麦当劳也不错。 火锅已经在面前了，麦当劳的香味还萦绕在眼前，火锅的味道肯定减了一半。

如果你是一个优柔寡断的人，你得在作决定之前先弄清楚：我选择的首要标准是什么。 在作选择之前先把标准的顺序排好，如果只想买支笔，能写就行，那就挑支便宜的。 在做出决定以后，只能想我选的东西有多少优点，别去想别的，要有一种知足常乐的心理。

而如果是欠考虑、易冲动的人，就要告诉自己：凡事要三思而后言。特别在感情冲动时，要立即警告自己：别光从自己角度出发，换个角度，和别人开玩笑，不能凭自己想象，你要想想他会不会生气。 在批评人时，也要想想对方会怎么想，不能光顾自己发泄。 在承诺别人时，不能光让对方满意，要考虑一下自己能否承受得了。

●●知足常乐，
　　拿得起就要放得下

真正做到知足，人生便会多一些从容，多一些乐观，从而常乐，也就是要拿得起放得下。

知足常乐，很符合儒家的"中庸之道"。 一切行为适中、折衷为宜，不能什么也不追求，也不要过分追求，凡事讲究个"度"。 简言之，就是对幸福的追求持一种极易满足的态度。 一个人知道满足，心里就时常是快乐的、乐观的，有利于身心健康。 相反，贪得无厌，不知满足，就会时时感到焦虑不安，甚至是痛苦不堪。

古人的"布衣桑饭，可乐终生"是一种知足常乐的典范。 "宁静致远，淡泊明志"中蕴含着诸葛亮知足常乐的清高雅洁；"采菊东篱下，悠然见南山"中尽显陶渊明知足常乐的悠然；沈复所言"老天待我至为厚矣"表达了知足常乐的真情实感。 曾国藩认为人生一切都"不宜圆满"，以免乐极生悲，名其书房为"求阙斋"，体现了知足常乐的智慧。 林语堂说半玩世半认真是最好的处世方法，不忧虑过甚，也不完全无忧无虑，才是最好的生活，这流露了知足常乐的幽默。

知足是一种处事态度，常乐是一种幽幽释然的情怀。 知足常乐，贵在调节。 这是一种人生底色，当我们在忙于追求、拼搏而迷失方向的时候，知足常乐，这种在平凡中渲染的人生底色所孕育的宁静与温馨对于风雨兼程的我们是一个避风的港口。 休憩整理后，毅然前行，来源于自身平和的不竭动力。 真正做到知足，人生便会多一些从容、多一些乐观，从而常乐。

有一个民间故事。 明朝有个人叫胡九韶，他的家境很贫困，一面教书，一面努力耕作，仅仅可以衣食温饱。 但每天黄昏时，胡九韶都要到门口焚香，向天拜九拜，感谢上天赐给他一天的清福。 妻子笑他说："我们一天三餐都是菜粥，怎么谈得上是清福？"胡九韶说："我首先很庆幸生在太平盛世，没有战争兵祸。 又庆幸我们全家人都能有饭吃，有衣穿，不至于挨饿受冻。 第三庆幸的是家里床上没有病人，监狱中没有囚犯，这不是清福是什么？"

快乐、幸福都是建立在知足的基础上的。 这里并不是说不思进取，不前进，而是在自己的能力控制范围内循序渐进地前进。 不要把太多不实际、不可能完成的事摆在眼前，不达到目的就绝不放手。

老子说："祸莫大于不知足，咎莫大于欲得。 故知足之足，常足矣。"意思是说，祸患没有大过不知满足的了；过失没有大过贪得无厌的了。 所以知道满足的人，永远觉得是快乐的。 用叔本华的观点来说，不满足使人生在欲望与失望之间痛苦不堪。

有一个小朋友丢失了一个玩具，十分难过。 正在寻找玩具的时候，一个大朋友见他可怜，就从自己的包里取出一个玩具给他。 这时候，这个小朋友显得更伤心，大朋友非常不解地问他："你现在不是得回一个玩具吗？ 为何还这样伤心？"小朋友回答说："因为我本可以有两个玩具。"

当追求满足不了时便产生了痛苦，而当一种欲望满足之后很快便又有了新的更进一步的追求。 总是不满足，就总是有痛苦，真是"欲壑难填"。

人应该知足，承认和满足现状不失为一种自我解脱的方式。 知足者想问题、做事情能够顺其自然，保持一份淡然的心境，并乐在其中。 这并不是削弱人的斗志和进取精神，在知足的乐观和平静中，认真洞察取得的成功，总结经验，而后乐于进取，乐于开拓，为将来取得更大的成功鼓足信心，做好充分的准备。 知足常乐，是个人永远的精神追求。

在前进的道路上，当我们取得一些成绩的时候，如果我们都能知足，就能够保持乐观的心态，在对待生活中的困难时，也会泰然处之。 知足常乐，在烦躁与喧嚣中，会过滤掉压抑与沉闷，沉淀一种默契与亲善。

现代人的生活节奏越来越快，内容也越来越丰富。 我们每天所面对的人和事也越来越多。 人和人不一样，事和事也不一样，这决定了我们必须以不同方式和心态与之对应。

如何才能做到这一点呢？ 只有在内心深处保留一块平静而独立的空间。 以"不变"应"万变"，并进行适当的情绪调控才是最好的策略。

拿不起，又放不下；解不开，又理不顺，这种人是不会有成就的。 只能终日深陷在个人的淤泥中挣扎，苦苦难以自拔。

我们怎样才能有一个好心情，以便使我们每天的工作和生活卓有成效呢？ 除非我们心平气和，否则迎来的又将是失败的一天。 花草树木，随着气候的变化而生长，我们要为自己创造天气。 要学会用自己的心灵弥补气候的不足。 如果你为他人带来风雨、忧郁、黑暗和悲观，那么他们也会报之以风雨、忧郁、黑暗和悲观。 相反的，如果你为他人献上欢乐、喜悦、光明和笑声，他们也会报之以欢乐、喜悦、光明和笑声，你就能获得事业上的丰收，赚取成功的财富。

怎样才能让每天都保持情绪饱满，你要学会这个永远颠扑不灭的真理，弱者让思绪控制行为，强者让行为控制思绪。 每天醒来当你被悲伤、自怜、失败的情绪包围时，我们就这样与之对抗：沮丧时，引吭高歌；悲伤时，开怀大笑；苦闷时，加倍工作；恐惧时，勇往直前；自卑时，换上新装；低沉时，提高噪音；穷困潦倒时，想象未来的富有；力不从心时，回想过去的成功；自轻自贱时，想想自己的目标。

总之，你要学会控制自己的情绪。

从今往后，我们必须明白，只有低能者才会江郎才尽，我们并非低能者，我们必须不断对抗那些企图摧垮我们的力量。 它们往往面带微笑，招手而来，却随时可能将我们摧毁。 对它们，我们永远不能放松警惕。 自高自大时，要追寻失败的记忆；纵情享受时，要记得挨饿的日子；洋洋得意时，要想想竞争的对手；沾沾自喜时，不要忘了那忍辱的时刻；自以为是时，看看自己能否让风留步；腰缠万贯时，想想那些食不果腹的人；骄傲自满时，要想到自己失意的时候；不可一世时，应该抬头仰望群星。

有了这些新本领，我们也更能体察别人的情绪变化。 我们宽容怒气冲冲的人，因为他尚未懂得控制自己的情绪，就可以忍受他的指责与辱骂，因为我们知道明天他会改变，重新变得随和。

我们不要只凭一面之交来判断一个人，也不要因一时的怨恨与人绝交，今天不肯花一分钱购买金篷马车的人，明天也许会用全部家当换取树苗。 知道了这个秘密，我们可以获得极大的幸福。

我们从此领悟人类情绪变化的奥秘。 对于自己千变万化的个性，我们不要听之任之，因为我们已经知道，只有积极主动地控制情绪，才能掌握自己的命运。

我们要学会控制自己的情绪，我们就会成为世界上最伟大的成功者！

我们只有成为自己的主人，我们才能由此而变得伟大！

Chapter 7

男人
拒绝在安乐窝里打滚

　　如果你的目标只是安安稳稳地过一辈子,那么走到人生的尽头也享受不到真正成功的快乐和幸福的滋味。心态中只有"守",裹足不前,有朝一日已有的小小地盘也可能混丢了。

●●别死守一亩三分地

决定男人一生命运的，是心态、习惯、细节和机遇，这些因素在男人二十几岁的年华里显得更为重要。 二十几岁是男人一生最佳的选择时期，而到了三十几岁，事业、婚姻、生活态度等，这一切都已经定形，不再那么容易改变了。 也就是说，到了三十几岁，再来改变已经为时过晚了。二十几岁的人生舞台已经不再是排练，而是真正的表演。 面对现实的矛盾而犹豫不决，其实是在吞噬着你的年轻的灵魂和未来。 只有慎重地做出选择，方能成就自己。

安于现状，生活只会是一潭死水

如果你的目标只是安安稳稳地过一辈子，那么走到人生的尽头也享受不到真正成功的快乐和幸福的滋味。 心态中只有"守"，裹足不前，有朝一日已有的小小地盘也可能混丢了。 在激流湍急的生活中，一定要记住停滞就是失败。

平凡的人之所以没有大的成就，就是因为他太容易满足而不求进取，他一生只会盲目地工作，挣取足够温饱的薪金。

但是追求成功的人，他会尽力寻求对自己现状不满足的地方，以发现自己的缺点，并加以改进。 不满足，是进步的先决条件，不满足才能锐意进取，才能在人生中找到成功的路。

有些人心里常这样想："我现在的生活充满喜悦和满足，以后要怎么做才能维持目前的这种状态呢？"这种自守的心态终究会使你永远停滞不前。

谭盾是一个喜欢拉琴的年轻人，可是他刚到美国时，却必须到街头拉小提琴卖艺来赚钱。

非常幸运，谭盾和一位认识的黑人琴手一起，抢到了一个最能赚钱的好地盘，即一家商业银行的门口。

过了一段时间，谭盾靠卖艺赚到了不少钱后，就和那位黑人琴手道

别，因为他想进入大学进修，也想和琴艺高超的同学相互进行切磋。 于是，谭盾将全部的时间和精力投入到了提高音乐素养和琴艺中……

十年后的一天，谭盾路过那家商业银行，发现昔日的老友——那位黑人琴手，仍在那"最赚钱的地盘"拉琴。

当那个黑人琴手看见谭盾出现的时候，很高兴地说道："兄弟啊，你现在在哪里拉琴啊？"

谭盾回答了一个很有名的音乐厅的名字，但那个黑人琴手反问道："那家音乐厅的门前也是个好地盘，也很赚钱吗？"他哪里知道，十年后的谭盾，已经是一位国际知名的音乐家，他经常应邀在著名的音乐厅中登台献艺，而不是在门口拉琴卖艺。

我们会不会像那位黑人歌手一样，死守着最赚钱的地盘不放，甚至沾沾自喜，洋洋得意呢？你的才华、潜力、前程，会困死守着"最赚钱的地盘"而白白断送掉。 在激流湍急的生活中，一定要记住：停滞就是失败。

有些人对现状心满意足，一心一意想要继续维持下去。 然而，"要维持现状"这种观念是采取"守"的态度，终究只是一种消极的态度，没有积极向前的动力，成长便会停顿。 不要满足于现在的自己，要求更好，时时努力超越自己，才能创造一个更美好的人生。

失败的人有失败的心态，成功的人有成功的心态，心态影响思想，思想影响行为，这是一连串的因果效应。 求发达，自然也要有强烈的发达心态，要发达就要想发达，连想发达的心态都没有是不可能成功的。

"只要能安稳地过一辈子就行了。""只要生活过得去就好，不必过于苛求。"如果你有了这种念头，只能过一种安稳单调的生活。

英国新闻界的风云人物，伦敦《泰晤士报》的老板来斯乐辅爵士，在刚进入该报时，就不满足于九十英镑周薪的待遇。 经过不懈的努力，当《每日邮报》已为他所拥有的时候，他又把取得《泰晤士报》作为自己的努力方向，最后他终于猎狩到他的目标。

他一直看不起生平无大志的人，他曾对一个服务刚满三个月的助理编辑说："你满意你现在的职位吗？你满足你现在每周 50 镑的周薪金吗？"当那位职员答复已觉得满意的时候，他马上把他开除，并很失望地

说："你应了解，我不希望我的手下对每周 50 镑的薪金就感到满足，并为此放弃自己的追求。"

凡有过成功体验的人都知道，一切都会过时，创新才是出路。美国石油大王保罗·盖蒂说："真正成功的人，本质上是一个持异的叛徒，也极少满足于维持现状。"

如果你住茅草屋就满足了，一辈子也不会拥有花园洋房；如果你当小职员就满足了，永远也不会升到独当一面的位置。

我有个大学同学，毕业后去了上海，找了个好工作，又娶了位好太太，生活得很好。有一次我到上海出差顺便去看他，他带我到锦江饭店去用餐。他虽不缺钱，但也没到可以随便去锦江饭店的程度。所以，我对他说："都是老同学了，随便找个地方吃点算了。"他看出了我的意思，便说道："我不是打肿脸充胖子，到这地方来对你对我都有好处。"我不解地问："为什么？"他说："只有到这地方来，你才知道自己包里的钱少，你才知道什么是有钱人来的地方，才会刺激自己努力改变现状。总去小吃店，你就永远也不会有这种想法，我相信只要努力，总有一天我会成为这里的常客。"听了他的话我深有感触，他的话不一定对，但他那种一定要发达的生活态度却是值得学习的。

一些人之所以一辈子碌碌无为，直到走到人生的尽头也没有享受到真正成功的快乐和幸福的滋味，就是因为他们安于现状，不敢冒险，从来没有更上一层楼的信心。

茫茫世界风云变幻，漠漠人生沉浮不定，而未来的风景却隐在迷雾中，向那里进发，有坎坷的山路，也有阴晦的沼泽，深一脚浅一脚，虽然有危险，但这却是在有限的人生道路上通往成功与幸福的捷径。

二十几岁的年轻男人，刚走上社会，一方面要通过学习和实践不断增长智慧，另一方面还要继续保持身上的"不安分因子"。谨慎小心并非是一种优秀的品质，但裹足不前，安于现状，只能让你在当今瞬息万变的社会中被淘汰出局。

●●人无近忧，必有远虑

我们常说"人无远虑，必有近忧"。 其实这句话也可以改成："人无近忧，必有远虑。"好比爬山，当你攀在悬崖上的时候，一失手就可能粉身碎骨。 那危险是"近忧"，你不能想别的事，只能全神贯注，应付眼前的困难。

可是当你爬到悬崖上面，如果面对的是一大片平原，反而可能开始犹豫，到底往哪个方向去比较好？

同样的道理，在一个落后的国家，当人民连吃饱都是问题的时候，政府不可能想得太远，因为他先得把眼前的问题解决。 而那些已经很富裕的国家，则可能想得非常非常远，不但他邻国的武力太强，他会紧张，连远在地球另一边的国家，如果拥有能威胁他的武力，他也会想尽办法早早化解。 他们甚至会为千百年之后着想，花大把的银子，早早就去找宇宙中可能适合人类居住的星球，想有一天，如果地球出了问题，他的子子孙孙还能有逃难的地方。

这不都是因为他们没太多的近忧，所以有远虑吗？

我们要了解所谓先进国家的人，就要从这个角度去想。 你会发现他们不太在口头上抱怨，譬如坐飞机，安全检查很严格，一般西方旅客是不会抱怨的，他们安安静静地排队，因为他会往正面想："严格，是为了使乘客安全一点。"

可是，当他想"安全一点"的时候，不是又从负面想了吗？ 他想到的是可能有恐怖分子，很危险，所以需要严格地检查。 这就是他们的特质，在同一时间往正反两个不一样的方向思考。

自从美国人发现石棉会造成肺癌之后，立刻叫民众把家里所有的石棉材料拆掉，更甭说石棉瓦了，只要听说哪个建筑有石棉瓦，好像失了火似的，里面的人立刻全部撤离。

一直到这两年，还总有新闻报道，某个学校发现建筑里用了石棉，立刻停课，把师生安置到别的地方。

每次看到这种新闻，大家也许会想，奇怪了！ 我小时候家里的厨房、浴室，都用石棉瓦。 石棉真有这么可怕吗？ 还是美国人吃饱了撑的？ 过度神经紧张？

但是大家也别怪美国人。 要知道，连我们的孔老夫子都总作退一步想。 东汉王充的《论衡》里记载：鲁国的城门已经老旧将朽。 有一天孔子经过那城门，匆匆忙忙地走，唯恐城门会倒的样子。 下面人就说了："哎呀！ 那城门早就这样了。"意思是，"哪会那么巧，就压到您孔老先生，您未免太紧张了吧？"

你猜孔子怎么说？

他说："我也就是怕这城门早就这样了，搞不好，突然垮掉！"

所以孔子有句名言："君子有不幸而无有幸，小人有幸而无不幸。"意思是君子有忧患意识，唯恐发生不幸，所以总退一步想；小人又太理想化，认为不幸的事，不会那么巧地落到自己头上。

孔子还说："君子居易以俟命，小人行险以侥幸。"说白一点，就是君子以谨慎恭敬的态度面对人生，小人则比较爱投机行险。

由此可知，孔子也是战战兢兢，有忧患意识的。

说这些是觉得今天中国已经非常进步，大家似乎也应该常常作退一步想。

举个例子，如果你今天去旅行，听说到下一站的路因为前一晚下大雨有塌方的可能。 你可以学学西方旅行团的做法，先试着保留这一站的旅馆房间，于是当别人遇上路不通不得不退回来，却找不到地方住的时候，你却因为保留了订房，有退路。

同样的道理，当你听说汶川大地震很多学校垮了，就算你住的地区很少有地震，是不是也该退一步想，如果自己孩子学校的建筑老旧，又一时不能新建，是不是能想办法去集合大家的智力和财力，把目前的校舍加强？ 难道我们要像孔子批评的：心想反正灾难降临到我身上的机会很小，犯不着花这么大的心思？ 直到有一天真出了事，才后悔吗？

●●男人
　　要善于战胜无聊

　　人生是值得玩味与回忆的。 如果我们将曾有过的经历细细地梳理一番，我们可能会像哥伦布发现新大陆一般，产生一种震颤与惊诧：男人的一生，竟有大部分时间是在无聊中度过的，这是一件看起来非常可怕的事情。

　　众多的男人一生中的黄金时光，可能交给了牌局和酒桌，我们姑且称之为简单的无聊。 月上柳梢头，人约黄昏后，几个趣味相投的牌友或酒友早早便凑成一桌，牌便一圈接一圈地玩下去，酒便一瓶接一瓶地空起来，宝贵的时光一寸接一寸地流走了，生命也在一点点地随着袅袅的烟雾消失。 当人们最终知道必须放下手中的这张牌和那杯酒时，却已经晚了，他遗憾地发现，上帝留给他的机会已经不多了。

　　但是，有的人因为浅薄，因为庸俗，因为要逃避世间的孤独和烦恼，只能制造这种无聊，并不断地适应这种无聊，直到淡化了做人的价值。

　　还有一种贵族式的无聊，这种无聊必须以金钱和财富做陪嫁。 于是，一些有钱的男人便在五光十色的舞厅里缠绵，在灯光昏暗的包厢里缱绻，等这些游戏都做腻了，便去花天酒地，或者整天泡在高尔夫球场和温泉里，兴致好的时候再去洗洗桑拿和牛奶浴。 这种无聊看起来挺高贵，但这毕竟是一种无聊，只不过被文人们无聊地给它取了个动听的名字：休闲。其实男人心里明白，如果他们真的有事做，如果他们还要寻找阿基米德式的支点，他们就不会有时间休闲了，也就不会变着法子无聊了。

　　无聊，或许是生活的一种需要，但它绝对是生命中的一种痛苦。

　　男人在掌握度的前提下无聊无可厚非，因为生命中至少有三分之一的时间极可能是为无聊准备的，但最可怕的是男人终其一生都无聊。

　　沉湎于色相是一种无聊。 有的男人倾其一生，用尽所有的聪明才智去讨女人的欢心。 他们不是将围着裙子转看做是生活乐趣，就是将争风吃醋看做成功的标志，直到他们玩够了女人也被女人玩够了，直到无聊使他们做鬼也风流，成为人们茶余饭后的谈资。

狂热地追逐金钱是一种无聊。 这种男人的贪欲是有目共睹的，他们拒绝友情也拒绝亲情，拒绝善良同时也拒绝人世间一切美好的东西，只是心甘情愿地做金钱的奴隶，直到他们守着最后一枚金币，随着最后一丝荧火熄灭，直到他们变成一具不堪重负的行尸走肉。

终日玩弄权术是一种无聊。 表面上看起来像绅士总是戴着面具的男人，他们的无聊是以身心憔悴为代价的。 为了所谓的权力，他们明争暗斗、居心叵测、故弄玄虚，当面一套背后一套，甚至铤而走险、狐假虎威。 然而，权力是没有顶峰的，不能获得更大的满足和快乐，便只有更加疯狂地挣扎和掠夺，直到他们变成一具会说话的被权力遥控的机器。

无聊的男人很悲哀。 所不同的是，好男人无聊，只是借用无聊排遣内心深处的那缕愁云；而有些男人的无聊，却是依靠无聊发泄自己的不满与兽欲。 他们的无聊对自己是灾难，对世界是堆垃圾。

男人无法摆脱无聊，但是他可以修正自己对于无聊的态度。 男人如果把无聊当做一首歌，这歌一定很流行；男人如果将无聊当做一柄利刃，这无疑是伤害男人自己的利刃；男人如果将无聊看做一口井，这口井只能是淹没男人自己的井。

男人无法拒绝无聊，但是男人可以选择无聊的方式。 痛苦的时候，移情别恋，歇斯底里是一种解脱；去森林里、大海边对着苍天大吼几声，与小花小树喁喁低语也是一种解脱；忧愁的时候，寻花问柳、一掷千金是一种消遣；去公园里散散步，找友人聊聊天，或者静静地躲进小书屋挥毫泼墨也是一种消遣……我们为什么不可以选择那些看似无聊，实则高雅，而且韵味十足的为世界和自己所共同拥有的生活方式呢？

记住，一个优秀的男人，不是把无聊写在脸上，而是把无聊埋在心底。 也许所有的男人都会感到无聊，但是不是所有的男人的一生都无聊。

Men should be tough to himself

●●在诱惑面前说"不"

谁也无法否认，这是一个传媒多元化、网络大行其道的年代。

自从踏入网络的那一天起，我们似乎就难再与电脑说再见了。 从欲拒还迎、几次三番，到后来干脆守候在电脑前，绝口不提"分手"。

BBS 如同一眼温泉，总是诱惑着你我不由自主地跳下去，灌点水，聊上那么几句；QQ 上聊天，就像是抽大麻，一旦染上，就很容易成瘾。

也许，大家都说不清楚为什么，只是隐隐地感觉到，网络已经成为了我们生活中难以抽离的一种力量——这种诱惑简直是无法抗拒。 当抵御不了这些诱惑的时候，我们自然就会沉迷于斯。 更可怕的是，很多成年人几乎天天迷恋于网络游戏、网络"黄赌毒"之中无法自拔……

网络，其实说白了，就是一种可怕的舒适区。 你会发现自己在网上耗费了大量的时间和精力，结果一无所获！ 当然，就更别提对你的事业有何帮助了！

在这样的一个充满诱惑的时代，不止是网络，我们的生活中还处处埋伏着诸多"陷阱"，让我们不知不觉地沉迷于斯：

勾人眼球的电视剧，我们只要看上几集，便一发不可收拾地痴迷其中；

下班后各种各样的聚会、平时杂七杂八的琐事，都在耗费着我们的精力。 一天两天可能不当回事儿，但时间长了，我们就会发现，自己浪费了太多的时间；

还有一系列无聊而无谓的"选秀"活动，令人浮想联翩的小说、漫画……

久而久之，我们将各种各样的娱乐行为当成是对自己的奖励，从而失去了奋斗的决心和最初的梦想。

那么，我们今后怎么能够把握自己的人生呢？

还是拿网络说事。 辩证地说，网络并非全是"潘多拉的魔盒"，而

是一把"双刃剑"——"善用者得其利，滥用者得其害"。

安全、健康、有节制地上网，不仅能够帮助我们了解到最新的全球资讯，还能对我们的学习、工作和生活的各个方面产生积极正面的作用。

但是，我们在充分享受着网络快捷与方便的同时，身心却不可避免地承受着网络的负面作用。 比如，过分地迷恋网络的匿名式交往，会使我们产生对现实人际关系的错位和排斥感；爆炸式的网络信息的泛滥，会无形之中增大我们的心理负担和压力，引发"信息污染综合症"等心理障碍；网络世界的虚拟性，也会使一部分成年人产生一种"为所欲为"的冲动，做一些不道德，甚至犯罪的行为。

那么，面对网络时代的诸多纷扰，我们又将何去何从呢？

但愿下面的这首诗能够令沉迷于舒适区里自娱自乐的人们，有所警示：

《笑人生》

网络多可笑，迷恋最无聊，看透一切才好；

人生未了，心却早已疲劳，怎能虚度大好年华！

烦扰所有事，统统全忘掉，叹我走得太好；

未来难料，纠缠一笔勾销。只争朝夕，我只愿奋斗到老！

风再冷，不想逃，花再美也不想要，风雨中飘摇；

天越高，路越长，不问诱惑有几多，独自赶路；

今日哭，明天笑，不求有人能明了，留一身骄傲；

心在冲，脚在跑，长夜漫漫不觉晓，将成功寻找！

——改编自歌曲《笑红尘》原词：厉曼婷

男人拒绝在安乐窝里打滚

●●英雄
　　也得看场合

　　自古便有"天生我才必有用"一说，但是，在当今的社会，是否是天生我才就必定都有用呢？ 英雄也得看场合，说不定哪时就没有了你的用武之地。

　　自认为是天才，傲视四邻，不可一世，认为自己从此高枕无忧，再也无人能比，这也是人才悲剧产生的一种原因。 独生子女时代，人一生下来就以自我为中心，一旦有一天不再是中心了，就失落，就怀才不遇，就愤世嫉俗，就发现四周都是敌人——因为他们不承认我这个中心！ 在这一点上，这些天才的逻辑和美国总统布什的单边主义相似。 布什是财大气粗，而他是"才大气堵"。

　　扼杀天才是所有病态社会的病状，也几乎是天才人物必然的结局。 屈原投江、杜甫落魄、苏轼贬放，都是常被人提起的例子。 不拘一格降人材，要的就是不拘一格，这是健全社会应有的人才环境。 不拘一格，就是把"百里挑一"这种人才生产格局变成努力使每个人都成为可用之才，然后人尽其才。 科举之弊，在于用一把尺子去量百种人才。 百里挑一，其余九十九，只因尺寸不合，不得其用。 生出嫉妒之心，也是情理中的事情。 现代社会最重要的进步之一，就是各行各业都可能产生社会公认的天才，都能成为社会精英群体中的一分子。 不是只有当官一条路，也不是万般皆下品，惟有读书高的文人是天才。 唱歌唱得好，比总统挣钱还多。踢皮球踢出彩，比国王还牛皮。

　　中国人受教育的程度越来越高，高等教育的普及率也越来越广。 因此，遍地都是"有才华的人"。 但能不能成器，能不能事业发达？ 这个"有才华的人"与那个"有才华的人"也许就很不一样。 差别在哪里？也许才华有高低，但最重要的还在于能不能做事情。 事情不能永远单干，单干户唱歌行，单干户擦皮鞋也行。 不过，单靠唱歌，可以得到掌声，但挣不来钞票；单是会擦皮鞋，也只挣得几个零钱，得不到掌声鼓励。 在现代社会，能干成几件有面子又有实惠的事情的人，才能算作"成功人士"。 要能如此，就必须能与人合作。 合作是当代人最重要的才华——就是要把身边的人变成同事，变成搭档，而不是"敌人"和"小人"。 有人说，中国人不善于与人合作，但愿这是个缺陷，而不是中国有才华的人悠久的不可改变的传统。

有才华的人应该是会做事的人，会做事的人是善于与人合作的人。 听到别人说你有才华，不等于说，你就该升官，就该有钱，就该得奖，就该好处都落到你的头上！ 如果这样想，大错特错。 对于升官、发财、得奖这些好处来说，永远是"僧多粥少"。 会做事情的人，多做一件好事，就多有几个朋友，多有几个支持者；反之，做了事情的人，多占了一件好处，就会给自己添几个"失意的对手"，添几个嫉妒者！

把一切挂到上帝的账上，给自己发一项"怀才不遇"的安慰奖。 唉，无论是天才还是庸人，都要给活下去找个理由呀！

所以并不是天生我才必有用，而是时代有时代的气度，个人有个人的胸怀和处世的态度，只有经过磨练的人才能成为真正的天才，天生我才未必都能用，人若只有一技之长，就算是天才，当这一计用尽，也只能变成庸才。 所以，男人要懂得居安思危，要积极进去和不断学习，不要只想着现在一时的安乐。

●●男人，
你的名字叫进取

俗话说，人往高处走，水往底处流，这也是讲进取心的问题。 人活在世上，总要干点事业，特别是做个有成就的男人，这也是我们每个有信心的男人都想要的结果。 有位大哲学家曾说过：聪明人创造的机会，比他们找到的机会多。 我们活在这个世上就要好好地、有质量地、有激情地、有创造性地、认真地过好每一天，而不是昏昏噩噩混日子。 男子汉的进取性，应该表现在生命的每时每刻。

有无强烈的事业进取心是好男人的一个重要标志，因而评价一个男人，除了看他有无宽广的胸怀之外，还要看他的事业进取心如何。 如果一个男人没有事业进取心，整天沉湎于安逸和享乐，虽然对他人很好，也是胸无大志干不成什么大事的。 铺成人生大道的每一块砖上，都写着三个字：起跑点。 男子汉什么时候起跑都不算晚，关键是要有进取之心。

不思进取的男人，让人对生活、对未来没有了憧憬，让女人活得没有希望，没有盼头。 男人是家庭的主心骨，如果他整天萎靡不振，无所事事，只停留在原地，甚至倒退，这样的男人是让女人瞧不起的，在女人心中的地位会越来越淡。

未婚前的欣欣不顾家人亲朋的强烈反对，毅然嫁给了一穷二白的李公，她认为现在的贫穷并不能代表着未来，只要老公发奋图强，努力拼搏，两个人齐心合力一定会打造出一片属于他们的天地，何况李公的文学功底很好，时常在小报上还发表一些文章。 嫁给这样的人，迟早会发达起来的。

欣欣怀着美好的希望，在当时一分彩礼没要的情况下和李公结了婚，周围的人都很羡慕李公，当时的李公也很感动，信誓旦旦对妻说，自己一定会努力，一定会让妻子过上好日子的。 还对妻子夸夸其谈说，妻子眼光好，买了他这支潜力很大"股票"，将来一定会大发的。

可是，接下来的日子却让欣欣倍感失望，日子一天一天过去，李公不但没有他所说的努力，而是整天沉浸在小家的柔情蜜意中，该上班了还赖在床上不起来，马上迟到了脸都顾不上洗，便匆匆上班去了；下班第一件事就是进屋看电视，往床上一歪，让欣欣去做饭，吃罢饭，饭碗一推，又往床上一躺继续看电视。 这样，转眼过了三年，欣欣眼瞅着李公如此的懒散，日子天天紧巴巴。 两人不多的工资除了单位同事亲朋好友添箱随礼外，别说买好看的衣服了，就是吃饭也要精打细算，否者就入不抵出了，结婚前偶见的小文章也不见了，更别提其他了。 欣欣苦口婆心地劝，觅死寻活地吓，可以说用尽了各种方法想让他振奋起来，可是他依然

Men should be tough to himself

我行我素，对妻子的话从不上心。 妻子的话让他觉得妻子不是以前的那个百依百顺、温柔贤惠的妻子了，认为欣欣对他不好，是故意找他的碴，认为他的自尊受到了伤害。 欣欣很伤心很失望，觉得这样的生活实在没意义。 俩人的矛盾逐渐升级，喋喋不休的争吵成了家常便饭。 终于，在结婚第六年的结婚纪念日那天，俩人分手了，欣欣带着满腹的辛酸与无奈离开了那个曾经给自己带来无限憧憬的李公!

女人一旦结了婚，把一颗心交给一个男人，她极容易毫无保留地将自己的全部柔情奉献出来，沉浸在爱情呵护中不能自拔。 女人幸福得把自己淹没了，她的爱也把男人淹没了。 在这种包含着母爱成分的柔情的包围下，男人真的就化成了一个不懂事的孩子，这是女人们所料不及的。

这种情形并不少见。 譬如，我们常看到一些男人结了婚后，工作态度便不像以往那样积极了。 这时，假如注意一下他们的夫人，就会发现，她们多半是一些长得相当漂亮的女人。 娶了漂亮的女人的男人因此就很容易变的没有出息。

男人娶了美丽的妻子以后，最大的危险是他心里上容易因此而满足、怠惰，不再奋发上进。

也许女人既是男人一生中最大的动力之一，又是最重要的目标之一。 所以，男人娶了漂亮太太后，心里就会不自觉地产生一点不思进取的满足感。 这种满足感，可能会使男人婚后变得碌碌无为，没有任何成就。 男人婚后的日子远较于婚前长，所以婚后的生活才真正是人生的开始。

男人如果娶了漂亮的妻子就感到心满意足的话，那么，他就注定是个失败者。 最后可能连美丽的太太也不愿意留在他身边，那当不是"陪了夫人又折兵"?

漂亮的女人往往有一种优越感，认为男人娶了她是"高攀"，所以婚后要求丈夫无微不至地照顾她，千方百计满足她那无休止、甚至不实际的欲望。

男人迷恋上美女，便会将其他事情抛诸脑后。 娶了美女的男人，生怕冷落宝贝太太，怕她不高兴，便在她面前有求必应，唯唯诺诺，几乎变成她的附庸，自然再没多少精力放在事业上了。 结果是碌碌无为、毫无成就，这实际上就造成了妻子离开他的危机。

有的男人在娶了美妻之后，便将自己置身于"守妻奴"的地位。 其目的就在于担心她招蜂引蝶、移情别恋。

他一方面感到很得意，另一方面也时常会有莫明的不安全感。 他会因为担心她有朝一日离自己而去而产生强烈的嫉妒心，所以花在工作上的心思也就大减了。

在现实生活中，不少男人看到自己的朋友娶了漂亮的妻子，就不再愿意帮助他了，而且还会嫉妒他，甚至可能对他产生不满。

由此看来，男人娶了美女以后，会经常产生一种不安的感觉。

所以，选择恋爱对象或妻子，不要过于在乎脸蛋长得美不美，因为长得漂亮不漂亮并不重要，最重要的是今后会给你的事业和工作产生什么样的影响。

男人的上进心，重要性等同于女人的温柔和善良。 在我看来，一个男人不思上进会比他面孔丑陋，个子矮小更加让人不能接受，女人做花瓶尚且说得过去，可是男人只凭一个良好的相貌想要长久地活在一个女人心里，恐怕很难。

Chapter 8

做 NO.2 就做到位

在中国古代，一个大家庭中最难做的是"二房"，她既要小心谨慎地面对大婆的淫威，又要提防众小妾的嫉妒与中伤；而在官场，最难做的是 NO.2，原因和"二房"一样。

●●比当 CEO 更难的工作

比当 CEO 更难的是什么？ 答案：二把手。 这不是脑筋急转弯，而是商业世界的残酷现实。 当二把手，比当一把手更难。

美国有两家大公司的二把手在三天之内先后丢了饭碗，就是这条定律最新的证明。

一家是美国第三大无线通讯运营商 Sprint Nextel，宣布其二把手劳尔离职，由 CEO 福西代行其职能。 Sprint Nextel 业绩不佳，股价低迷，可是，难道所有责任应该二把手来扛？ 明眼人都知道，口碑不错的劳尔是只替罪羊。 另一家是连续 40 个月销售增长的餐饮巨人麦当劳，宣布其二把手罗伯茨辞职。 他 2004 年底和 CEO 斯金纳一起上任以来，麦当劳股价涨了 23%，公认为他为复兴麦当劳立了大功，为什么也要下课呢？ 原来，55 岁的罗伯茨要求明确他接任 CEO 的时间表，而 61 岁的斯金纳拒绝了。 业绩不好时，一把手可以把你一脚踢开，让你做替罪的羔羊；业绩好时，一把手可以把你两手盖住，自己独享无限的风光。 当二把手，咋这么难呢？

认为每个公司的二把手工作职责差不多，是一个普遍存在的误解。CEO、CIO、CFO 等在不同公司的工作职责大同小异，但是二把手的角色在不同公司却可能迥然不同。 这是因为：其他的职务围绕工作而设，而二把手的职务却是围绕 CEO 而设。 有多少个莎士比亚，就有多少个哈姆雷特；CEO 有多少种不同需求，就有多少种 COO。

二把手分为几种类型：

一是"执行者"，负责日常运营，而 CEO 负责战略规划。

二是"变革代理人"，负责扭亏、组织变革或者战略扩张这样的具体项目。 比如，甲骨文（Oracle）曾经引进莱恩作为 COO，负责变革问题一大堆的销售和市场部门（莱恩做到了，但是仍然跟甲骨文不欢而散）。

三是"导师"，辅佐经验不足的 CEO（往往是创始人），比如辅佐过

戴尔的托普佛，又比如辅佐过谷歌两位创始人的施密特。

四是"另一半"，是在经验、风格、知识或者脾性上跟 CEO 的互补者。 和比尔·盖茨搭档过的两位二把手就是如此。

五是"伙伴"，两个人共享领导力。 戴尔公司现在的 CEO，以前就是作为二把手和戴尔两个人并肩管理、分享权力。

六是"继承人"，把未来 CEO 放在这个位置上培养。

七是"最有价值成员"，一般作为一种荣誉，授予某个不希望被竞争对手挖走的高管。

在不同的角色上，二把手的成功因素各有不同，这也是二把手不好当的一大原因。 要做好二把手，必须尊重 CEO，甘当无名英雄，执行力强，善于教练和协调。

二把手要成功，首先要找对一把手。 其次，要清楚自己的角色。 如果是被请来当"导师"的，就不要妄想当"继承人"，也不要把气力花在做"变革代理人"上。

●●伴君如伴虎

辅佐周武王灭商的姜子牙早在两千多年前就说："夫高鸟尽，良弓藏，敌国灭，名将亡。 亡者，非丧其身者，乃夺其威而废其权也。"这段话的意思是，名将并非亡于阵前，而是丧于"敌国灭"之后，因为他们夺了一把手的"威"，必然导致被废权这样的结局。

一山容不得二虎，二虎相争，是否受伤的总是二把手？ 在中国的众多企业告别草莽英雄时代、开始向管理要效率的时候，一把手如何公正对待自己的二把手并且最大程度激励他们？ 与此同时，二把手如何能在强势的一把手面前找到自己的生存和发展空间？

谁也不会想到曾经叱咤风云的"国产手机教父"会沦落到旧部流离失所、自己欲加入长虹董事会还要看人脸色的境地。

2004 年 12 月 19 日，万明坚在 TCL 的角逐中失利事态凸现，当天，他

失去了 TCL 阿尔卡特董事 CEO、TCL 通讯 CEO 以及 TCL 集团通讯事业本部总裁等职务，仅仅保留了 TCL 集团董事高级副总裁、TCL 通讯和 TCL 移动的董事等虚职。

半年以后的 2005 年 6 月 20 日，TCL 公告称，万明坚"因为私人理由将会在股东周年大会上辞去执行董事一职，且不会应选连任"。

万明坚和 TCL 再无瓜葛。

城门失火，殃及池鱼。 除原 TCL 国际控股公司总经理谢安健和原 TCL 移动总经理助理高斌确实已到国虹通讯外，其他万明坚的旧部基本都从 TCL 出局，并流落各地，比如，原 TCL 移动重要高管、TCL 阿尔卡特合资公司中国营销中心副总经理杨小溪已经成为创维一员。

多年培养起来的旧部在无奈寻找新路的同时，万明坚个人的去向也显得尴尬，先是有消息说他可能另立山头，在重庆造手机，以求不受类似 TCL 李东生这样的一号人物之气，但是这最终没有变成现实。 而最新的消息说万明坚将入主长虹，不过尽管万明坚已经开始动手密会手机渠道商还开始大肆招募人才，但是能否顺利掌管长虹旗下的国虹通讯，万明坚还需要等待四川省政府的批文。

万明坚，一个业界响当当的人物，人生的起伏竟然如此之大，是偶然还是必然？

当然，如果我们把视野放得更大些，这个问题就不难回答。 比如我们追问赵勇为什么会两进长虹、孙宏斌为什么会入狱、牛根生究竟怀恨郑俊怀吗、李一男为什么要出走……

所有的这些现象都在反映了一个本质的事实：万明坚、赵勇、孙宏斌这样的中国企业的二把手是一个苦难的群体。

调查发现，二把手除了和普通的企业人一样要面临所在企业的经营业绩效的挑战外，他们更大的苦难来自于复杂的人际关系。 如同电影《笑傲江湖》中任我行所说，"有人的地方就有恩怨，有恩怨就有江湖，人心就是江湖。"如此推算，企业，就是企业人天然的江湖。 而江湖的真理是：胜者为王，败者为寇。

所以从这个角度来梳理近年来中国企业的人事变化，我们不难发现这样的规律，企业无数的出局者都是曾经为企业的发展立下汗马功劳的二把

手。 他们的出局并不是能力问题，而是斗争的结果，这可以从很多出局者的新生的案例可以看出，所有二把手的出局必然带给企业灾难性的打击。

在中国，有很多企业家崇拜通用 CEO 杰克·韦尔奇，但是他们在杰克·韦尔奇究竟学了些什么呢？ 我们在关注中国企业二把手生存状态的时候，不得不提及杰克·韦尔奇的二把手罗塞娜·博得斯基，他在《向上，向上，做副手的学问》一书中说与杰克·韦尔奇的相处是愉快的。

成功是无法复制的，我们也没有理由去苛刻中国企业家都学杰克·韦尔奇，也没有理由去苛刻二把手们都把罗塞娜·博得斯基当成榜样。

不过如何让二把手不再那么痛苦，给二把手找到适合自己发展的职业道路和职业生涯准则，是我们必须面对的现实，不然我们就只能以牺牲企业的成果作为代价，来让企业这个江湖造就更多的苦难。

北宋司马光在《资治通鉴》开篇就说：“天子之职莫大于礼，礼莫大于分，分莫大于名。”礼是指纲纪，分指君臣，名指公卿大夫。 中国几千年封建制度的日积月累，其上下承接的社会秩序早已形成了一套无言的默契。

中国是个受历史影响非常严重的国度。 尽管从历史的角度，中华民族并不是一个崇尚个人英雄主义的民族，但是古往今来的历史进程中，中国的领导者已经沿袭了个人强权的默契。

历史不断对姜子牙的智慧进行了佐证。 于是在中国历史上就出现这样一批有悖情理，可合乎逻辑的史实。 吴王夫差赐死重臣伍子胥，越王勾践又用同一口宝剑逼文仲自尽。 伍子胥和文仲，当年可都是本领相当，功高权重，生前互为劲敌，可落得的下场却如出一辙，其中玄机，难道仅用一句“巧合”可以搪塞吗？

再说刘邦称帝于汉之后，杀韩信，灭陈豨，破英布，诛彭越，终于在无限的寂寞中高唱《大风歌》——猛士尽去矣；靠下级拥戴黄袍加身的赵匡胤，实行文官政治，决不让手掌兵权之人当二把手，宋朝几百年没有出现二把手尾大不掉的问题。 到了明朝，朱元璋甚至干脆取消丞相制度，让二把手根本发挥不了作用。

如果说，中国企业的领导者受到中国历史因素的影响而容不下“夺其

威"的第二只"老虎"是处于他们的权欲，害怕被那些有功劳的二把手篡权夺位的话，中国企业的发展现实也对"一山不容二虎"提供了这是"企业发展的现实需要"的必然。

试想联想如果没有柳传志、海尔如果没有张瑞敏、双星如果没有汪海、江铃如果没有孙敏、东信如果没有施继兴、华西村如果没有吴仁宝……所有假设的答案都是没有这些企业的权威人物，这些企业将不会有现在的辉煌。

所以，在中国的企业中出现强势的领导者应该说是企业发展在这个阶段的需要，但应该注意的是，他们的强势也往往带来了他们对二把手的打压，这些强势的一把手习惯于自己的思路，无法接受异己的意见和建议。所以一旦二把手有了和一把手不同的意见和建议，必然引起一把手的不快。

从某种意义上说，二把手这个"一人之下，万人之上"企业角色是看上去很美而实质是很尴尬的。这不仅表现在他太能干不行，功高盖主就可能遭遇"一山不容二虎"的魔咒而被整肃，而另一方面，作为二把手，如果你太窝囊了也不行，因为你无法服众。

所以有人提醒，如果第一把交椅能安稳地坐上那就坐，坐不上第一把就不要去坐第二把，宁愿当老三、老四、老五……因为真正的"二把手"是危险的。

事实的确如此。

李斯乃秦朝国相，秦始皇的二把手。史学家认为始皇帝的千古功绩，有一半得算到李斯的头上。但人生的结局是，他想回上蔡老家做田舍翁的机会都没有。

能在临死之前与马上也将人头落地的儿子，侃侃然谈起陈年往事："小二子，你还记得嘛，那时候，我领着你们哥儿几个，牵着一群黄犬，在上蔡东门去猎兔的情景么？看来，这样的闲情逸致，大概是不可再得了。"李斯是真的不怕死吗？他以这种张狂的外在方式，说出这番话语，有人认为，也许是这位河南汉子对其二把手终身所进行的彻底否定。

在当代中国企业界，虽然没有出现李斯之死这样的悲剧，但是出局者的悲凉还是可以窥视的。

2003 年 10 月 22 日，孙宏斌终于长长地舒了一口气，当天北京市海淀区人民法院改判孙宏斌无罪。 尽管如此，他还是遭遇了 4 年的牢狱之灾，从某个角度说，这是他为自己作为曾经的联想的二把手付出的代价。

1988 年，孙宏斌从清华大学硕士毕业进入联想，很快成为联想企业发展部主管，分管联想北京以外的所有业务。 其时，郭为是联想公关部主任，杨元庆是联想一名工程师。 1990 年，孙宏斌被认为有从联想独立出去的企图，柳传志从香港联想飞回，在极短的时间里，孙宏斌被判刑入狱。 这段经历给孙宏斌带来的伤害无疑是巨大的，如果不是因为他掌控的顺驰上市需要给投资者一个交代，孙宏斌本人绝不会也不是很敢将它提起。

2004 年 4 月 20 日，半年前才被天狮集团老板李金元挖来做二把手的天狮集团 CEO 钱港基公开辞职，但在他辞职之前，已经被天狮集团一把手李金元扣上了"骗子"的骂名。

和孙宏斌、钱港基一样黯淡出局的二把手在中国企业界还有很多，他们典型的人物至少包括从伊利离开的牛根生、从华为辞职的李一男、从长虹退回又挺进的赵勇等。

●●NO.2 是水面下的阶层

2004 年 7 月，田家俊这个名字突然出现在公众的视野里，并频频见诸报端，让人记忆深刻。 在此之前，提到金正 DVD，人们只知其董事长万平，作为第二大股东的田家俊则鲜为人知。

然而田家俊一夜成名的原因却是：金正一把手万平突然被警方带走。媒体引用该集团高层人士的话说，正是由于二把手田家俊的举报，万平才祸从天降。

同样，2000 年以前，人们只知深圳华为的一号人物叫任正非。 2000 年，其二号人物李一男突然成为媒体焦点，起因是李一男突然拉着一大帮公司骨干离开华为，自立门户。

抛开这些极端的案例，在中国企业界，二把手，这个屡屡将镜头推向一把手的角色，这个潜浮于水面下的阶层，这个游离于公众视野之外却又举足轻重的企业人物，总是在不同的地方，以不同的方式若隐若现。当我们潜心观察就会发现：在小国特行的企业生态下，神秘的二把手反而备受公众关注，其一举一动往往牵动着企业内外的神经，其一言一行常被看作企业盛衰的信号，其一进一出更是成为传媒爆炒的"企业地震"。

那么，二把手究竟是一只什么样的"手"？

有的二把手定位低调，心态平和，甘为一把手的影子。他们默默无闻，功劳向上缴，问题自己扛。牺牲个人评价，树立上司的权威。于是公众看到的，往往是光彩照人的一把子，他们是企业里光芒四射的太阳，而二把手只是一颗围绕太阳默默公转的行星。

有的二把手堪称业内精英。华为原二把手李一男就是其中一例。毕业于华中理工大学少年班的李一男，到华为两天便任工程师，半个月升任主任工程师，半年后提拔为中央研究部副总经理，两年内出任华为公司总工程师兼中央研究部总裁，27岁坐上华为公司的副总裁宝座，被业内人士称为科技天才。天才不善妥协，终至华为"地震"。

有的二把手如同夹缝中的舞者。为协调上下的关系，他们常常不得不压抑自己的观点甚至个性，成为一个不偏不倚、左右逢源、八面玲珑的人，成为一把手和中层干部的缓冲地带和润滑剂。他们也因此往往被误认为不够果断，意志力不坚定。

他们甚至常患心理疾病。浙江温州市东方集团副总经理朱永经在自己的办公室自杀身亡。一些自称是知情者的职工曾说，公司高层内部争斗激烈，而在斗争中朱永龙总是处于下风，利益受损，又自感申辩无望，长期精神抑郁，从而走上绝路。

而对有的人来说，二把手是一个"终极陷阱"。无数的企业案例告诉人们：很少有二把手能最终成为一把手，而把二把手推入"终极陷阱"的，正是由于其在二把手岗位上过于称职。

伦敦商学院组织行为学教授杰伊·康格对此评价说："从某些方面来看，假如你把二把手当得太内行了，你就制约了自己。"

二把手干好了，便被人误认为终身只能当二把手。有时甚至连对二

做NO'2就做到位

把手知根知底的一把手也会产生这种错觉。 于是，我们看到，当一把手退休或离任时，其提拔来代替自己工作的，往往并不是二把手，而是更容易露出锋芒的分公司一把手或重要业务部门一把手。

当一把手和二把手矛盾升级时，输家通常是二把手。 毕竟，一把手有权炒掉二把手，或者运用各种手段来逼走二把手。 如缩减二把手曾辛勤投入的项目，切断其信息管道，以及针对二把手的命令下达相反的命令，最终使二把手备感苦恼和挫折。 一些正处在这个位置上的人曾无奈地说，二把手就是用来牺牲的。

尽管如此,这个阶层能量却是无比巨大,是每一个商界中人所无法轻视的。

●●NO.2 的苦难

桌上的电话又响了，这是半小时内的第五个电话，显然他是一个"业务"非常繁忙的人。 但是，这些并不全都是业务电话，大部分的电话都是猎头打来的。 原来，得知他有跳槽的意向以后，猎头公司就忙着帮他物色新的东家。 仅仅半年前，他还踌躇满志。 在二把手高位和百万年薪的诱惑下，他毅然辞掉了原来国企舒服稳定的工作，加盟该民营企业。

"我根本没办法与现在的老板沟通"，说完这话，他摊开双手，拒绝透露更多的与老板相处的细节。 看得出来，他很无奈。

这个案例并非个案。 前几年一所知名大学的 MBA，毕业后被中部地区的一所国企以高薪请去做副总裁，不到一年，此人因"不堪忍受公司政治"而辞职，改任深圳一家私企的副总经理。 半年后，再次因公司政治原因离职。 此人非常苦闷，在第三次求职时，他这样告诉这家在美国纳斯达克上市的公司老板：我只想需要您给我一个平台，给我一个目标，没有复杂的人际关系，没有公司政治斗争，我一定会给你一个满意的答卷。这个老板笑了笑，意味深长地说：你只知东山的老虎吃人，不知道西山的老虎也是吃人的呀。

是老虎就都吃人，是企业就都有政治。

几年前，就有人将二把手在公司的处境概括为如下几点：一人之下，一味服从，一心翻天，一言难尽，一不小心前功尽弃。虽不尽然，但却道出了二把手的尴尬境地。

一把手的猜忌

"如果对二把手有猜忌，为什么要让他做二把手？"中国人力资源开发网 CEO 何国玉表示信任是一把手和二把手相处的基石。

但不是所有一把手都有这样的想法。对于那些同样被董事会任命的一把手来说，二把手功高震主，始终是自己的一块心病。赵勇为什么会两进长虹？孙宏斌为什么会入狱？牛根生怀恨郑俊怀吗？一山不容二虎，在中国的企业界也没有走出这样的宿命。

汉朝韩信作为一代名将，彪炳史册：公元前 204 年他用背水一战的策略，以数千兵力击败二十万赵军。公元前 202 年，他用十面埋伏的计策，逼得项羽在乌江自刎而死。韩信是西汉第一功臣，当时就有人这样评价韩信："功高无二，略无世出。"楚汉之争结束后，功高震主的韩信成了刘邦的一块心病。项羽一死，刘邦马上便夺了韩信的兵权；公元前 201 年，刘邦又以谋反罪将韩信诱捕。公元前 196 年，韩信被刘邦的妻子吕后诱杀于长乐宫钟室。

强势一把手压缩 NO.2 发展空间

联想如果没有柳传志、海尔如果没有张瑞敏，双星如果没有汪海，没有这些企业的权威人物，这些企业将不会有现在的辉煌。中国的企业强势的领导者往往带来了他们对二把手的打压，这些强势的一把手习惯于自己思路，无法接受异己的意见和建议。所以一旦二把手有了和一把手不同的意见和建议，必然引起一把手的不快。虽然这些企业家从主观上来说，并不希望自己的二把手在自己面前表现懦弱。

在万科工作九年，曾任北京万科总经理的林少洲有一次说到自己当时

离职的起因说："当时我们提出进军主流市场的目标，争取五年内营业额做到北京地产界的前三名。 2000 年元旦，北京万科在嘉里饭店召开了一个有 1700 人参加的新年联欢晚会，我在会上信心百倍地展望了北京万科的未来。 没想到两天之后，我就接到总部的电话通知，说总部已经做出决定，把我和上海万科的老总对调。"林少洲可能没有考虑到，作为万科的老板，强势的王石这样不可能允许职业经理人拥有这样无拘无束的自我取向。

在二把手成长之初，一把手有必要强势一些。 但之后一定要加强对二把手的培养，给予对方更多的施展空间。 "不培养二把手，我永远去做我从前一直在做、已经轻车熟路的事情的话，我的创造性、成就感从何而来？ 企业如何发展？"

一把手要求二把手背黑锅

"你见过为下属背黑锅的上级么？"一位二把手说。 工作出了问题、捅了漏子，一把手绝对不会放过二把手的，他绝对要追究二把手的责任，二把手要深刻检讨，自己承担责任，必要时要背黑锅，这样才是虚心、诚恳的、顾全大大局的。

工作有了成绩，呵呵，那都是一把手的。 因为一把手一般都是会"统揽全局"、"英明决策"、"高瞻远瞩"的；二把手只是分工负责，是在一把手的"关怀"、"教育"和"支持"下取得的一点点小成绩，沾沾自喜大可不必，那是要骄傲的；将功劳记在自己的小本本上念念不忘，那要犯巨大错误的，是要认真写检讨的，闹不好还要坐牢的……

"在危机面前，他们往往成为一把手的挡箭牌，在功劳面前，他们往往无法沾边。"中智卓越管理咨询公司的副总裁杨国正一针见血地指出。

二把手的苦难分析及对策

二把手的苦难在于火候难以掌握，增之一分则太过，减之一分则不及。

当然，遭到一把手猜忌除了一把手的原因和体制因素外，有时候二把手自己也会惹火上身。很多人会误认为自己之所以走上二把手这个岗位，是因为每一方面的工作处理得非常好，其实不尽然，这最多只是其中的一个因素罢了。一把手需要在投资方、高级管理者、基层之间有一个缓冲地带，这个地带可以保障（一把手）运作企业的安全。而二把手就是这样一个角色。

二把手苦难，有其深刻的主观原因。这首先在于二把手认为一把手很信任自己。一把手很信任你，那说明你工作能力强，让领导放心。但是，要尽量远离自己角色之外的事物，知道的秘密越少，蒙冤的可能性就越小。

其次，喜欢和一把手称兄道弟。这很可能是二把手一厢情愿而已，表面距离的亲近其实暗藏着很大的玄机。一定要注意和一把手保持适当的距离，只有距离才能产生神秘感。

第三，二把手自以为比一把手厉害。其实你看到的永远是表象，一把手就是一把手，他能坐到那个位置肯定有比你厉害的地方。

第四，二把手认为一把手能力强，视一把手为偶像。一把手比你强是正常的，但一定要保持自己独特的人格，有尊严才会受到尊重。

最后，经常自作主张，代一把手拿主意。要记住，自己仅仅是二把手，公司所有大的决策最终还需要交给一把手定夺。

作为二把手，为了避免成为一把手的靶子，要有"一人之下，万人之中"的心态。所谓一人之下，当然是指位置仅在老板之下；所谓万人之中有两方面含义：

一方面你被众人盯在眼中。所以你比别人更不可以犯错，所有的错误都会被放大许多倍（大到你无法想象和接受）。

另一方面二把手要尽快地融入到众人之中。无论你是从基层提拔上来的还是空降兵，从变成二把手的那一天起，你将变得孤独。也许你经常见到的是鲜花和微笑，但隐藏在他们身后的是毒药和匕首。所以，要尽快融入到团队中去，得到他们的支持和认可。保持平和的心态不忘乎所以，更不要把尾巴翘得老高。

●●知己知彼,做成功 NO.2

杰出的副手明白,自己并不是非要爬到组织架构的最顶端来寻求满足。 能否做一个出色的二号人物,需要遵循十条定律。

早些时候,有哪个福特汽车公司的雇员不知道亨利·福特这个名字?然而,越来越多的组织也发现,他们需要那些言语不多却敢于说"不"的同事,这些人往往比这些一号人物有更好的想法。 开明的老板正从基层开始培养作为领导者助手的"思想伙伴",如微软、英特尔已具备稳步培养领导力助手的能力,这些出色的领导者助手分别是史蒂夫·鲍尔默、克雷格·贝瑞特。

领导者及其副手之间的关系就类似一个婚姻结合:对企业都有着共同的感情、信任与忠诚,工作可以很容易分开,矛盾与争执也可在没有刻薄言语或缺乏尊重的情况下得到解决。 这一点在微软的鲍尔默身上体现得淋漓尽致。 比尔·盖茨告诉福布斯的记者,鲍尔默不仅是他的重要支持者,更是他最好的朋友!

今天,主副手这种亲密合作关系正在成为一种日益普遍的趋势。 权力不再仅仅集中在一个人或某一个办公室里,权力与责任是分散的,组织由一群有着共同价值观与愿景的"领导者的明星助手"与领导者共同合作,所有人在一起为着一个共同的目标而合作。

观察和分析了数十个天才型的领导者助手,我们发现,一个出色的NO.2 需要做到以下几点:

了解自己

作为二号人物,其工作甚至比一号人物还要艰苦。 成功的 NO.2 要强烈地认识到,最好地配合领导者的工作是个人声望的重要来源。 NO.2 需要对自我为中心的价值观有着天然的免疫力,并且对他人的关注及公众曝光不感兴趣。

这并不是说成功的 NO.2 都要保持谦逊。 在可口可乐，作为总裁的唐纳德·基奥的名气在有着超凡魅力的董事长兼 CEO 罗伯托·高泽塔之下仍然非常活跃。 二人在竞争这一最高职位时，曾经私下达成协议：赢得竞争的一方将聘用另一方。

前董事长保罗·奥斯汀最后将权杖传给高泽塔，新任 CEO 即向基奥保证："我们将要成为伙伴！"基奥告诉《财富》杂志，他从来没有为成为 NO.2 而感到遗憾，即使在面对很多企业邀请他做 CEO 时亦如此。

了解你的领导者

NO.2 要明白一点：你准备做一个服务性角色而不是一个明星，但你的老板准备让你做了吗？ 一些老板是拒绝分享智慧的，就如同富兰克林·罗斯福和林登·约翰森总统一样。 迈克尔·埃斯纳就给自己的副手弗兰克·维尔斯很多限制，二人在迪士尼的决策合作表面上不少，但在维尔斯短暂的迪士尼二号人物的任期内，埃斯纳从来没有给他提供具体的或重要的工作。

并不是既有才能又不辞辛劳的 NO.2 就一定能够取得成功，一号人物的默许性支持是非常重要的。 领导者及其副手都有一种非常深的共生关系。 因此，作为 NO.2，选择预期的老板时每一步都要非常小心，就如同他选择你一样。

避免影响巨大的冲突

每个组织都有着独特的文化，以及组织运作的一系列潜规则。 如果 CEO 认为需要，就有权力通过命令去修正这一文化。 作为 NO.2 却没有这个权力。 随着时间的推移，NO.2 的影响可能也会提升，也能够改变企业。 但首先必须精通文化，否则，每一步都会受到企业文化的阻击。

例如，一个组织对创造性的新流程都不会持欢迎态度，不管这个流程是多么的卓越，公司内部都会觉得这是对传统的一种轻视，是对制度的一种犯罪。 作为 NO.2，首先必须理解需要改变的公司。 没有认识到组织的潜规则往往会遭遇挫折、错误决策等，而最常见的则是在组织内制造危险与不必要的对立。

急老板所急，给老板所需

作为一个 NO.2，没有比说出真相更重要的职责了。 在组织内部，NO.2 是唯一最为频繁接触 CEO 的人，必须告诉他所有你看到的事实，即使说出来的事实对他是一个伤害也不例外。 做到这一点需要有说真话的勇气，因为这样做是不会有任何报酬的。

好莱坞大腕山姆·戈德文曾强调，"即使说出真相的代价是失去工作"也要告诉他事实。 结果，山姆·戈德文经常承受听到不愉快事实的痛苦，而他的成功正是依赖诚实的反馈。 明智的领导者都会欢迎真相，因为第一线的信息往往对解决问题、做出准确决策是最为基本和有效的。 英明的领导者也明白，两个领袖的确要好过只有一个。

但并不是所有的一把手都是这样想的。 近朱者赤，近墨者黑，这种情况下 NO.2 或 NO.3 都不会太率直，毕竟，圆滑也不是一种犯罪。 但将无情的真相变得惬意是每一个希望有所作为的 NO.2 都必须掌握的能力。

发现企业最需要的是什么，并超量传递

世界上最卓越的 NO.2 都是通过做出至关重要的实施政策来变革组织的。 英特尔的克雷格·贝瑞特就是一个突出的例子：当芯片制造商的产销量占据世界重要份额时，贝瑞特大幅提高了生产率，并制定了一个新的行业标准。 董事会主席安迪·格罗夫非常赞赏贝瑞特所做的工作，认为他所做的已经超出了他所能奉献的价值。 通过承担一个重要的责任，并超额发挥，贝瑞特获得了格罗夫后继任 CEO 的机会。

不要出卖灵魂或堕落自己

作为 NO.2，有一个无法回避的问题就是承担 NO.1 的压力，包括来自

内部与外部的压力。 领袖的角色对那些没有体验过作为领袖的开心与痛苦的人来说，有着很难抵制的诱惑力。 很多情况是，雄心勃勃的 NO.2 为了获得权力不惜一切手段与代价。 他们放弃了按部就班的接班次序，与爱人极少联系，成了孩子眼中的陌生人，将精力放在忙于各种形式的奉承、密谋活动上。 固定的职业被忘记了，朋友也没有了，这仍然是目前不少组织的特色。

最坏的是，这些狂热的 NO.2 如此着迷于组织内的抢位竞争，没能细细地品味生活，对自己是谁、真正需要的是什么这些问题没有想清楚，没有认真调整准备下一阶段的生活。 他们可能曾经才华横溢，最后也取得了辉煌的成功，却因过于着迷的野心而付出了灵魂与生活财富的代价。

贝瑞特不只完成了非常出色的工作，也是一个非常全面、近乎完美的人。 他在英特尔之外有一个非常惬意的生活，包括经常和妻子芭芭拉一起做运动量颇大的徒步旅行或骑脚踏车兜风等。 在英特尔加州总部他全身心投入工作，但每周都要有一次在菲尼克斯的家里度过，作为对工作的补偿；每月一次和妻子回到大农场。 当他出任 NO.1 时，带给英特尔的不仅是已经获得公认的才能与经验，而且还有一些无形资产，如个人在工作与生活上的平衡。

既是领导者也是追随者

NO.2 要在日常的工作生活中表现出一个优秀的追随者所具有的忠诚、勇气与可信任的优点，同时也必须掌握作为一个领导者的相应技能与品质。 首先，作为 NO.2，是组织内其他人模仿的典范，知道怎样在没有奉承的情况下满足老板的需求。 如果组织犯错或做出缺乏道德水准的行为，作为 NO.2 无论如何都是第一个出面设法解决的人。 如果努力失败了，则要保持自己的个人正直，哪怕丢掉工作也不例外。

NO.2 同时也要理解工作环境的不足。 确保员工出色的工作能够及时得到认可；找到移除影响工作效率障碍的方式；鼓励员工成为协作者而不是相互拆台……总之，他们阻止的是不利于工作环境的趋势。

Men should be tough to himself

知道什么时候要站在原位不动

并不是每个人都能够做到 NO.1 的。 有时一个特别有才华的人缺乏 NO.1 的位置上所需要的超凡魅力，如 CEO 所不可或缺的感召力或沟通技巧（将组织销售给公众的能力）。 有趣的是，一些 CEO 或企业家都通过雇用光芒四射的 NO.2 来弥补他们所缺乏的个人魅力，如形象不佳的能量计算公司创始人斯蒂芬·康氏就邀请了具有超凡魅力的乔尔·科克来做 NO.2。

有些人拥有做 CEO 不可或缺的品质，却缺乏这个职位上的容忍力。在飞速变革的时候领导一个企业，需要接受董事会与股东空前详细的审查，不是每一个人都希望做的工作。 一些 CEO 有可能一分钟之前还是英雄，之后就是一个魔鬼。 所有的荣誉可能是他们的，但一旦有谴责，他们也必须学会承受。

饱受挫折的 AT&T 董事长罗伯特·艾伦在 1996 年到 1997 年所承受的压力让人同情，而约翰·沃尔特短暂继任了艾伦的位置后也留下了臭名。董事们对沃尔特的判断是"缺乏 CEO 岗位所需的领导力"。 作为一个杰出的 NO.2，也要对成为 CEO 的风险承担最根本的责任，在公众认真而耐心的审视等有清楚的认识，否则就只能在 NO.2 的角色中继续发挥。

知道什么时候走开

与领导者一样，NO.2 必须明白什么时候应该说"不"。 NO.2 发现自己的领导者参与了不合法或不道德的行为时，必须向他提出忠告，如果领导者没有听取，那就离开。 有些 CEO 根本就不值得一个正派人物的忠诚。 乔治·斯蒂芬诺帕洛斯夜以继日地让比尔·克林顿在 1992 年获得了选举成功，并在 1996 年助其再次获胜。 但这位年轻的顾问明显感到克林顿在第二次的选举中的正当性有一些困难，因此他坚决地离开克林顿而做了一名学者。

在多数情况下，NO.2 都是准备做 NO.1 的，但有时候这个准备并不会像 NO.2 所想象的那样顺利。 在 NO.1 与 NO.2 之间相互依赖的关系中，融洽是最为重要的。 当关系发生变化时，明智的 NO.2 要对曾经非常活跃的关系在什么时候变得脆弱保持相当的敏感。

里克斯·曼德尔在 1996 年从 AT&T 的二号人物的职位上突然离职，就任一个非常小的、初建不久的通信公司 CEO，让华尔街非常意外和震惊。在罗伯特·艾伦任命空降兵约翰·沃尔特为 AT&T 总裁、成为最具潜力的继任人之后，另一个在电讯业很有前途的约瑟夫·那齐奥在总裁位置上离开，成为当时电讯业暴发户之一的奎斯特电讯国际的 CEO。

继续前进的一个理由是 NO.2 对自己下一阶段生活的期望，而不只是等待既定计划中一号人物的退休。 一些 CEO 会对权力非常迷恋，他们不愿从这个位置上主动退下来（最明显的例子莫过于西方石油公司的阿曼德·哈默）。 几乎有过半的 CEO 们在任 10 年或更长时间。 作为 NO.2 会感觉到初生的权力要在等待中慢慢到手，十年有时候会像一生一样漫长。

界定个人所需要的成功

可以想象，在一个关注成功与名望的文化中，成就无疑是一个最为吸引人的诱惑。 然而，我们都不得不承认，成功有时候是取决于他人的。艾伯特·爱因斯坦有一句无价的忠告：“努力并不是就要成为一个成功的人，但一定要努力成为一个有价值的人。”

接受“成功”的传统定义，就会失去对自己命运的控制。 成功在某种程度是成为一个明星，这有时候也依赖运气成分，类似于抽奖中彩。 明智的人对成功的界定并不是希望出名或是能够从其他人身上获得什么，而是能够影响什么。

明智的人发现他们热爱手头的工作，并致力于做得更好。 他们倾其努力与才能为人们提供服务，付出了所有的爱；倾其精力让企业变得更好，改善人们的生活，而不是限制他们；他们发现了尽情享受生活的方式，而不仅仅只是从工作中获得报酬。

Men should be tough to himself

●●NO.2 的生存之道

在古代中国，一个大家庭中最难做的是"二房"，她既要小心谨慎地面对大婆的淫威，又要提防众小妾的嫉妒与中伤；而在官场，最难做的是NO.2，原因和"二房"一样。

《水浒》中有两个做得非常成功的 NO.2，前期是辅佐晁盖的宋江，后期是辅佐宋江的卢俊义。

宋江在江州被梁山众人刀下救出后，带着自己收罗的新人马上了梁山。此时，晁盖为报宋江担着血海干系来报信的恩，提出让第一把交椅给宋江，但宋江眼界、智谋都远远高于晁盖。此时第一把交椅已非晁盖的私人钱物，可以私相授受，而是领导梁山群雄的职务，原非两人之间的事情。即使宋江当时真有心取而代之，也不能贸然接受，对宋江而言，当时的第一把交椅是个火山口，他不会傻得寸功未立，仅仅因为自己对晁盖的恩就坦然做老大，那他还想不想在江湖上混了？此番晁盖也许是真心相让，宋江却未必是真心拒绝。

宋江想做老大，只是时机未到，上山之后他表面上行事低调，在晁盖面前十分谦恭，却私下里不断扩大自己的嫡系人马，减少晁盖的影响，将晁盖架空，自己却大半时间带领人马出去攻城掠地，一则为了积累资本，二者扩大自己在一线将士中的威望，三则尽量避免和晁盖的近距离。这是NO.2 的避祸之术。晁天王一乡间不读经史的匹夫，面对宋江这番太极拳，束手无策，最后逞勇出战，死在史文恭箭下。

宋公明上山之初，晁天王可以出自报恩情结相让，可后来，老大、老二共事这些日子来，权争的潜流涌动，晁对宋江的态度从感恩到怨甚至是恨了。这是权力场中的必然轨迹，老大草创之初，和辅佐他的老二大多有一段蜜月期，公司规模扩大了，红利多了，一对恩爱夫妻大多会反目成仇。这就是所谓能共患难不能同富贵。照理说，晁盖殁后，老二宋江应当自然接替。可晁天王显然不甘心宋江顺利做老大，他留下了给梁山权力交替带来无限不确定因素的遗训。 他对宋江说："贤弟莫怪我说：若那个捉得射死我的，便教他做梁山泊主。"这段话简直给宋江、给梁山出了天大的难题。 因为宋江武艺平平，像刘唐、李逵、三阮都有可能生擒史文恭，宋江无此可能。 这样为梁山泊带来了太不可预测的隐患，如果黑李逵捉了宋江，难道让这个只欢喜杀人的铁牛哥沐猴而冠么？ 他连程咬金都不如，程咬金阴差阳错做了一段时间瓦岗寨的寨主，觉得自己不是做老大的料，便知趣地让贤了。

可在江湖上，老大的遗训是有着"宪法性"权威的，违背老大遗训将会引起江湖人的公愤。 对宋江而言要做老大必定要违背晁盖的遗训，但这种违背遗训必须做得巧妙，做得水到渠成，才能使自己当老大具备合法性。 这也是他为天王发丧后，不立即攻打曾头市为晁盖报仇的原因。 如果梁山泊人凭着为晁天王报仇的愤恨，一鼓作气攻陷曾头市，活捉了史文恭。 天王的遗训言犹在耳，你能不照着既定方针办么？ 他必须找一个在梁山没有根基的人来完成报仇大业，此人不好意思也没有胆量坐第一把交椅。

卢俊义此时纳入宋老大的视野，他千方百计要让卢俊义上山，一为卢家的银子，二为让名满天下的大员外来提升领导层的综合素质；还有一个不能排除的原因是，要借新人的手，来为晁天王报仇，从而不威胁自己的地位。

卢俊义一上梁山，宋江就把为晁天王报仇之事提上日程。 策反了郁保四，让他引诱史文恭深夜来劫寨，而自己大队人马又去劫曾头市。 你看他尽将主力派去攻打曾头市，如杨志、史进、鲁智深、武松、朱仝、雷横、李逵等人，单单让卢俊义、燕青主仆埋伏在西门，最后活捉了史文恭。 唯有燕青帮助卢俊义，方才不能抢主人的功劳。 这是宋江和吴用专门安排让卢俊义立此大功的。

此时，宋江方才提起晁天王的遗训，让卢俊义做老大。 卢俊义何等聪明，就如宋江刚上梁山一样，自己再也不可能回大名府了，走投无路只有上梁山。 此时就他和燕青两人，面对的是宋江培植已久的心腹，他哪敢不要命，坐上这个发烫的第一把交椅。

在两人互相推辞时，你看众人的表现。 吴用说："兄长为尊，卢员外为次，皆人所伏。 兄长若如是再三推让，恐冷了众人之心。"这位智多星还用目视人，暗示各位英雄尽快表态。

李逵当然用不着吴用暗示，他的心中只有公明哥哥，于是大叫："我在江州舍身拼命跟将你来，众人都饶让你一步，我自天不怕！ 你只管让来让去假甚鸟？ 我便杀将起来，各自散伙。"

武松、刘唐、鲁智深则在吴用的暗示下急忙表态。 武松说："哥哥手下许多军官，都是受过朝廷诰命的，他只是让哥哥，如何肯从别人？"

刘唐说："我们起初七个上山，那时便有让哥哥为尊之意。 今日却让别人？"晁盖已死，刘唐得赶快表态，当初上梁山时他是否和晁盖一样，真想让宋江做老大，只有天知道。

鲁智深说："若还兄长要这许多礼数，洒家们各自撒开。"

这几个人挑得很有意思。 吴用是军师，代表着核心层；李逵代表着宋江的人马；刘唐代表着晁盖的旧部；武松、鲁智深代表着二龙山、少华山、桃花山这些后来合并的旁系人马。 这四方面的人物代表着充分的"民意"。

戏做到这一步，宋公明当然要把戏唱足，为了表示自己对晁天王遗训的充分尊重，光有"民意"还不行，还需有"天意"。 他说："我别有个道理，看天意是如何，方才可定。"用抓阄的方式，决定宋江领军打东平府，卢俊义领军打东昌府，谁先赢了就做梁山泊之主。

此时，卢俊义先生面临的是一场必须打输的战争。 一切为了打赢固然不容易，但要打输而且输得像模像样没有破绽更不容易。 就像和上司下棋一样，要输给上司但不能显出来是故意想让，那样领导觉得也没意思，必须摆出一副尽力搏杀的架势，最后输了一、两回。

先看两支人马的组成情况。 宋江带领的是：林冲、花荣、刘唐、史进、徐宁以及三阮等人，全是一心一意为其杀敌立功的人马；卢俊义带领的是吴用、公孙胜、关胜、呼延灼、朱仝、雷横、索超、杨志等人。 一线冲锋陷阵的多是原来朝廷的武官，武松已经挑明了："他只是让哥哥，如何肯从别人？"这些一心想让宋江做老大的武将怎能傻乎乎三下五除二打下东昌府，而派来智多星吴用纯粹是为了防止另一种意外：要是一不留心连卢俊义自己都没把握好，鬼使神差地先下东昌府，那就把戏演砸了。

卢俊义的自觉加上吴用的监督，再加上众将领的心思，这场必输的战争上了"三保险"。

当好"二把手"是很难的，太能干不行，功高盖主会有被整肃的危险；太窝囊了也不行，下面的人瞧不起。

林冲是个明白人，在杀了王伦后，晁盖等人让他做老大，他推辞一则表白自己杀王伦非为私人利益而为山寨大计，二是面对兵强马壮的新集团，知道这个头把交椅他是坐不稳的。 在晁盖临死前留下遗训后，他立主宋江暂时代理老大职务，也有撇清自己的意思在里面。 因为在梁山群雄中，他的资历最老，同时也最有可能活捉史文恭，他接替晁盖最具可能。最后攻打曾头市为天王报仇时，独独没有派林冲出战，何也？ 原因不言自明。

可是林冲为什么第二把交椅他都不坐呢？

如果第一把交椅能安稳地坐上那就坐，坐不上第一把就不要去坐第二把，宁愿当老三、老四、老五，自己锋芒已露，务必在与老大中间有一堵防火墙。 所以林冲让吴用坐了第二把。 吴用属于参谋型的智囊人物，他在任何时候不可能做老大，因为他对老大没有威胁。 后来晁盖时期有了宋江作老二，宋江时期有了卢俊义做老二。 因为真正的"二把手"是副帅，是能代替老大的。

李斯相国做得太好，他必死无疑，想回上蔡做田舍翁而不可得。 黄兴在同盟会成立时，由于两湖的会员多，大家推举他做老大，可他认为德才不如孙文，让给了孙文。 可他偏偏又要做老二。 最终这个能让出老大位置的"二把手"和孙文的矛盾都不能避免。

秦始皇以后君权和相权上千年都扯不清，一会是暴君害宰相，一会是权相戏庸君。 到了明洪武帝，杀完了几个宰相后，干脆永远废相，这个朝廷没有"第二把交椅"了。 即使有些大学士或宦官有"二把手"的实际权力，但没有"二把手"的名份，想有非分之想就难多了！

如何做好"二把手"？ 要么像《笑傲江湖》中的东方不败那样，小心谨慎地伺候任我行，对他大树特树，趁其不备，将其囚禁在西湖底下。 任我行毕竟是一介武夫，换一个明主的话，早就会警惕东方不败的野心，根本不会给他机会。 东方不败万不该有那一点点妇人之仁，没有杀掉任我行，最后让其翻牌。 要么学李登辉，在小蒋面前装孙子，等小蒋寿终正寝后，才露庐山真面目。 可这种"忍"的功夫必须是一流的。 要么就干脆学赵秉钧，袁大头和哪个国务总理都尿不到一壶，因为老袁不允许国务总理有任何自己的见解，而赵秉钧当了"二把手"后，根本不把自己当成国务总理，而自觉做袁家的一位奴才。 这样老袁是满意了，可玩不好却做了替罪羊。

NO.2 的生存之道，真是门大学问。

Chapter 9

男人一定要有手段

　　在这个弱肉强食的社会，没有手段的男人是成不了大事的。男人的手段不是阴险、狡诈的代名词，更多的是一种智慧和技巧的结合。没手段的男人只会是这个社会的装饰，而手段男人则是社会的主流。

●●糊涂就是一种智慧

一个人的幸福与否，往往是取决于他的心境如何。 如果我们用外在的东西，换来了心灵上的安慰，那无疑是获得了人生的幸福，是值得的。

不少好朋友，或者事业上的合作伙伴，由于种种原因，后来反目成仇了，双方都很不开心，结果是大打出手。

有个人却不一样，他与朋友合伙做生意，几年后一笔生意让他们所赚的钱又赔了进去，剩下的是一些值不了多少钱的设备，他对朋友说，全归你吧，你想怎么处理就怎么处理。 留下这句话后，他就与朋友分手了。没有相互埋怨，给人的感觉是这人真糊涂，自己的一分也不要了。 其实，这叫"好合好散"。 生意没了，人情还在。

有人问李泽楷："你父亲教了你一些怎样成功赚钱的秘诀吗？"李泽楷说，赚钱的方法父亲什么也没有教，只教了他一些为人的道理。 李嘉诚曾经这样跟李泽楷说，他和别人合作，假如对方拿七分合理，八分也可以，那么李家拿六分就可以了。

李嘉诚的意思是，吃亏可以争取更多人愿意与他合作。 你想想看，虽然他只拿了六分，但现在多了一百个合作人，他现在能拿多少个六分？假如拿八分的话，一百个人会变成五个人，结果是亏是赚可想而知。 李嘉诚一生与很多人进行过长期或短期的合作，分手的时候，他总是愿意自己少分一点钱。 如果生意做得不理想，他就什么也不要了，宁愿吃亏。这是种风度，是种气量，也正是这种风度和气量，才有人乐于与他合作，他也就越做越大。 所以李嘉诚的成功更得力于他的恰到好处的处世交友经验。

吃亏是福，乃智者的智慧。 有人与朋友一旦分手，就翻脸不认人，不想吃一点亏，这种人是否聪明不敢说，但可以肯定的是，一点亏都不想吃的人，只会让自己的路越走越窄。 让步、吃亏是一种必要的投资，也是朋友交往的必要前提。 为什么呢？ 在生活中，人们对处处抢先、占小

Men should be tough to himself

便宜的人一般没有什么好感。 占便宜的人首先在做人上就吃了大亏，因为他已经处处抢先，从来不为别人考虑，眼睛总是盯着他看好的利益，迫不及待地跳出来占有它。 他周围的人对他很反感，合作几个来回就再也不想与他合作下去了。 合作伙伴一个个离他而去，他难以找到愿意与他重新合作的人，他不是吃了大亏吗？

任何时候，情分不能践踏。 主动吃亏，山不转路转，也许以后还有合作的机会，又走到一起。 若一个人处处不肯吃亏，则处处必想占便宜，于是，妄想日生，骄心日盛。 而一个人一旦有了骄狂的态势，难免会侵害别人的利益，于是便起纷争，在四面楚歌之下，又焉有不败之理？

中国人向来是很精明的，越是精明的人越知道聪明人处世难，容易招致妒嫉、非议，甚至为聪明而丧生。 曹操因为妒嫉杨修的才能而杀了他；隋炀帝因为妒嫉王胄的诗才，也把他杀了，还吟着王胄的诗句"庭草无人随意绿"，洋洋自得地说："你还能写出这样的好诗吗？"所以，从老子开始，中国人就深悟了"大智若愚"的道理，越是聪明，表现得越是愚笨，以便在别人的轻视和疏忽中找到自我发展的空间。

据说，在舜未登上天子位的时候，他的异母弟弟象，为图占家业，几次要谋害他。 昏聩的父亲和后母也总是偏心、纵容象。 有一次，父亲和后母找舜，说谷仓顶坏了，要他爬上去修理。 当舜一上到仓顶，父、母、弟弟就抽了梯子，放起一把火想要烧死他。 幸亏他撑起大斗笠，乘着一阵大风往下一跳，才得脱险。

另一次，父亲和后母让舜去淘井。 那井很深，刚把舜吊到井底，上面的人就收了绳子，推下去几大堆泥土，以为这一回舜死定了。 象很高兴，没想到，当他来到舜的卧室时，却看见舜正坐在床上弹琴。 这是咋回事？原来那井底还另有一个出口，舜是从那里脱生的。 这一下，象惊呆了，他悔恨、羞惭不已，上前向哥哥道歉。 舜呢，显得若无其事的样子，他微微一笑，说："我并不计较。"

在战国时，有一次，万章与孟子谈论到这个故事中的舜。

万章认为，舜或者是糊涂，或者是伪善，二者必居其一。 孟子则不同意这种看法。

万章说："怎么不对？ 两件事里，都表现出舜并不知象要害他，这岂不是糊涂？"

孟子说："怎么不知道？ 只不过舜对弟弟，比较宽厚、仁慈罢了。"

万章说："依您之见，舜是心里忧心忡忡，表现得却像没那么回事，这岂不是强颜为欢，是十足的伪善吗？"

孟子直摇头："不，这怎么叫伪善？ 既然象已承认自己错了，有悔改之意，舜又怎能不高兴？ 这不叫伪善，叫宽宏大度啊。"

明代宗景泰年间，广东副使韩雍遍访四方，宣扬王命。 到江西时，一天忽然听说宁王的弟弟来了，韩雍一面谎称有病，请王爷稍等片刻，一面派人马上去叫三司（明代将各省之都指挥使司、布政使司、按察使司合称"三司"），并索要白木几，然后韩雍才出来匍匐在地拜迎王爷。

王爷一进门，就全讲的是他哥哥要宁王反叛朝廷的情况。 韩雍推说自己耳朵有毛病，听不清楚，请王爷把要讲的都写下来。 王爷要纸，韩雍就让手下人将白木几抬进来。 王爷将情况详细地写在白木几上，就告辞了。

韩雍将情况报告了朝廷，皇上派钦差大臣来稽查，却没有找到宁王谋反的任何证据。 这时王爷兄弟已经握手言欢，王爷拒不承认说过他哥哥要反叛的话。 钦差大臣回京后，朝廷即以离间亲王罪判处韩雍，要将他披枷戴锁送监。 韩雍出示王爷亲笔书写在白木几上的状子，才获得释放。

以上两个例子，以表面上看，似乎舜和韩雍很傻，糊里糊涂。 而实际上却是一种精明人的糊涂。

●●方圆之理能无往不胜

"方"，方方正正，有棱有角，指一个人做人做事有自己的主张和原则，不被外人所左右。 "圆"，圆滑世故，融通老成，指一个人做人做事讲究技巧，既不超人前也不落人后，或者该前则前，该后则后，能够认

清时务，使自己进退自如、游刃有余。

一个人如果过分方方正正、有棱有角，必将碰得头破血流；但是一个人如果八面玲珑、圆滑透顶，总是想让别人吃亏，自己占便宜，也必将众叛亲离。因此，做人必须方中有圆，圆中有方，外圆内方。

外圆内方的人，有忍的精神，有让的胸怀，有貌似糊涂的智慧，有形如疯傻的清醒，有脸上挂着笑的哭，有表面看是错的对……

"方"是做人之本，是堂堂正正做人的脊梁。人仅仅依靠"方"是不够的，还需要有"圆"的包裹，无论是在商界、仕途，还是交友、情爱、谋职等等，都需要掌握"方圆"的技巧，才能无往不利。

"圆"是处世之道，是妥妥当当处世的锦囊。现实生活中，有在学校时成绩一流的，进入社会却成了打工仔；有在学校时成绩二流的，进入社会却当了老板。为什么呢？就是因为成绩一流的同学过分专心于专业知识，忽略了做人的"圆"；而成绩二流甚至三流的同学却在与人交往中掌握了处世的原则。正如卡耐基所说："一个人的成功只有15%是依靠专业技术，而85%却要依靠人际关系、有效说话等软科学本领。"

真正的"方圆"之人是大智慧与大容忍的结合体，有勇猛斗士的威力，有沉静蕴慧的平和。真正的"方圆"之人能对大喜悦与大悲哀泰然不惊。真正的"方圆"之人，行动时干练、迅速，不为感情所左右；退避时，能审时度势、全身而退，而且能抓住最佳机会东山再起。真正的"方圆"之人，没有失败，只有沉默，是面对挫折与逆境积蓄力量的沉默。

我们经常在报纸上见到穷凶恶极的罪犯窜入老百姓的家里，杀人越货、绑架无辜或逼人做质的时候，被害人是怎样委曲求全，先以圆滑诚恳的语言赢得罪犯的信任，而伺机在罪犯不在意或误认为在他的挟迫下真的与其合作的时候，出其不意地逃脱报案或径直击败罪犯。这其实是外圆内方的最好案例。试想，假如面对凶狠的罪犯，暴跳如雷，罪犯不先砍掉你的脑袋才怪呢。只有把"方"用"圆"先掩盖起来、包藏起来，装出很诚实的样子，利用笨拙的诚实稳住对方，充分地运用对方的怜悯之心，使对方不加害自己，才会为以后施展擒拿罪犯的计谋赢得时间和条件。

这种外圆内方的办法，在历史上早已有之。《三国演义》中有一段"曹操煮酒论英雄"的故事。当时刘备落难投靠曹操，曹操很真诚地接待了刘备。刘备住在许都，在衣带诏签名后，为防曹操谋害，就在后园种菜，亲自浇灌，以此迷惑曹操，放松对自己的注意。一日，曹操约刘备入府饮酒，谈起以龙状人，议起谁为世之英雄。刘备点遍袁术、袁绍、刘表、孙策、张绣、张鲁，均被曹操一一贬低。曹操指出英雄的标准——"胸怀大志，腹有良谋，有包藏宇宙之机、吞吐天地之志。"刘备问："谁人当之？"曹操说："今天下英雄，惟使君与操耳！"刘备本以韬晦之计栖身许都，被曹操点破是英雄后，竟吓得把匙丢落在地下，恰好当时大雨将至，雷声大作。曹操问刘备为什么把匙弄掉了？刘备从容俯拾匙，并说："一震之威，乃至于此。"曹操说："雷乃天地阴阳击搏之声，何为惊怕？"刘备说："我从小害怕雷声，一听见雷声只恨无处躲藏。"自此曹操认为刘备胸无大志，必不能成气候，也就未把他放在心上，刘备才巧妙地将自己的慌乱掩饰过去，从而也避免了一场劫难。刘备在煮酒论英雄的对答中是非常聪明的，他用的就是方圆之术，在曹操的哈哈大笑之中，才免去了曹操对他的怀疑和嫉忌，从而最后才能如愿以偿地逃脱虎狼之地。至于三国后期的司马懿，更是个外圆内方的高手，公元239年，魏少帝曹芳受曹变专权，架空了司马懿的兵权。司马懿虽然甚为不满，但一时又无能为力。为了免遭曹变的再度加害，同时也为了隐蔽自己，以待时机，司马懿告病居家，不问朝政。

一日，曹变派心腹李胜去探视司马懿，以查虚实。司马懿也知道曹变的用意，因此，当李胜去探视时，只见司马懿直躺在床上，两个侍女正在喂他喝粥，米粥洒满了前胸。李胜与他说话时，司马懿故意作出气喘吁吁的样子，话也听不明，说也说不清。

李胜回去后，将所见所闻详细报告给曹变，并说"司马公不过是尚有余气的尸体而已，形神已离，大人不必再对他有何顾虑了。"

曹变最感棘手的就是司马懿，听到他不会久留人世，心中无比高兴和放心，在朝中更加肆无忌惮了。司马懿则加紧秘密组织力量。公元249年1月，魏少帝曹芳拜谒高平陵，曹变兄弟及其亲信皆随同前往，司马懿乘机发动兵变，废免了曹变兄弟，不久将其全部处死。

司马懿佯装成快要死的人，瞒过了大将军曹爽，达到了保护自己、等待时机的目的。 最后实现了自己的抱负，统一了天下。 这正是"鹰立似睡，虎行似病"。

总之，人生在世，运用好"方圆"之理，必能无往不胜，所向披靡，无论是趋进，还是退止，都能泰然自若，不为世人的眼光和评论所左右。

●●假痴不癫谋出路

痴者，傻而愚笨也；癫者，精神错乱也。 既然是假痴不癫，那么，就不是真傻，而是表面上装作傻瓜，内心却异常清醒，精神一点也不错乱。

假痴不癫主要是当形势对自己不利的时候，表面上装疯卖傻，以掩饰自己的抱负，避免敌人对自己的警惕和陷害，以敛翼待时。

心里明白故意扮傻，那样并非就真是傻瓜，而是大智若愚。 做人最忌的一点就是恃才傲物，不知饶人。 太露锋芒很容易遭人嫉恨；功高震主只能招致杀身之祸。 所以，在处世的过程中要懂得适时"扮傻"，特别是在和领导交往的过程中，不要过于显露自己的高明，更不要纠正对方的错误。 在与人处世中，扮傻可以为人遮羞，自找台阶；可以故作不知而以幽默反唇相讥；也可以用傻痴之状去迷惑对手。

在风云变幻中，危险随时会出现，人们通常会通过扮傻装呆来逃避危难，保全自身。 我国古代著名的军事大师孙膑，曾经和庞涓是同学，拜鬼谷子先生为师一起学习兵法。 有一年，当听到魏国国君以优厚待遇招求天下贤才到魏国做将相时，庞涓再耐不住深山学艺的艰苦与寂寞，决定下山，谋求富贵。

庞涓到了魏国，见到魏王。 魏王问他治国安邦、统兵打仗等方面的才能、见识。 庞涓倾尽胸中所有，滔滔不绝地讲了很长时间，魏王听了，很兴奋，便任命他为元帅、执掌魏国兵权。

后来，孙膑经人推荐也来到了魏国，魏王对孙膑也很敬重，打算封孙

膑先生为副军师，与庞涓同掌兵权。 庞涓最忌讳的就是这种情况，得知自己下山后，孙膑在先生教诲下，学问才能更高于从前，十分嫉妒，暗自咬牙。 表面上却说："臣与孙膑，同窗结义，孙膑是臣的兄长，怎么能屈居副职、在我之下？ 不如先拜为客卿，待建立功绩、获得国人尊敬后，直接封为军师。 那时，我愿让位，甘居孙兄之下。"魏王听罢，很满意庞涓的处世为人，便同意了。

其实，这不过是庞涓防范孙膑与他争权的计谋，他已下定决心，必须除掉孙膑，否则，日后必然屈居其下了。 于是便设计陷害孙膑，说孙膑私通齐使，要叛魏投齐，于是魏王大发雷霆，不容半句解释，就令武士把他抓起来，押到军师府问罪。

庞涓为了得到孙膑的兵书，故意不让他死，建议魏王用尖刀剜剔下孙膑的两个膝盖骨。 并在脸上用黑墨刺上"私通敌国"四字。

这时，庞涓泪流满面走进来，亲自为孙膑上药、包裹，把他抱进卧室，百般抚慰，无微不至地照料。 一个月之后，孙膑伤口基本愈合，但再不能走路，只能盘腿坐在床上，真成了废人。

孙膑知道庞涓也想全面学习这十三篇兵法，就高兴地答应把鬼谷先生所传的孙子兵法十三篇及注释讲解写出来；而且从那天起，日以继夜地在木简上写起来，日复一日，忘食废寝，以致人都劳累变了形。

后来孙膑无意中从一个佣人那里知道，庞涓等他写完兵书就准备把他处死，身心一下子凉透了！ 第二天，正要继续写书的孙膑，当着小孩儿及两个卫士的面，他忽然大叫一声，昏倒在地，大呕大吐，两眼翻白、四肢乱颤。 过了一会儿，醒过来，却神态恍惚，无端发怒，瞪着眼睛大骂："你们为什么要用毒药害我？"骂着，推翻了书案卓椅，扫掉了烛台文具，接着，抓起花费心血好不容易写成的部分孙子兵法，一齐扔到火盆里。 立时，烈焰升起。 孙膑则把身子扑向火，头发胡子都烧着了。

人们慌忙把他救起，他仍神志不清地又哭又骂。 那些书简则已化成灰烬，抢救不及。 等庞涓急慌慌跑来，只见孙膑满脸吐出之物，脏不忍睹；又爬在地上，忽而磕头求饶、忽而哈哈大笑，完全一副疯癫状态。 庞涓使劲甩开他脏兮兮的手，心里疑惑，怀疑孙膑是装疯，就命令把他拽到猪圈里。 孙膑浑身污秽不堪，披头散发，全然不觉地在猪圈泥水中滚

倒，直愣愣瞪着两眼，又哭、又笑……

庞涓又派人在夜晚、四周别无他人时，悄悄送食物给孙膑："我是庞府下人，深知先生冤屈，实在同情您。请您悄悄吃点东西，别让庞将军知道！"孙膑一把打翻食物，狰狞起面孔，厉声大骂："你又要毒死我吗？"来人气极，就捡起猪粪、泥块给他。孙膑接过来就往嘴里塞，毫无感觉的模样。于是来人回报庞涓：孙膑是真疯了。

庞涓这时才有些相信，渐渐地对孙膑的看管不那么严了，但仍命令：无论孙膑在什么地方，当天必须向他报告。

然而，真正知道孙膑是装疯避祸的只有一个人，就是当初了解孙膑的才能与智谋、向魏王推荐孙膑的人。这个人就是赫赫有名的墨子墨翟。

他把孙膑的境遇告诉了齐国大将田忌，又讲述了孙膑的杰出才能。田忌把情况报告了齐威王，齐威王要他无论用什么方法，也要把孙膑救出来，为齐国效力。

于是，田忌派人到魏国，趁庞涓疏忽，在一个夜晚，先用一人扮作疯了的孙膑把真孙膑换出来，脱离庞涓的监视，然后快马加鞭迅速载着孙膑逃出了魏国。等庞涓发现时，已经晚了。

孙膑到了齐国，齐王十分敬重。后来在马陵道之战中，庞涓忽然被一棵大树挡住去路，隐约见到树身有字迹。此时天色已黑，庞涓令人点亮火把，亲自上前辨认树上之字。只见树上用墨写了六个大字："庞涓死此树下"，庞涓立刻大惊失色："我中计了。"话音未落，一声锣响，万弩齐发，箭如骤雨，庞涓"扑通"倒地身亡。

虽然"扮傻"是很辛苦和不容易的，但是到了危险的时候，它还是一种很有效的生存技巧。

假痴假呆的意思不是伪装，而是装聋作哑、痴痴呆呆的意思，但是他的内心却是非常清醒的。从难得糊涂的观点来看，这是一种很高的谋略，算是高招，因为它能够保全利益。用于政治谋略，就是韬晦之计。在形势对自己不利的时候，表面上装疯卖傻，给人以碌碌无为的印象，实际上却隐藏自己的才能，掩盖内心的抱负，以免引起敌人的警觉，以等待时机，实现自己的抱负。

在商业风云中，有时当危险要落到自己头上时，通过装傻扮呆，还可以达到逃避危难、保全自己的目的。

明朝建立之初，朱元璋为了保住江山，对朝廷和地方的官僚奸贪舞弊、严重损害皇朝利益的行为，无情打击，重刑惩治。 其用刑的野蛮残酷程度超过了历史上任何帝王。 为了免遭杀戮，有的官僚不得已装疯卖傻，以逃避惩治。

御史袁凯惹怒了朱元璋，怕被杀头，便假装疯癫。 朱元璋说疯子是不怕痛的，叫人拿木钻刺他的皮肤，袁凯咬牙不吭。 回家后，自己用铁链子锁了脖子，蓬头垢面，满嘴疯话。 朱元璋还是不相信，派人去探察。 袁凯瞪着眼对来人唱"月儿高"的曲子，爬在篱笆边吃狗屎。 朱元璋听了使者的回报，才不追究。 实际上朱元璋又受了骗。 原来袁凯知道皇帝不相信自己疯了，会派人来侦查，便预先叫人用炒面拌糖，捏作狗屎状，散在篱笆下。 当来人一到，他便大口大口地吃，这才救了一条老命。

狼在遇到强大的对手时，有时善于采用"装死"的手段蒙蔽对手，躲过杀身的劫难。 狡猾的人在类似情况下，装疯卖傻，真可谓"绝活儿"。

●●做事不必太过认真

毫无疑问，如何做人是一门精深的学问，多少不甘寂寞、试图领悟到人生真谛的人，用尽毕生精力，追崇做人之道，探寻处世之理，苦苦攀登辉煌的人生。 然而人生的复杂性使人们不可能在有限的时间里洞察人生的全部内涵，但人们对人生的理解和感悟又总是局限在事件的启迪上，比如：做人不能太较真便是其中一理，这正是有人活得潇洒，有人活得累的原因之所在。

做人固然不能玩世不恭，游戏人生，但也不能太较真，认死理。 有道是"水至清则无鱼，人至查则无友"，太认真了，就会对什么都看不惯，连一个朋友都容不下，把自己同社会隔绝开。 镜子很平，但在高倍

放大镜下，就成凹凸不平的"山峦"；肉眼看很干净的东西，拿到显微镜下，满目都是细菌。试想，如果我们"戴"着放大镜、显微镜生活，恐怕连饭都不敢吃了。再用放大镜去看别人的毛病，恐怕那家伙就罪不容诛、无可救药了。

人非圣贤，孰能无过。与人相处就要互相谅解，经常以"难得糊涂"自勉，求大同存小异，有肚量，能容人，你就会有许多朋友，且左右逢源，诸事遂愿；相反，"明察秋毫"，眼里容不得半粒沙子，过分挑剔，什么鸡毛蒜皮的小事都要论个是非曲直，有理不拢人，无理状三分，人家也会躲你远远的，最后，你只能关起门来"称孤道寡"，成为使人避之惟恐不及的异己之徒。古今中外，凡是能成大事的人都具有一种优秀的品质，就是能容人所不能容，忍人所不能忍，善于求大同存小异，团结大多数人。他们极有胸怀，豁达而不拘小节，大处着眼而不会目光如豆，从不斤斤计较，纠缠于非原则的琐事，所以他们才能成大事、立大业，使自己成为不平凡的伟人。

不过，要真正做到不较真、能容人，也不是简单的事，需要有良好的修养，需要有善解人意的思维方法，需要从对方的角度设身处地地考虑和处理问题，多一些体谅和理解，就会多一些宽容，多一些和谐，多一些友谊。比如，有些人一旦做了官，便容不得下属出半点毛病，动辄捶胸顿足，横眉立目，属下畏之如虎，时间久了，必积怨成仇。想一想天下的事并不是你一人所能包揽的，何必因一点点毛病就与人生气呢？可如若调换一下位置，挨训的人也许就理解了上司的急躁情绪。

有一个人总抱怨他家附近小商店售货员态度不好，像谁欠了他钱似的，后来那个人的妻子打听到了女售货员的身世：丈夫有外遇离了婚，老母瘫痪在床，上小学的女儿患哮喘病，每月只能开二、三百元工资，只有一间12平米的平房。难怪她一天到晚愁眉不展。那个人从此再不计较她的态度了，甚至还想帮她一把，为她做些力所能及的事。

在公共场所遇到不顺心的事，实在不值得生气。素不相识的人冒犯你肯定是别有原因的，不知哪一种烦心事使他这一天情绪恶劣，行为失控，正巧让你赶上了，只要不是侮辱了人格，我们就应宽大为怀，不以为意，或以柔克刚，晓之以理。总之，不能与这位与你原本无仇无怨的人

瞪着眼睛较劲。 假如较起真来，大动肝火，刀对刀、枪对枪地干起来，酿出个什么后果，那就犯不上了。 跟萍水相逢的陌路人较真儿，实在不是聪明人做的事。 假如对方没有文化，一较真儿就等于把自己降低到对方的水平，很没面子。 另外，对方的触犯从某种程度上是发泄和转移痛苦，虽说我们没有分摊他痛苦的义务，但客观上确实帮助了他，无形之中做了件善事。 这样一想，也就原谅他了。

清官难断家务事，在家里更不要较真儿，否则你就愚不可及。 老婆孩子之间哪有什么原则、立场的大是大非问题，都是一家人，非要用"阶级斗争"的眼光看问题，分出个对和错来，又有什么用呢？ 人们在单位、在社会上充当着各种各样的规范化角色，恪尽职守的国家公务员、精明体面的商人，还有广大工人、职员，只要一回到家里，脱去西装革履，也就是脱掉了你所扮演的这一角色的"行头"，即社会对这一角色的规矩和种种要求、束缚，还原了你的本来面目，使你尽可能地享受天伦之乐。 假若你在家里还跟在社会上一样认真、一样循规蹈矩，每说一句话、做一件事还要考虑对错、妥否，顾忌影响、后果，掂量再三，那不仅可笑，也太累了。 所以头脑一定要清楚，在家里你就是丈夫、就是妻子。 所以，处理家庭琐事要采取"绥靖"政策，安抚为主，大事化小，小事化了，和稀泥，当个笑口常开的和事佬。

●●好手段要软硬兼施

丛林里的生态圈似乎是天定的，强与弱，谁都不可能去改变。 但人类社会却不同，人类固然也有先天的强与弱以及后天的强与弱，但因为人类有智慧，可以通过学习及经验的累积，在人性丛林里巧妙地获得生存的机会，并进而为自己争取较丰沛的利益。

有一个智慧是值得在人性丛林里进出行走时参考的，那就是——遇强则弱，遇弱则强！

人不太容易去改变自己条件的强或弱，但却可以以示强或示弱的方

式，为自己争取有利的位置。

"遇强则示弱"的意思是如果你碰到的是个有实力的强者，而且他的实力明显高过于你，那么你不必为了面子或意气而与他争强，因为一旦硬碰硬，固然也有可能摧折对方，但毁了自己的可能性却很高，因此不妨示弱，好化解对方的戒心。

以强欺弱，胜之不武，大部分的强者是不做的。但也有一些富侵略性的"强者"欺负"弱者"的习惯，因此示弱也有让对方摸不清你虚实，降低对方攻击有效性的作用，一旦他攻击失效，他便有可能收手，而你便获得了生存的空间，并反转两者态势，他再也不敢随便动你。

至于要不要反击。你要慎重考虑，因为反击时你也会有损伤，这个利害是要加以评估的，何况还不一定可击败对方，"存在"才是主要目的。

"遇弱则示强"的意思是如果你碰到的是实力比你弱的对手，那么就要显露你比他"强"的一面，这并不是为了让他来顺从你，或满足自己的虚荣心或优越感，而是弱者普遍有一种心态，不甘愿一直做弱者，因此他会在周围寻找对手，好证明他也是一个"强者"，你若在弱者面前也示弱，正好引来对方的杀机，徒增不必要的麻烦与损失。

示强则可使弱者望而生畏，知难而退。所以，这里的示强是防卫性的，而不是侵略性的，而侵略也必为你带来损失，若判断错误，碰上一个"遇强示弱"的对手，那你不是要很惨吗？

人性丛林里没有绝对的强与弱，只有相对的强与弱，也没有永远的强与弱，只有一时的强与弱，因此强者与弱者，最好维持一种平衡、均势，国与国之间不易做到此点，但人与人之间却不难做到，只要你愿意，也不论你是弱者或强者，"遇强示弱，遇弱示强"只是其中一个方法罢了。

曾几何时，一提到"软硬兼施"，人们就会认为是专门贬斥那些善于耍手段的人。对于那些人的行为，人们感到无耻和厌恶，说他们"软硬兼施，圆滑世故"。

软和硬都是为人处世的手段。既然是手段，欲成大事者大可不必担心对它的褒贬之词，尽管善择机会，见机行事。自古以来，软硬兼施的处世之道，正人君子可以使用，奸佞小人更加擅长，只不过是各取其用罢了。前者用以坚持正义，捍卫尊严，并且规劝他人行正道，后者则是为了达到某种不可告人的目的，甚至不惜牺牲别人的利益。既然它是手段，恶人用之作恶，正人自可用之"弃恶扬善"。

软硬兼施，需要恰如其分，恰到好处，作家三毛举例说："对一个恶人退让，结果使他得寸进尺；对于一个傻子夸奖，结果使他得意忘形。"看来，要想使其发生效用，需见机行事，对欺软怕硬的人，可以以"硬"克之，对于吃软不吃硬的人，自可以"软"化之。

经验告诉我们：一个斤斤计较、处处与人摩擦者，即便他本领高强，聪明过人，也往往会使自己壮志难酬，事业无成。青年人未经社会的打磨，总呈现出棱棱角角，容易碰壁，为了减少前进中的阻力，为了集中精力去实现自己的理想和愿望，必要时，应该做出某种让步或妥协。人们活在复杂的社会当中，像舟行于江河，处处有"风浪"，有阻力，而一个男人如果时时事事以"硬"处之，以硬碰硬，竭尽全力与阻力相较量，相抵抗，甚至拼个你死我活，这样做的结果，一来精力难以承受，二来树敌太多，更不好过，与其如此，何不适当地用些"软"的方法，积极地去设法排除一些困难或减少部分阻力，这样不就使通向成功之路少几块绊脚石了吗？

以战争为例，两军对峙，因为敌强我弱，力量悬殊，硬要上只能是"以卵击石"。有经验的统帅，面对寡不敌众的形势，采用迂回包抄的战术，避其主力，击其侧翼，就会扭转战机，取得胜利。这一"迂回包抄"的战略，不就是"软"的战术吗？

男人行事为人，过于方正可能会树敌过多或显得不近人情而伤了别人；过于婉转又容易被人说成圆滑，所以行方圆之道要掌握"火候"。

软硬兼施，是启示人们处理好社会生活中各种人际关系的重要思维，为成就大事者储备的必要资源。

●●脸皮厚度决定成就

中国人最讲究"脸皮",似乎干什么事都特别在意面子,许多含辛茹苦将儿子培育成人的父母,看到儿子能够"光宗耀祖",即使自己吃糠咽菜心里也是美得不得了的,因为儿子给他们在乡亲面前挣得了脸皮——面子。 这种对脸皮的观念,其实就是指别人如何看待你,怎样对待你。 说穿了,特别在意脸皮的人不是为自己活着,而是在为他人而活着。

西方人认为,皮肤厚、对别人的责难和非议无动于衷者为最佳之人。 这种思想近乎厚脸皮这一观念:一种保护自己的自尊心免受别人恶言恶语伤害的盾牌。

一个人不理睬他人的风言冷语,善于运用厚脸皮来保护自己,可以塑造正面的自我形象。 在试图实现任何目标过程中,我们总是对自己实现目标的能力、动机、或者如愿以偿时所得到好处的价值心存疑虑。 我们常常觉得有必要首先提高自己的水平,只有当我们的能力更强之后,才能圆自己的美梦。

脸皮厚者能够把自我怀疑撇在一边,拒绝接受别人试图强加于他头上的"紧箍咒"。 更重要的是,不怀疑自己的能力和价值。 在他的眼里,只有自己才是尽善尽美的人,所以他们往往更容易步入成功人士的行列。

当然,一位脸皮厚者不见得非要独断专行,或者咄咄逼人。 他也许是卑躬屈膝,唯唯诺诺,你打他的左脸还会把右脸给你打的人。 厚脸皮是一种随机应变,善于处事,且能置他人的所想所思于不顾的能力。

中国古代有一则关于韩信年轻时的佳话。 韩信是一位家喻户晓、妇孺皆知的人,有一天,他在自家居住的城镇街道上行走,被几个地痞无赖拦住。 这几个人要与他决一死战。 韩信婉拒挑战,谁知他们硬缠着不让他离去,执意让他要么撕杀,要么就像狗一样从领头人的胯下钻过去。 结果,韩信选择了钻裤裆,放弃了决战,尽管对于一般人来说,这是一种难以言表的耻辱。

关于韩信蒙受凌辱、胆小如鼠的流言不胫而走，迅速传遍全城。 在大庭广众面前，他遭人耻笑，可是他一次也未向任何人提及个中原委，也没解释自己表面看来丧失骨气行为的理由。 在日后的人生旅途中，他展示了自己的才华，成为中国历史上赫赫有名的战将。 对于他来说，那几个目不识丁的痞子毫无威胁可言，他们压根儿就不是他的对手。 他心中明白自己是个天不怕地不怕的战将，毫不在乎别人对他怎么想。 韩信的厚脸皮在于表面上他是一个温顺胆小之人，这是为了使自己不杀害那两个微不足道的恶棍而给自己惹来麻烦。

虽然说韩信的脸皮已经够厚的了，但他还不算顶尖高手。 在刘邦与项羽争战相持不下之时，本来可以乘机三分天下的韩信，却为了报答刘邦的"知遇之恩"，毅然率兵打败项羽，成就了刘邦的帝业，反而为自己埋下了"狡兔死，走狗烹"的下场。

而刘邦的脸皮可说是达到了极点，这正是他能够战胜势力强大的项羽、由一介布衣登上皇位的原因所在。 刘邦与项羽之间的厮杀，起初，项羽拥有最精良的军队，占据各方面优势。 在历时三年的征战中，项羽打了无数场战斗，只输了一场。 可是，就这一场失利，使他最终将胜利送给了一个人，此人除了脸皮比他厚之外，其他各方面都不如他。

在早先多次征战胜利中，有一次项羽生擒了刘邦，王位已经落入了项羽的掌心儿，谁知他竟然让他溜掉了。 由于他害怕杀刘邦落下"不义"之名，不仅没有处死这位与自己争天下的敌人，反而赐封他汉王。 可以说项羽的"面子"给刘邦提供了重整兵力，东山再起，征服项羽的机会。

表面上看来，项羽的宽恕也许似乎是一种高尚的举动。 可是，真正的高尚之举应该驱使项羽一旦有机会，就致刘邦于死地。 假如他这样做了，他自己就会一统天下。 此外，项羽遭受惟一一次失败之后，正是他那"无颜见江东父老"的面子，阻止了他返回故乡重整旗鼓，从而自刎身亡。

刘邦的三军统帅韩信形容项羽的弱点时说，他具有妇人之仁、匹夫之勇。 战场上项羽毫不留情地杀人，坑杀数十万降兵，可是当他面对被自己打败的敌人的时候，却抛弃了自己的目标，竟然拉不下杀人的脸皮。

刘邦不具备项羽的造诣，但是他也未受到项羽任何自尊心的妨害。

在他们发生冲突的年月里，刘邦一次又一次地败在项羽的手下，可是他从不为自己重返家乡征兵募马而感到耻辱。 他的脸皮比项羽要厚得多。 他可以干任何实现自己的雄心壮志所需要的事情，毫不顾忌给别人造成的损失。 当项羽感到胜利在最后一场战斗中悄悄失去的时候，他下令将成为他阶下囚多年的刘邦的父亲押上来，绑在一锅烧得滚开的油锅前面。 刘邦被喝令撤回自己所有的将士，否则他将眼睁睁地瞅着自己的父亲被油锅活活地煮死。 刘邦扬鞭催马来到阵前，大声喊道："项将军，我们曾经是歃血为盟的把兄弟。 我的父亲也是你的父亲。 倘若你要煮我们的父亲，请给我留一碗肉汤。"

人世间有一种脸皮厚的人由于极其自信而把信心灌输于他人，对于他们来说，从来就没有什么不好意思这个概念，他们干什么事都是按照自己的意愿放手大干，并且获得成功。

Chapter 10

男人不做婚姻的奴隶

　　一个成功的男人背后必定有个伟大的女人，女人对男人的影响，尤其是婚姻生活里，确实是影响巨大的。一个男人与一个女人组成一个家庭，有的男人的生活从此变成了天堂，有的男人的生活却从此走进了水深火热之中。

●●让男人狼狈的女人别惹

许多所谓精明强干的大老板，往往会"栽"在他们年轻美貌的情人手中，搞得狼狈不堪。 而这些男人身边的女子都有一些共同的特点：除了单身之外，许多女孩来自非常不幸的家庭，比如，很早失去父亲或者母亲、父母离婚、生活贫寒等等。 男人找到女人时，他们重新发现了自己。 这些女子的出现，不仅让男人产生极大的怜悯之心，更重要的是她们的弱势，让这些要保护她们的男人像勇士一般更具男人气概。 而这些女子呢？ 她们的心态原本就不健康，她们对关爱的向往就像一个无底的黑洞，需要男人无止境地填补。 刚开始，男人被这些娇嫩的弱女子们的柔情所融化，接着全身心投入，到最后，弱势变成了强势，男人倒被原来的"弱者"玩弄于股掌之中。

所以许多明智的男人轻易不吐"爱"字。 他们认为，爱是一个十分沉重的字眼，它意味着责任，像一只让自己背负一生的十字架。

如果一个女人从小就有一个未填满的情感空缺，那个缺憾就是一个深深的黑洞，但被美丽的外表所掩饰着。 一旦对方爱上她的外表，就得负起填补黑洞的责任，当两个人的爱变成为其中一方弥补情感空白时，其中一个人定会因为无休无止的付出，精疲力竭地走向爱的终结。

都说一个成功的男人背后必定有个伟大的女人，女人对男人的影响，尤其是婚姻生活里，确实是影响巨大的。 一个男人与一个女人组成一个家庭，有的男人的生活从此变成了天堂，有的男人的生活却从此过得水深火热，生活不像生活，感叹娶错了人，什么样的女人是让男人活受罪的呢？ 以下是给某些苦恼男士的选妻忠告！

一个想要改变男人的女人

她可能来自一个没有爱的家庭，从未在情感上得到过温暖。 由于她

男人不做婚姻的奴隶

百般尝试却无法从父母那里得到爱，于是会拼命地在伴侣身上寻求。 如果伴侣不懂得如何给予她适度的爱，她便会试图改变对方。 她总是觉得对方不够完美，但仍"坚信对方的潜力"，会用尽一切手段把对方变成她所需要的人。 如果你拒不接受她的"改造"，你们的婚姻便只会走向终结。

一个没有自我的女人

她可能从未好好关爱过自己。 当一位需要照顾的人出现时，她自然就把关注点全部投在对方身上，倾尽全力为对方付出。 她愿意随时随地接受并承担情感世界里出现的责难、内疚。 她不是为自己活，而是为了别人；与其说她是无私奉献的乖乖女，不如说她是失去自我的爱情奴隶。但是，婚姻是一种平等的伴侣关系，而不是主人与奴仆的关系。 伴着一个没有自我的女人，男人承担的是最沉最重的情感包袱。 除非你是一个冷酷的男人，能坦然接受她的"牺牲"。 而对于她自己来说，一旦男人因为某种原因而离她而去，她可能会因不能接受现实而崩溃。

一个没有底线的女人

她从未有过安全感，而且做事从不知道有所节制，也不能知足常乐。一旦她爱上什么人，即使对方根本不会属于她，她也不会放弃，她会等待，在等待中更加努力地去做跨越底线的事情。 这样的女人做事比较情绪化，会因为一时冲动而不顾后果，不管是疯狂地购物还是极度地追求享受。 婚姻中，她更加无法面对被抛弃的结局，即使情到尽头，她还会不择手段、不惜代价把他留住。

一个拒绝真实的女人

她从未有过自信，即使幸福来到身边，她也不相信这是真的。 她怀疑一切，包括爱情，因为她的心理无法承受爱的温馨。 如果与这样的女

人走入婚姻，你要随时准备好应对她的敏感与多疑，并且要为她承担一切生活中的狂风暴雨。 同样，如果情感遇到波折，她也只会让自己在一个充满幻想的世界里生活，远离真实的现实。 就像鸵鸟一样，在遇到危难的时候，把头埋到沙子里，以为不去面对就万事大吉了。 实际上，她只是没有勇气面对现实。

一个"自虐"的女人

她愿意与那些在情感、生活上不顺利且问题不断的人在一起，从他们身上寻找慰藉，以此掩饰她自身的困惑与不负责任。 也许因为成长过程中曾遭遇非正常的磨难与不幸，她反而不会珍惜一心一意为她好的"善良"人。 在她眼里，平静的生活过于平淡。 她更愿意征服动荡不安的日子与难以驾驭的人，并把这一切当成一种刺激。 这样的女人在婚姻中容易出轨，因为她们不会满足于柴米油盐的平淡厮守，而是喜欢一而再再而三地寻求新鲜与刺激。

一个摆脱不了父母影子的女人

与前五种不一样，她的生活中并非没有关爱，而是拥有着父母太多的爱、太多的付出与牺牲。 而这种爱在她眼中则是没完没了的亏欠、一生也还不尽的恩情。 这样的压力使这个人永远长不大，永远不能放松下来享受自己独立的家庭生活。 如果你与这样的女人步入婚姻，就等于承担起了一副永远不能卸下的重担，而且，她会按照父母相处的模式来定义你们的婚姻，让你们的家成为一个"克隆"的家庭。

人们感受爱情的时刻，多少也在感受着一个无法预知的未来；当两个人分享彼此的未知时，同时也在分享着你们共同的未知。 爱是无条件的，但是，你要明白，了解对方并非为了远离对方，而是为了在一条艰辛漫长的路上，使两个人走得更好、更顺，并且平平安安地走完它！

●●婚姻
是女人的发明

张爱玲曾经说过：现代婚姻是一种保险，由女人发明的。

有首老歌是"不做大哥好多年"，很多男人听了都有共鸣。几乎所有在婚姻里的男人都有一种心得——太太永远是对的，在这个"情感"比"道理"更有说服力的地方，男人渐渐学乖了，缴械投降或者主动让贤，把太太推到最高的宝座上，自己甘当配角。男人本是权力动物的，为什么当今的大丈夫们似乎都习惯并且认命在婚姻里当"配角"？是什么力量让男人在不太长的时间内都豁达了聪明了呢？

现代男人对婚姻而言，一开始就是被动的：恋爱的火候差不多了，女朋友一般就开始软硬兼施地逼婚，她要有名分与归宿。如果不结婚，她就怀疑你的诚心与爱意，别无选择，要爱情就要付出婚姻的代价。捆绑式销售，要就合，不要拉倒。男人只好半推半就地答应了。

婚姻是女人发明的，所以她在婚姻里更有发言权；男人就这样在当代婚姻里成了二柱子，而不是当年的顶梁柱！女性是婚姻的收益者与支配者，因为婚姻顺应女性之天资与天性，男人就有些为难与畏难。特别是当代中国，男人要在外头打拼，头破血流回家如果又不得安宁，那就两头受气，两败俱伤，还不如现实点，在婚姻里妥协，接受太太管教，做所谓"新好男人"。

现在"男主外女主内"有了新的含义：男的关心国家大事、世界和平与发展等"外面的"战略事务，家庭内的战术"小事"就由太太去操心了。人尽其能，各有所长。在婚姻面前，男人是略逊女人一筹的。上帝之所以先创造出男人，并不是因为男人比女人优越，而是因为男人还需经过女人再加工创造，上帝先造出男人这个试验品后才去造女人。当上帝把女人造出来后，上帝造人的任务也就完成了：它把这一任务交给了女人！

即使是美国总统小布什，也离不开女人的"再加工"，在家是太太劳拉为他磨去一些牛仔习气；在白宫，如果没有国务卿赖斯女士的打点，他一定会很糟。 即使在联合国开会，他想出去小便，还要给赖女士写字条咨询一番。 家与国是一样的，需要细心打理，而且不可缺席女主角。

婚姻这个实体，除了感情的经营，还有一个重要的工程，就是经济命脉，更确切地说是如何消费、理财等。 男人已经看到了，在这个"她"时代，商品经济世界真真切切地被以女性之美为特质的时尚流行色所弥漫，女性主宰着消费的主流。 谁抓住了女性消费的脉搏，谁就真正把握住了商机。 就天性来说，女性更善于理财，因此银行对她们青睐有加，一些城市还开设专门的"女性银行"。 银行掌握了女性消费者，就等于掌握了一个家庭的支出。 过去，"当家的"向来是中国妇女对丈夫的称呼，但在当今社会里，许许多多男性却称呼自己的妻子为"当家的"，这说明随着女性社会地位和经济地位的提高，在家庭中开始掌握经济大权。 国外一项调查表明，在家庭消费品的购买行为中有 55％是由女性家庭成员完成的，只有 30％是由男性家庭成员完成的，共同购买的也只占到 15％。 在中国，女性去购买家庭消费品的更多。 国际著名的投资家和金融学教授罗杰斯感叹："妇女将越来越成为强势人群，她们应该在家庭中占主导地位。"

那么，男人们还有必要与太太去争老大位置吗？ 谁厉害谁定夺，这是天经地义的，男人也可以省一些心思，这样坐享其成的幸福"老二"，没有人傻到要拱手送人！

总之，婚姻里的男人，好像是做了配角，其实是占了大便宜。 做丈夫就是做男人，就是做豪杰英雄，得势不欺人，落魄不怨人，力所能及，量力而为，倒不失为大丈夫风范。

●●不要
在情绪上被女人左右

男人与女人之间相互感染，相互吸引，无可厚非，这是上帝给人类美妙绝伦的情感，没有人可以将其改变。但你是否有时察觉到：你的情绪常为女人所左右？

传说中，苏格拉底的妻子性格暴戾，动不动就对苏格拉底大发雷霆。有一次，他的妻子又向他大发脾气，苏格拉底不予理睬，淡然走出家门继续他的思考。当他走到门口时，他的妻子从楼上泼下一桶水，把他淋成落汤鸡，苏格拉底只是默默地掏出手帕，拭去身上的水，自言自语："我就知道雷霆之后便是甘雨。"

假设你是苏格拉底，你能否做到这一点？我们当中有很多人都不会，我们的不会正是我们成不了苏格拉底的原因。这话说的也许过头了，但这多少有一些影响。

古代有个捕快，捉住了一个女贼，由于误了时辰，只得露宿荒庙之中。夜深人静，女贼意识到自己的处境和本钱，先是甜言蜜语诱骗捕快，尔后又是许下美妙的诺言，又是向捕快眉目传情。捕快本是男青年，起初心中奇痒难耐，心神在美丽的女贼面前不得安宁。但一想到自己经受不住诱惑，一时不能自持而干了蠢事的后果，便抓起一根树枝，在地上写着"不可以！不可以！"一次又一次，擦了写，写完又擦掉，直至心绪宁静。

我们不得不佩服这位捕快，他知道自己的情绪在此时多么重要，更重要的是在此时如何控制自己的情绪，做自己情绪的主人。假设捕快因一念之差，一时冲动为女色所诱惑，他的失职便很难使他成为一名优秀的捕快，甚至会使他丢掉脑袋。

英雄难过美人关。可也有人说，每个成功的男人背后总有一个支持

Men should be tough to himself

他的女人。 这实在令人费解，似乎是个悖论。 仔细推敲，便不难发现，那些成功的夫妇间，他们彼此相互影响，但更重要的是，他们彼此珍重对方，而不是去苛求对方。

女人是男人一生不可或缺的伴侣，因而男人要避免自己的情绪被女人所左右。 当开始发觉如此时，无须害怕，注意转移自己的注意力，多余的精力用在最需要的地方，慢慢使你的心绪安宁下来。

好女人、好妻子是你事业成功的帮助，是生活伴侣，也是你避风的港湾。

记住，当你开始发觉自己围着女人转时，不要任其发展，要控制住自己。 如果任其发展，便会导致你事业的失败。

●●好色
不再是男人的缺点

一个男人钱权具备，如果再加上一点磊落的色，只会助燃你的男性气质。 低层次的好色之徒，只图通俗之美，有品味的好色，总是独具慧眼。所以，从现在起，请不要让好色停留在阴暗处，那会使它真的龌龊起来。开始有品位的好色，做个好色的明亮男人。

日本最著名的一位妈妈桑，她在风月场里经历无数的名流贾商，并著书立说，在谈及"男人成功的条件"时，她开门见山列出第一条就是：他首先必须在女人面前吃得开，与女人为敌的男人是无法成功的。 换句话说，好色的男人更有魅力，也更有力量赢得美人与他的世界。

德国电视剧《总理一吻定情》中有句台词是：如果你连爱情都搞不定，就更别谈政治了。 事实上好色男人多为成功男人，克林顿、成龙，到电影《乱世佳人》里的那个笑起来坏坏的白瑞德。 能讨女人欢心一定可以讨世界欢心，能征服女人一定可以征服世界。 世界传媒大亨默多克、诺贝尔物理奖获得者杨振宁博士等，老当益壮，即使到了古来稀的岁数，仍然生命力旺盛，激情燃烧，娶小妻做新郎！ 你可以说那是因为爱，也可以说是因为色，而爱与色对男人而言又怎么可以一言撇得清呢？

必须承认，男人的"力必多"绝对不是坏东西，一方面它点燃情欲，另一方面它激发一个男人勇往直前的斗志。 没有它，如同大海没有水，火山没有火。 关键是，你要学会引用好色的正面力量，然后提高它的品位。

好色是男人的新美德

好色是男人的新美德，前提是君子好色而不淫。 经常有男人自誉为色狼，但是一出口就被人一招打回来："你还有资格做色狼？ 至多是黄鼠狼。"显然，今非昔比，好色已经成了男人的新虚荣标签之一了！ 它意味着一个男人的男人味、进取心、生命力。

是的，好色不再是男人的缺点，而是特点了！

《新华字典》这样诠释"色"：颜色、色彩、妇女容貌、情欲。 "人老色衰"、"出卖色相"、"气色不好"、"闻虎色变"等，多少都跟视觉美感有关。 由此可见，与人有关的"色"，应特指人的一种精神与物质的状态， "色"还表现了女人的美。 情欲则表达心理上对"美"的一种渴望。

那么，我们为什么还恐惧色呢？ 把它虚无化、妖魔化，都不是诚恳的做法。 相反，不好色的男人不是有特色的男人，甚至不是好男人。 读古小说，见赵云、燕青不受色诱一段，为之击节而叹，所谓大丈夫者是能控制自己的淫欲的。 在美女的挑逗面前他都能不动春心。 不是他不好美色，不懂得欣赏美女，而是他能洁身自好。

某女找个好色先生。 起初，她也担心，这样的危险品，留在身边，有伴君如伴"狼"的感觉。 不过，婚后，才发现他的甘甜，虽然外型犹如荔枝，有些色迷迷的。 现在，她对丈夫的评价是"有惊无险"。 原来，她老公对她一直循循善诱，并且加强正面的"色"教育，他说，食色，性也，99%的猫都叫咪咪，99%的男人都好色，剩下的那一个可能是个假正经，或者干脆是阳痿，所以女人不要相信男人"不好色"的谎言。

好色，是男人的本性，美好的事物人人爱，所有正常的男人都会为美色所动，连自己的本性都不敢承认的男人会是一个好男人吗？ 真实比真诚可贵，所以他不撒谎。 渐渐，这个女子也看开了，丈夫好色，但不乱来。当然，色，也是有风险的，但是，没有色心的男人，总觉得不够味，利弊权衡之后，她还是欣然接受丈夫的色。

好色是最原始的动力

好色是男人的天性，也是男人去创造世界，改变世界的最原始动力之一。 既然是原始动力，自然有它的瑕疵，但是，一个真正的男子汉，可以正视它，并且把它改造为一种积极的男性魄力。 齐恒公问管仲：好酒会使寡人亡国吗？ 好色会使寡人亡国吗？ 好郊游会使寡人亡国吗？ 管仲说：都不会，只有远贤臣近小人才会使你亡国。

我们不是神，我们是男人。 正因为男人色，男人才会为女人去奋斗，去挣钱，打开历史画卷。 不难发现世上不乏有为女人而丢掉江山，或为女人而去征服世界的盖世英雄。 通俗地说，男人好色，就一定要去追求，而追求必定要有一定的资本，这种资本可以是金钱，也可以是社会地位，也可以是社会名望。 而这些对于一个男人来说得来确实都不是一件容易的事情。 一个男人想拥有这些中的一条，那是要经历艰苦的努力，正是这种努力，让男人们成为推动社会进步的栋梁。 没有竞争，就没有新的创造。 男人在追求美色的同时，也创造了更多的社会财富。 当你遇到令你兴奋得发抖的机会，你体内的火山就会自动爆发，你心灵的巨人就会被唤醒。

喜欢女人，证明热爱生活，心态年轻。 有一种说法，男人去餐厅吃饭，点菜时只看菜名不看漂亮女招待，说明这个男人已经悲哀地老去。"要像征服女人一样征服球迷。"这是球星罗讷尔多的口头禅，结果他一天天进步，在获得劳伦奖的时候，他说了一句实话："我感谢生命里遇到的每一个女人。"16 岁的时候，克林顿就开始用粉红色的信笺写情书：亲爱的黛比，你永远是我最好的女孩……有了这样"色"彩的梦，他也一步步登上理想的颠峰。 我们敬仰的李小龙，英年早逝，年仅 33 岁。 他在好莱坞浮沉数载，四部半带有革命性质的功夫影片傲然出世，让全世界为之惊服。"我是一个中国人！我为了替中国武术争一口气！"他的夙愿终于得偿，而由之引发的全球功夫狂热至今不退。李小龙名言："我绝不会说我是天下第一，可是我也绝不会承认我是第二！"但是，我要指出的是，英雄最后是死在红颜知己的床上，但这一点也掩盖不了他做为一个激情男人的光芒，反而是还英雄以真实。

按弗洛伊德的说法，我们所有行为的原始动力就是对性的憧憬与渴望，是力量的源泉。所以，一个对女性有崇拜意识，对爱情、对性保持强烈战斗激情的男人，就特别 man，特别勇敢与好斗，富有竞争力与不屈不挠精神。那么，我们为什么还要忌讳、或者害怕"好色"，它在我们男人的血液里，它可以照亮我们，当然也可能把我们烧成灰烬，那是后话。首先我们不要像遮丑一样把它否认掉，然后再来正面利用、开发他的光芒、它的能量。

好色提高男人气质

一个女人爱上一个怎样的男人，她就会变成一个怎样的女人；女人不美，是男人的责任。有品位的好色男人，会善于发现身边女人特有的美，并且珍惜它、爱护它、升华它，而这才是男人应该有的爱，男人的爱情，不一定使被爱的人变得更强，但是应该让她变得更美。

越是文明社会越能接受男人的好色，男人好色说到底是对女人的恭维甚至尊敬与膜拜。中国传统文化里，显然这种对女性最朴素真实的有温度的尊重，渲染得很少，相反是假正经的批判居多。特别是自宋朝的朱熹之后，中国男人就变得清高虚伪起来。所以烈女坊记录的是男人的自私，最后不被尊重的还是女人。如今，当好色不再是对男人的贬义时，女人的地位反而上升了。

文明发达的国家与地区，人们所受的教育与素质都比较高。有人赞："噢！你好漂亮！"被赞美者则心花怒放，还要说"谢谢"。男人好色不是一件可怕、可耻的事。不"好色"才真正地可怕，说明脑子有问题或者下半身有问题了。君子好色，取之有道。色而不乱，风流而不下流，是当代文明男人最基本的准则。 为了逐色而不择手段，靠欺骗，用暴力，甚至发展到劫色害命的无耻地步，那就该人人喊打，予以诛之。 不过，这与"好色"没有内在关系。

女人是检验男人的唯一标准。 不好色的男人，女人也不喜欢；因为没有赏识，就没有爱。 再说，女人的美丽总是需要男人来欣赏的，哪一个女人不希望在自己的意中人眼里是西施呢？ 一个不色的男人，还会有热情吗？ 谁喜欢冷感的男人？ 反而，因为他"好色"，所以才会注意到长相普通的女子的美。

现在的重点，是男人该如何提高"色"的品位。 有品味的好色，总是独具慧眼，能够发现一个最普通的女人的动人之处。 所有的女人在有品位好色男人的眼中都有其动人之处，胖者雍容，瘦者苗条，或纯真，或妩媚，或娇艳，或优雅。 他的好色之表下有一颗善解人意的心，毫不吝啬他的赞美，而这也是好色男人滋养女人之道。 男人的赞美是女人盛开的养分啊。

色亦有道！ 如果好色，那就请大大方方地宣示吧，不要贼眼溜溜，免得神情委琐讨人嫌；更不要虚伪地人前一套背后一套，把它停留在阴暗处，结果它真的就变得龌龊起来。 不要低估好色男人的能量，其中包括抵御诱惑的能力，有时貌似老实的男人却未必经得起一点点引诱。

被誉为当今美国的"家庭问题最高顾问"的詹姆斯先生，是白宫家庭问题会议特别工作组成员，受过吉米·卡特的特别嘉奖，被里根总统任命为青少年司法及预防犯罪国家顾问委员会成员，老布什出席他的广播节目，小布什则给他夫人以嘉奖。 他说，普通人要成为"真正的男人"，不是寥寥数语可以概括的，但他一定是更倾向于主动进攻、果敢，更富领导精神，同时"真正男子气"的本性也应该是：敏感地知觉女性的需要，并给予孩子充足的爱。 男性气质会带来两个主要的责任：保护并供给家庭。而这如果非要用一个词语概括，那就是"好色"。

"好色"没有对错之说，只有好男人与坏男人之分。

●●不要
沦为感情的奴隶

　　每个人都有七情六欲，感情是人类特质的一种思维，它既浅薄又深厚，既纯真又费解。 它像一只无形的手，不时地在左右着你对各种事情的处理。 但是，一个真正有理智的男人是不会轻易地让感情控制住自己的，他在处理事情的时候绝不会感情用事，以致缺乏冷静的思考。

　　人都有感情，但感情的表现绝不是体现在感情用事上，如果那样的话，许多事情你将后悔莫及。

　　在莎士比亚著名的戏剧《奥赛罗》当中，男主人公奥赛罗就是由于缺乏理智，感情用事，一味地轻信小人伊阿古的谗言，而亲手杀死了自己心爱的妻子苔丝狄蒙娜。 当事情真相大白之后，奥赛罗终于明白是自己冤枉了妻子，后悔不迭，最终以自杀来向妻子谢罪。 这当然是艺术而不是现实生活，但谁也不能否认现实生活中确实存在着这样的悲剧。

　　即使是今天的社会，也还在不断发生着同样的悲剧。 有许多夫妻不和，一方偏听偏信，不冷静思考，脑袋一热，便感情用事，酿成悲剧，最终追悔莫及。

　　感情用事表现在多方面。 在工作上，特别是一些搞政治工作的人、搞人事工作的人，更容易犯这个毛病。 他们遇事很容易凭主观、凭自己的直觉去判断、处理问题，而不是理智、冷静地去分析，然后找解决的办法。

　　所以，我们说遇事，不管是大事还是小事，千万要冷静，切不可感情用事。 感情用事的人大多是因为遇事欠冷静。 实际上，遇事冷静地考虑一下，可能会找到更好的解决办法，效果通常是好的。 比如，当你的朋友因为某个问题与你争吵起来，你可能很有理由，但你的朋友却不讲理，且对你步步相逼，这时你很可能压抑不住自己，想动手。 如果这时你强迫自己冷静一下，控制住自己的感情，或是暂时避开一会儿，（这绝不是示弱）等对方也平静下来，再与他讲道理，那么你既可以不失去这个朋友，而且还可以表现出你的大度。相反，假如你控制不住自己，对朋友大打出手，失去朋友不说，你还可能酿成恶果，得不偿失。

当然，我们说遇事要冷静，并不等于做事犹豫迟疑，毫不果断。遇事冷静只是做事前的充分准备，而且冷静需要的时间并不长，可能只是几分钟或几秒钟的时间，但这短短的几分钟或几秒钟可能会帮助你更好地解决问题。可以这样说，经常进行理智的思考，遇事冷静，不但不会延误时机，相反会培养你的果断力，在关键时刻、紧急关头能够当机立断，正确地处理问题。

人的感情是很复杂的，而且并非很容易就能掌握，这就更需要我们自己提高理智，用理智来控制感情，把握感情的流向。感情是流动的，但有时候让它安详宁静一会儿也是很必要的。让感情平静下来，在宁静中回味一下，思索一下，只有这样你才不至于在人生的路上妄自宣泄。因为情感作为一种超自然能量，它既有源且有限，譬若你超越理智无限度宣泄，不懂得控制自己，那么你早晚也会因为感情枯竭而变成一个感情缺乏的人，那时你后悔也晚了。

人的感情就像笼罩在外表的一团七色云雾，不懂得保护自己的感情，不珍惜它，遇事冲动，那么你会逐渐变得丑陋而且干枯，缺乏光彩。

感情用事者多是感情不成熟的人。也许有人会说，"感情也会成熟吗？"是的，人的感情也像果实一样，有一个成熟的过程。感情成熟的人相应就很有理智，能够控制自己的感情，而绝不会感情用事。所以我们应该注意培养自己的感情，让它逐步成熟起来。

那么，什么样的人才算感情成熟的人呢？记得有一篇文章曾经列举了六个方面，我们不妨借鉴其中的某些方面："首先，感情成熟的人并不以幻想作自我陶醉，能面对现实，勇于接受挑战；对前途不过分乐观或悲观，均持审慎的态度，不凭直觉，悉依实际，因而有良好的判断。其次，感情成熟的人，没有孩提时代的依赖，能自觉自爱，自立自强，每遇困难，自谋解决，不求他人的同情与怜悯。因为性情恬逸，所以得失两忘，享得繁华，耐得寂寞。再次，感情成熟的人，能冷静地支配运用感

情，也能有效地控制其升华，因此他（她）的感情，被人称作像陈年的花雕，是那么清醇馥郁，又如经霜的寒梅，是那么冷艳芬芳……"这虽然不能全面地概括感情成熟的人，但用于一般衡量自己的标准，还是适用的。

人生有许多阻碍我们的事物，人生也是很坎坷的，如果我们的感情还很幼稚，那么为人处事，成就事业，就很难获得成功。当然，感情的成熟需要一个过程，它是人的感情经历、生活经验、人生观、价值观、幸福观的具体体现。同时它又与个人气质、心理、修养有关。因此，从现实的角度讲，不管是年轻人还是老年人，不管是从事什么样职业的人，都应该努力培养自己的感情，因为那样会使你的家庭更幸福，事业更辉煌。切忌做感情的奴隶，努力做一个感情成熟的男人！

●●男人
也要有私房钱

私房钱，就是没有进入家庭公共账户，自己自由支配、而家庭其它成员并不知道其存在的那部分钱。还有一种情况是：虽然进入了公共账户，但自己通过某种方式(比如虚报某些花费)提取并积累起来，用做家庭其它成员并不知道的用途。

在古装的影视剧里，经常可以看到这样的镜头：一个女子义无反顾地打开一个层层裹着的手绢包递给某个男人，并告诉他，这是我的私房钱，你拿去用吧。这种情景总是让人印象深刻，因为这些女子交出这些钱，就好像把性命交给别人一样壮烈。不过这些影视剧给人的大体印象好像自古以来总是女人在悄悄攒些或多或少的私房钱。

可是看看现在，在我们周围，居然攒私房钱的女人越来越少，而攒私房钱的男人却越来越多。他们都能攒多少私房钱谁也不太清楚，但关于男人私房钱的一个最新消息说，一个月薪2000元左右的男人用私房钱买了一个每平方米3800元的180平方米的房子。而他买房子的理由很简单：

钱太多了，放在哪里都不放心。 而他最初存私房钱的理由只有一个：以后打麻将自由些。

于是，男人把现金锁在办公室的抽屉里，或者把钱另开个账户存上，再将银行卡存在他信任的人手里，比如母亲、朋友等。 总之有一个最根本的原则就是绝对不能让妻子知道。

但是想想这也怪难为这些平时粗枝大叶的男人了，虽说男人保守秘密的能力比女人要强，但他毕竟要费尽心机地来寻找妥帖的方式来保存能给他带来自由和安全的私房钱，平日和妻子的共同生活中还要时时注意不要说漏了嘴。 男人为了点私房钱而如此谨小慎微，这究竟是何苦呢？ 且让我们看一看几个攒私房钱男人的理由。

电力局职工顾声扬今年 45 岁，攒私房钱理由：投资。 顾声扬攒私房钱已经有 10 年历史了，如今私账上数目可观，他说这要得益于他精明的头脑。 顾声扬的第一次用私房钱做"投资"是一个朋友急用钱，从他那借 2 万元救急，事过之后，回头就给了他 1000 元利息。 也是从那次开始，顾声扬产生了让自己的私房钱越滚越大的念头。

顾声扬式男人的结论：聪明的男人在享受的同时懂得让私房钱增值，如同多了一个护身符。

今年 27 岁的公务员张杰，攒私房钱理由：江湖救急。 有一次张杰朋友的恋人生急病在医院洗胃，朋友急急忙忙找他借 2000 元，并主动写了借条。 老婆知道他有小金库，而且数目不菲，但从不主动检查数目。 不过如果请示老婆是否可以借钱给朋友，老婆不但可能要反对，而且还会新账旧账一起算。 所以，张杰在私房钱方面一直固守"沉默是金"的信条。

张杰式男人的结论：承担江湖道义是男人私房钱的用途之一。 这不仅符合君子之义，还可以看作一种情感投资。

媒体工作人员王明生，35 岁。 攒私房钱理由：购买福彩。 王明生每周都会买 30 元福彩，风雨无阻。 他曾经将福彩填注单带回家潜心研究，谁知被老婆一顿臭骂。 从此他再也不在老婆面前提起此事。 虽然直到目前，他连个二等奖都没中过，但他表示还会坚持下去。

王明生式男人的结论：很多男人不会把自己的投资计划告诉老婆，一

方面出于男人的自尊，不喜欢受到盘问；另一方面也认为女人无法承担投资失败的压力。他们心里还埋藏着一个隐约的希望：有朝一日成功后，能使自己在家庭中的地位一跃千丈。

男人攒私房钱的理由还有很多。总的来说，随着女性在社会、家庭中地位的不断提高，男人越来越失去了对"家产"的支配权，所以男人才开始动手积攒私房钱，而且越来越爱上了私房钱。

●●男人
怎么看"丁克"

在过去，人们只知道西方国家有很多夫妇不愿生养孩子，以致某些国家的人口长期处于负增长，然而现在，在"多子多福"观念深厚的中国，也有不少年轻人的思想脱离了传统，结婚但是不生养孩子，加入了"丁克"一族。

有关调查数据表明，目前我国大约有10％的育龄夫妇不准备要孩子。这些"丁克"夫妇的平均教育水平一般都在大专以上。诚然，对于人口大国来说，这种前卫的家庭形式就其数目来说只能算个"零头"，但是，这种现象本身却越来越多地引起了人们的关注与思考。

在这样的家庭中，不要孩子当然是夫妻两个人达成的共同意愿，但最后决定是否生养的却一般是女人说了算，因为在生养孩子这件事中女人的付出和责任更大一些，她们在事业、自由、享乐等方面都会受到孩子的牵制，所以不要孩子最初多是妻子的心愿。不过也有少部分家庭，不要孩子却是出自丈夫的考虑。那么，这些不想做爸爸的男人们又是怎样想的呢？

想法一：孩子是个负担。持此种想法的男人在"丁克"家庭中占较大的比例，他们的想法是"我没有能力负担孩子"。而说这句话的男人的薪水都不低，夫妇双方父母也都没有负担，生活比较宽裕。他们声明

负担不起孩子的理由是这样的："如果生孩子，就要让孩子过最好的生活，受最好的教育，不然的话不如不要。"

想法二：孩子来这个世界是受罪。照这类男人的看法，所谓的"受罪"并不单指经济上的问题，更多的是来自现在这个竞争激烈的社会。

从他们的切身体会讲，人从小到大要不断地为学业、为工作、为社会地位奋力拼搏。而在将来等孩子长大了，竞争会更加激烈，只有更奋力拼搏，才能争得自己的一席之地。我们吃的苦够多了，不想再让孩子吃这个苦。看看现在的孩子，小小年纪就没有星期六、星期天，背着沉重的书包去上这个班、那个班，这是没办法的事，如果现在不学得样样精通，将来就会被样样精通的人挤垮。在这样的重压之下，有的孩子身体垮了下去，更有的孩子精神也被压垮了、崩溃了。与其这样，还不如不让孩子来到这个世界。

想法三：孩子会打扰自己的生活。抱这种想法的多为前卫男人，不想做爸爸的理由似乎很简单："我不想被孩子打扰。我和妻子都觉得二人世界很好，我们有很多共同的爱好和兴趣，也有各自的自由空间。如果有了孩子，我们就不能去旅游，不能随心所欲地去做自己想做的事。说白了，我觉得孩子是个障碍。"当有人问其这样做是否有逃避责任的嫌疑时，他们却说："我倒觉得我这是负责任的表现。如果我没有耐心和时间去照顾孩子还非要生养他，那叫负责任吗？"

想法四：想保持二人世界的浪漫。这类男子认为，有了孩子，夫妻两人都得围着孩子转，一切浪漫，一切幻想都归于实际。别说没时间花前月下地享受生活，就连睡个囫囵觉，抽空看个电视都成问题。等孩子上了学，你又得担心，上的学校好不好，孩子的功课怎么样。好不容易盼到孩子上了大学，又得担心毕业后能不能找个好工作，找了工作又得担心干得好不好。再接下来就得操心孩子的婚姻大事。他们觉得与其操劳一生，不如不要孩子，不但省了许多麻烦，还可以尽享二人世界的浪漫。这样活着会更好。

他们的理由还有很多，但是结了婚"不愿要孩子"，在现实中并不是一个轻松的话题。因为他们不仅要有勇气，而且要有毅力，要经受住种种压力的考验。第一种压力来自他们的另一半，由于没有孩子的牵绊和

润滑，他们爱情、婚姻会变得很脆弱很容易破裂。　第二种压力来自诸多亲朋好友，尤其是双方的父母，哪个老人不渴望着膝下孙儿承欢。　第三种压力是强大的社会里无孔不入的舆论，对于他们不要孩子的选择，人们更愿意可怜他们，甚至把他们打入"另类"，而决不会表扬他们。

Chapter 11

小不忍则乱大谋

　　"大忍之心"不是示弱,更不是屈服。相反,它是一种谋略,更是一种大智慧。在小事上都不能忍让的人, 又岂能成伟业呢? 忍是一种智慧,就在于它能教会我们养其锋芒,忍小忿而就大业。

●●男人
要善于自我控制

一个男人要在社会上行走，"忍"字很重要，因为一个人不可能在任何时间、任何场合下都事事如意，有些事情怎么也无法解决，有些事情可能没法很快解决，所以你只能忍耐！ 俗话说，"小不忍则大乱"。 那种动辄则大发雷霆的人虽然可以解除一时的心理压力，但从长远来看，他会断了自己的前程，失去长远之利。 因为他自己解了一时之气，那一定有人受气，这种受气之人日后必定记着，说不定还会秋后算账！

善忍是男人必备的品质之一。 我们常说，忍一时风平浪静，退一步海阔天空，可是，又有几个人真正做得到！ 一旦真正做到忍，也就是一个"长大"的男人了。 忍，其实就是一种自我控制，也是男人成大事的条件。

忍耐是我们老祖宗的传家之宝，孔子说过："小不忍则乱大谋。"历史上最有名的能"忍"之例就是韩信忍受的胯下之辱。 当时韩信落魄潦倒，无心也无力与恶少相争，只好忍辱从恶少胯下爬过。 孙膑忍庞涓之辱也在历史上很有名，装疯卖傻，就怕庞涓把他杀了。 这二位忍受大辱，其结果如何？ 韩信留下有用之身，终于成为大将，如果他当时斗气，恐怕要被恶少打死了；孙膑保住一命，终于收拾了庞涓！ 如果他当时不能忍，早就没命了。 还有越王勾践，卧薪尝胆 20 年，为的就是将来东山再起。

韩信也好，孙膑也好，越王勾践也罢，都是"忍一时气，争千秋之利"，这一点值得当今那些年轻气盛者好好学习一番。 如今的年轻人，动辄与人出口相骂，大打出手，稍遇不公就得奋力相争，当然他们并不是没有道理，但是一定要考虑其后果。

忍耐是一种理智，是一种美德，是一种成熟，是一种追求的策略。

一个追求更大成功的人，往往在关键时刻，能够忍得住，挺得住。

人都有一段除了忍耐以外再也没有任何方法可行的时候。为了更好地生存和发展，在这个阶段，必须忍耐。

一个有趣的现象是，敢于冒险的温州商人几乎都不炒股。其实，这正是温州商人聪明之处：他们敢闯，但绝不乱闯。他们在积累财富的过程中，非常能忍耐。他们不妄想一夜暴富，但是一旦看准某项业务，就会扎下根来，踏踏实实地赚钱。

在有些男人的眼中，忍耐常常被视为软弱可欺。而实质上，忍耐是一种修养，是在经历了暴风骤雨的洗礼后，自然所生的一种涵养。忍耐能够磨炼人的意志，使人处世沉稳。忍耐可以使人以坚强的心志和从容的心态面对人生。

对一般人来说，忍耐是一种美德，对成大事者来说，忍耐是必须具备的品格。电话大王吴瑞林当初创业失败，"走在路上，平时笑脸相迎的乡邻竟然一夜之间形同陌路，不断有人在我身后指指点点。没多久，孩子们就哭着回家告诉我，老师把他们的位子从第一排调到最后一排去了，学校里的同学也不和他们玩了。"吴瑞林不得不带着家人，选择了一个月黑风高的深夜悄悄离开了故乡。

指甲钳大王梁伯强一次次创业，一次次辛苦累积财富，而每一次点滴积累的财富最后总是被各种各样莫名其妙的原因剥夺，要是一般人早发疯了，可梁伯强都忍下了。

假如你想赚钱、想创业、想做老板，一定要先掂量掂量自己，面对从肉体到精神上的全面折磨，你有没有那样一种宠辱不惊的"定力"与"忍耐力"。因为干大事业要比一般人承受更多的困难、挫折，甚至是痛苦和孤独。无论遇到什么事情，哪怕是违背自己本意的事情，都得控制自己的情绪，不得有过激的言行，否则，你有可能前功尽弃。

在这个世界上，每年都有成千上万的人因情绪偏激而付出了高昂的代价，因不能够忍耐而毁了自己的前程，因一时的感情冲动而结束了自己宝贵的生命。你想干大事就应该有勇气接受世界上的一切不幸和灾难。

●●能忍
才能成大事

一个男人在成就大事业之前若不能忍，将无法成就伟大的理想，如果勾践忍受不了百般耻辱而逞匹夫之勇，说不定只能一世为奴甚至性命难保，哪有后日的风光？ 一个忍字，不仅保全了自己，而且成就了千秋伟业。

凡能"忍"者，必能成大事，这是一种典型的成功性格。 为了自己的抱负、事业，什么都能忍。 从一朝诸侯王到为人奴仆、从锦衣玉食到粗茶淡饭，为人养马，给人尝便，都忍了，为的是日后的崛起。 正所谓"苦心人，天不负，卧薪尝胆，三千越甲可吞吴"。 越王勾践的忍使他成了春秋最后一个霸主。 国王、侍从、霸主这三者的更替变化为勾践画出一条奇妙的命运轨迹。

勾践能忍，在中国历史上是出了名的，他最终也没有白忍，终于大仇得报。 其实，这本算不上什么报仇不报仇，诸侯国之间相互蚕食攻伐在春秋战国时是很正常的事，这里所要探究的是勾践能忍的性格，而最终凭此成就了复国大业。

勾践能忍，是分两个阶段的，一是在吴国为奴时。

吴越两国本为邻邦。 吴国趁越国国王允常新逝世之际，发兵攻越，结果大败而归，国王阖闾受伤而亡。 这样两国就结下了仇怨，其实，这种仇怨的实质并非什么国恨家仇，实则是双方都想吞并对方来扩大自己的领土，增加国势而已。

阖闾死后，他的儿子夫差继位。 为了替父报仇，他丝毫没有懈怠，经过两年的准备，吴王以伍子胥为大将，伯嚭为副将，倾国内全部精兵，经太湖杀向越国而来，越国一战即败，勾践走投无路，后来走伯嚭的门路达成了议和。

议和的条件是，勾践和他的妻子到吴国来做奴仆，随行的还有大夫范蠡。吴王夫差让勾践夫妇到自己的父亲吴王阖闾的坟旁，为自己养马。那是一座破烂的石屋，冬天如冰窟，夏天似蒸笼，勾践夫妇和大夫范蠡一直在这里生活了3年。除了每天一身土、两手粪以外，夫差出门坐车时，勾践还得在前面为他拉马。每当从人群中走过的时候，就会有人喊喊喳喳地讥笑："看，那个牵马的就是越国国王！"

这实在是够能忍的了，由一国之君变成奴仆，忍了，到为人养马备受奴役，忍了，而他之所以会强忍着这所有的一切屈辱，为的就是日后的崛起。勾践高明之处就在这里，面对一切屈辱，从容自若，因为他自己非常明白，目前的情况只有忍辱，才有可能日后东山再起，如果不忍，不要说东山再起，恐怕连命都保不住。

勾践不但性格能忍，而且还善工心计，他抓住了吴国君臣贪财好色的弱点，让留在国内的大夫文种不断地向吴王进贡一些珍禽异兽，瑰宝美女，同时还不断给伯嚭送些贿赂。伯嚭得了越国的贿赂，不断地在吴王夫差面前为勾践说情，吴王夫差对勾践也产生了好感。勾践这一着的确厉害，他以忍来激励自我，同时还用计使吴王君臣纵情声色，荒废朝政。

后来有一个绝好的机会为勾践回国创造了条件。吴王病了，勾践为表忠心，在伯嚭的引导下，去探视吴王，正赶上吴王大便，待吴王出恭，勾践尝了尝吴王的粪便后，便恭喜吴王，说他的病不久将会痊愈。这件事在吴王放留勾践的态度上起了决定性作用。或许是勾践真的懂得医道察言观色能看出吴王的病快好了，或许是勾践有意恭维吴王，或许是上天垂青勾践，总之，吴王的病真的好了，勾践此时已彻底取得了吴王的信任，吴王见勾践真顺从自己就把他放了。

勾践在这件事上所表现出来的忍辱的确是一般人做不到的。我们不排除勾践是想尽一切办法回国，就其这种行为的确让人自叹弗如。纵观这一时期勾践的忍，是极其恭顺的忍。因为勾践很明白，这种为人奴仆的生活可能是茫茫无期，也可能近在咫尺。何也？因为这完全取决于吴王，只要吴王高兴，对自己所做的事满意，那么自己则有可能会提前获得自由，所以勾践极力恭顺讨好吴王。当然，勾践这里面有阴险的成分，这是人格的问题，我们自然不提倡，但勾践的忍却值得后人敬佩和慨叹！

Men should be tough to himself

勾践的忍性的第二个阶段是回国后的忍。

自古以来，哪个君王不好色？ 哪个君王不喜欢安逸舒适的生活呢？ 勾践也不例外，但他回国后，想到在吴国受的屈辱，就想报仇，但现在还不是时候，还必须忍耐，努力治理国家，等到兵精粮满时便一举伐吴。 于是，他取来动物的苦胆放在座位旁，或坐或卧都要仰视苦胆，每顿饭前尝一点。 他为了激发自己复仇的意志，经常自己问自己："勾践，你忘了会稽山的耻辱了吗？"他还和普通人一样亲自参加农田耕作，让夫人像普通妇女一样亲自纺线织布，吃粗劣的饭食，穿普通衣着，尊重贤才，虚心待贤，救贫吊丧，与老百姓同甘共苦。

坚忍不拔，忍辱负重，其结果是为了达到某种目的。 勾践坚韧能忍是为了灭吴兴越，忍到一定程度总有爆发的一天，如果一味地忍下去，则是性格懦弱的表现，勾践终于忍到该向吴国发难的时候了。 结果正如勾践所愿，一战便把吴军杀得大败，这次卑躬屈膝的不再是越王勾践了，而是吴王夫差。 夫差也想像当年勾践向自己称臣为奴一样，打算投降勾践，勾践很可怜夫差，想答应夫差的请求，但被范蠡劝住了，最终吴国灭亡了，吴王夫差自杀身亡，当时中原的几个大诸侯国，都处于低潮，不少小国投降了勾践，于是勾践成了最后一代春秋霸主。 勾践终于一吐胸中二十多年的压抑。

国王、奴仆、霸主把勾践人生命运的轨迹勾画得清清楚楚，难道我们不能从此例中受到启发吗？

●●惹不起，躲得起

读过《三十六计》的读者早就知道走为上计是三十六计的最后一计，为什么要把它放在最后一计呢？ 我想，作者大概是基于这样一种思路：若利用以前所述的三十五种计谋，实在都不能奏效，那只能走了。 这种走也是出于无耐的被动行为。

但是，我们如果站在主动的位置上，在人性的丛林中利用"走"的计

谋，不失为一种新的尝试。 当然，这儿走的意义却绝不只是败走或逃走，而是一个主动的游击战或运动战。 在人性的丛林里，其人际关系往往复杂得难以分辨，其各种利害关系更为多变和复杂。 有时候我们苦于被一事物所纠缠而徘徊不前，终日苦守而长期不见效果，幻想着有朝一日能有新的突破或奇迹出现，可是，我们却错了，错过了许多可贵的时间。时间是宝贵的，是稀缺资源，一去永不复返。 我们为什么不将这此时间投入到别的值得我们去干的事上呢？ 我们为什么不可以"走出"这些纠缠？

　　"走"并不意味着失败、逃跑，走只是一种形式。 这种形式包含着深刻的内涵。 首先，我们"走"时头脑是很清晰的，目前的局势，我方所处的位置， "走"的目的等等一系列问题，我们都是很清楚的；其次， "走"只是缓兵之计，只是一种形式，为的是争取更有利的时间和地点，我们必须先"走"一步，这样便有更多的时间来休息和备战；最后， "走"也是一种引诱和欺诈，我们"走"在前头，敌人肯定会趁胜追击，我方是领路人，敌人是追随者，这样我们完全可以变被动为主动，牵着牛鼻子走路。 因此， "走"完全可以是一种策略，表面上给人以溃逃和退出的感觉，但实际上，只有我们自己才知道这葫芦里到底装的是什么药。 但话又要说回来，我们"走"时也要"走"得像个样子，装要装得真切一点，让敌人相信我们是真的败了，不是假败，也不是在欺骗他，这样，敌人才会很自信地、很大胆地、很轻松地钻进我们布下的罗网之中。

　　在人性的丛林中， "走"的形式不计其数，五花八门。 概括起来主要分为强者和弱者两类人各自不同目的和动机的"走"。

　　弱者经常"走"，这是迫于压力所致，当然也可以主动的"走"，但这种情况较少，弱者走的目的可以说是为了求生存、图发展。 在敌人的夹缝中生存，从而避免了你死我活的竞争，可以说弱者的生存之道。 一项好的机遇若遇到了强有力的对手怎么办呢？ 让给他，没关系，你还会找出一个更优更好的机遇。 否则鸡蛋碰石头，碎的首先会是你，何苦呢？ 而谁又能想到，我"走"后不会出现一个更好的机遇呢？ 走，使你保持实力，又开阔了眼界，在运动中又壮大了自己，这样，岂不比盲目地消耗好？

强者也用"走"来周旋敌人。 这里有两种情况，首先一种是通过"走"的形式来拖垮对手，使对手精疲力尽而后就收拾之。 毕竟，弱者是经不起被强者牵住牛鼻子"走"长路的。

"走"得远了便会受不了，不是被拖垮就是被分割包围。 另一种情况是强者用"走"来诱敌深入，诱惑充满在人性的丛林之中，有人专门放诱饵等待鱼儿上钩，而又有人却偏偏知道是诱饵却甘心情愿上钩，这都是人性现象，这是无法用理论来解释的，要不，怎么会有那么多"鱼儿"被钩着呢？ 在运动战中。 诱敌深入，至其走进罗网为止，都是要靠我方主动引路，一旦路引得不当，或装得不像，对方便很可能不会跟着你"走"的。

在人性的丛林中，学会"走"的本领的确很重要。 "走"可以大事化小，小事化了，而不了了之；"走"可以壮大自己的力量，增长见识而羽翼丰满；"走"可以在夹缝中找到我们生存的空间；"走"可以有力地牵引着敌人的牛鼻子顺利地将敌人拖进我们的陷阱；"走"还可以直接将敌人拖垮，使其累死。 在高手林立的竞争世界里，人来到这个世界时是两手空空的，全身赤裸裸的，没有任何可以抵御野兽的武器，可我们学会了避害趋利，这是我们的本能，无需再用指导，我想你的本能会教你如何去逃避的。

逃避不是为了别人，而是为了更好地求生存、求发展、求自我实现。

●●君子报仇，十年不晚

中国人常说"后生可畏"，这句话有着年轻人前途无量和不可轻易得罪两层含义，所以在社会交际中，人们都习惯于首先衡量对方的实力和潜力，来确定与之交往的行为界限和方式。 但也有一些不聪明的人常常无视别人的实力和未来的前途状况，很不明智地用恶意的言行来对待别人、这样的人既不为别人的未来考虑，也不为自己的未来考虑太多，最后常常发出"要知今日，何必当初"的悔叹。

水往低处流，人们处于实力微弱、处境困难的时候，也就是受到打击和欺侮最多的时候。 这种情况下，人们的抗争力也最差，如果能避开大劫也算很幸运了。 那么，此时面对别人过分的"待遇"，最好是忍下一时之气，立足于"留得青山在，不怕没柴烧"，用"君子报仇，十年不晚"作为忍的动力和理由。

我们所提倡的"君子报仇，十年不晚"的目的在于摆脱对方的纠缠和其制造的麻烦，而不在于日后的报复。 对于小恩小怨采取"君子报仇，十年不晚"的姿态未免是小题大作了，甚至还会有损个人形象。

"君子报仇，十年不晚"也应把握好行为界限。 其一，目的应该是为了度过难关，克服别人给你制造的麻烦，以免影响你的正事；其二，这种信念所针对的麻烦应是对抗性的矛盾和冲突，而不是对鸡毛蒜皮的事耿耿于怀；其三，着眼于远大目标，致力于成就大事，而不能采取卑鄙的报复行为；第四，这种信念的价值就在于以一时之忍换取一世的不受气。

刘邦就是一个很能忍的人。 楚汉相争之初，刘邦势力较弱，常吃败仗。 汉高祖四年，刘邦被项羽围困在荥阳。 而大将韩信却自领一军北上作战，屡战屡胜，便趁机要挟刘邦封他为"代齐王"。 刘邦一听勃然大怒，破口大骂："他妈的，我坐困荥阳，日夜盼着你韩信来救驾，你不但不来，反要自立为王！ 我……"正说着，张良踩了一下他的脚，刘邦停止了说话。 张良悄声对刘邦说："现在正当危急时刻，应善待韩信以稳住他，以防韩信与项羽联手。 不如趁势正式立他为王，调动他的军队击楚。必须迅速决断，迟则生变！"

刘邦是何等能忍之辈，听了张良的主意，咽了口唾沫改了口，但仍接着刚才的口气骂道"男子汉大丈夫，要做齐王就做真齐王，做什么代齐王"。

刘邦封韩信为齐王后，解了荥阳之围。 后来，刘邦又命韩信、彭越率军合力攻打项羽，但韩信、彭越却没有行动，结果刘邦又一次遭到惨败。 张良分析了原因，认为刘邦一没有给他们封地，二没有许诺胜利后共享成果，所以韩信、彭越按兵不动，他建议刘邦先把自阵地以东直至海边的地方都封给韩信，自睢阳以北，直至阿城都封给彭越，然后再许诺将来与他俩共分天下。 刘邦也觉得君子报仇，十年不晚，接张良的意见办

了。果然在垓下全歼楚军。刘邦在创业时期可以说一忍再忍，都是不得已而为之，但他的忍换来的是最后的胜利，一旦大权在握时，他很轻易地收拾了得罪过他的人。

我们不赞成刘邦那种反攻倒算的手段，但他那种为了实现高远目标而忍让的处世方法是值得普通人惜鉴和学习的。一个人越过重重阻力达到既定目标，未必采取什么报复行动，但也足以证明自己的实力和价值，实际上也就相当于报了一箭之仇，因为这种实力和价值才是最让人敬畏的东西。

●●好死
不如赖活着

人的生命诚然是宝贵的，没有人一生下来就要想着去死，相反很多人为了生存使尽全身解数，用尽各种手段，哪怕只能延续片刻的生命，有句俗语："好死不如赖活着"。生存是人类的本能，几乎可以这么说，人为了生存，什么事都做得出来，所以，人性丛林里，才会有这么多的纷争。

可是，有些男人在遭逢人生大转折，大打击时，产生求死的念头，认为活着很痛苦，不如死掉算了。

求死或许也是一种解脱。是不是真的解脱，其实还有待科学的考察，不过这里只讨论现实的问题，孔子不也说"未知生，焉知死"吗？他也一样强调现实的重要，而对这个问题，古人一句"好死不如赖活着"最实际，也是人性丛林里的最高指导智慧。

"好死不如赖活着"强调的是活着总比死了好，因为不管死得如何痛快，这代表的是一切现实的结束，包括希望！可是只要活着，虽然活得很痛苦，很绝望，但总是存在着希望！也许这个希望在遥远的未来才可能实现，可是再怎么说，这还是希望啊！但一死，什么都没有了。

这样说，似乎不太能体会想死的人的心情。 事实上，心情是个人的事，你的心情如何，没有人在乎，说一句最没感情的话，你想死，与我何干啊！ 你死，说不定还有人高兴哩！

死，代表失败！这是懦弱的象征，他不是被对手打败，而是自己把自己打败！

因此，与其"好死"，不如"赖活"。

所谓"赖活"是指辛苦地活着、委屈地活着、卑微地活着，虽不满意但可接受地活着。 当一个人有了这样的态度，其实就不会想死，因为他已经对"活着"的要求降到最低，这种心境已与"死"差不多了。 当有了"赖活"的态度，一切境遇便会开始转好。 不是境遇真的转好，而是因为心境先处于"死"的状态，由死而生，任何事物，都充满了新鲜的意义与价值，而由于心境历经了一趟"死亡之旅"，由死而生之后，人生观也会产生改变，成为一个崭新的人！

人性丛林里生存竞争的胜负是没有规则的，既看过程，也看结果。 而有了结果，过程就不重要。 人们只会向最后的胜利献花，而不会向中途弃权的人致敬。 你不必做个打败别人的胜利者，但要做个战胜自己的勇者，而你唯一依靠的便是"好死不如赖活"的韧性。

只要形体不死，心境绝对有苏醒的一天，形体一死，便什么都没有了。

弱者也有一片天，但死者只有一方土，这就是人性丛林里的智慧！

Chapter 12

该奢侈时就奢侈

  在奢侈品的生物链上，男性总是居于上游；因为男人的奢侈品可以不多，但一定是气势十足，不管以哪种形式，男人的奢侈品总是能在第一时间把人震慑。男人也比女人更需要奢侈品；因为男人的奢侈更加深沉，是一种品位，是一种生活态度，更是一种无形的智慧和财富。

●●男人的奢侈之恋

"作为一个都市男人，有些东西你必须知道：比如最新的计算机型号、手机类型，比如世界最强的跨国企业的名字和背景，比如顶尖的男装品牌。 即便你还没有足够的经济实力将极品西装拎回家，但对它们的了解是你作为优雅男人的必要素质"，这句话真实地反映了都市中被物质围绕的男人这种追求品牌生活的心理。

男人的品牌生活，首先是与时尚生活有关。 时尚生活，可说是一个时代生活的潮流，每一个人，尤其是一个自尊自信、渴望成功的男人，绝不会选择去做一个时代生活的落伍者。 这一点，影视界的男明星的品牌生活，似乎更有着典型的意义。 当陈道明那睿智、儒雅的形象出现于"多普达"品牌广告中，当贝克汉姆被那些财大气粗的时尚圈品牌、运动界品牌你争我夺当做"财宝"的时候……这一切告诉天下的男人们：品牌生活，已经成为男人精英生活中的重要内容。

男人为何钟情品牌生活？ 因为，品牌中包含了太多的含义：生活的、时尚的、品位的、象征的乃至文化的东西。 二战停战协议签署用的笔是"派克"，尼克松送给毛泽东的礼物也是"派克"笔……既然"总统用的是派克"，它对普通人该有多么大的吸引力！ 据说法国人曾经称白兰地为"英雄之酒"，因为，没有哪一个男人没有做过英雄梦，喝"白兰地"，也许就能满足男人这个做天下极品男人的愿望吧！ 当穿上"耐克"，男人们想到的是篮球大帝乔丹，想到的是运动之美，渴望的是像乔丹一样让生命在篮球场上飞翔……的确是这样，男人钟情品牌生活，是沉淀了久远的男人的精神和性格，它们也寄寓着男人一生的梦想和追求……

其实，男人的品牌生活与男人的心理动机，几乎有一种天然的联系。男人似乎与生俱来便有着成功、威望、地位、荣耀的追求。 女人都希望自己钟爱的男人品位高雅超凡，男人对在这方面的欲望似乎更加强烈。品牌中历久磨炼的丰富内涵，尤其是那顶级品牌的成长故事，也许包含了

男人自我实现的欲望——成功、地位、身份、财富、品位、尊贵、自信——所需要的一切。 而对于品牌的态度，正是男人们这种激情的投射和文化象征的选择。

如果一个男人全身上下都是名牌或者全身上下都是一个品牌，我们决不会认为他穿着有品位或者对某种品牌情有独钟，我们只会暗自猜疑他是不是暴发户。 这说明，仅仅穿上了名牌并不等于贴上了高品位、高格调的标签，名牌的文化内涵只有与穿着者的个人气质充分融合，才能达到提升自我品格、显现尊贵风范的效果。

所以，男人在选择名牌服饰的时候，首先要了解这个品牌的格调，比如政府部门的公务员比较适合款式中规中矩、做工精良的品牌；经商的男士比较适合有亲和力、略带休闲味的国际大品牌等等。 在名牌与名牌的搭配上，虽然不拘一格，但全身上下以有一两个亮点为最好，可以是一副墨镜，也可以是一条领带，但西装一定要有一套可以登大雅之堂的。

●●奢侈
是一种生活态度

美国男人在 1999 年时，关于美容的消费金额就已达 95 亿美元，平均每 4 个进美容院的人中就有一位是男性。 而在中国，也拥有着近亿的成熟男人们正在进行美容消费，大量的男士美容化妆品牌在全球范围内呈现迅猛增长的势头证明了男人美容化妆的需求旺盛。

2005 中国新富调研发现，男性爱美的比例在 40％ 以上，而且并不分年龄，职业特征也不太明显，以前有些认为追逐美丽的男性大都是白领中产阶层的情况也发生了转变。 随着竞争的日趋激烈，为了能胜任工作，男性不得不考虑穿戴整洁、将头发梳理整齐，更加在乎自己的身体，从而给别人留下好印象，以便能够在竞争中立于不败之地。 社会的发展，文明的进程都已经要求男人更好地关注自身。 在男士美容时尚这一观念的更新过程中，除了注重完善自身的言谈举止等内在修养外，还包括对个人外在形象气质的包装。 而男人身边的女人们的力量也不容忽视，以她们天生对时尚的敏感度，会在潜移默化中把身边的男人们变得更加帅气。

中国的奢侈品市场现在的价值约为 20 亿美元，约占全球总额的 3%。如果没有中国奢侈品市场这几年的快速发展，奢侈品行业遭到的打击可能难以想象。 未来 10 年，中国的奢侈品市场规模将位居世界第二。

内地目前的奢侈品消费人群已经达到总人口的 13%，约 1.6 亿人，并且还在迅速增长。 有关人士认为，月收入 2 万元到 5 万元之间的属较典型的奢侈品消费者，估计到 2010 年，这个消费群将增至 2.5 亿人。

2003 年 4 月 20 日下午 3 时 50 分，宾利（Bentley）在上海国际汽车展上试探着中国男性的心理承受能力：8 位美艳无比的汽车模特徐徐掀开一幅高贵的深蓝色天鹅绒，标价为 1188 万元的宾利 Mulliner728 闪亮登场。1188 万元是个什么概念？ 假如你买了这辆车，你将要付出的车辆购置税差不多就可以买一辆奔驰 S350！ 结果，1188 万元的宾利在上海展出不到两周，一位不愿透露身份的男性买家就悄然下了定金。

2004 年，英国通讯产品制造商沃尔图（Vertu）在南京"宏图三胞"山西路大卖场设立专柜，展示了由英国王室成员专用、被誉为"奢侈手机"的铂金手机，其 24 万元的身价，创目前全球手机要价之最。 第一台到货的"天价手机"当天下午就被一浙江男性商人买走。

这样的故事还在继续。

而对奢侈品的追求，却是这些身价百万以上的男人们自身思想中对时尚的追求。 他们不惜花掉重金去买区区一款腕表，去买微微一瓶香水，去买小小一根雪茄……男人们沉浸在这种奢华的光环下，找到了他们自己的生活方式——顶尖的时尚。

男人的奢侈更加深沉，是一种品位，是一种生活态度，更是一种无形的智慧和财富。

雪茄之于男人，正如香水之于女人。 "感觉自己是世界之王，你就可以享受一支雪茄了"，雪茄的国度——古巴这样诉说着关于雪茄的真谛。 在世人的眼里，雪茄似乎是一种神秘的、象征着财富和权力的东西。

该奢侈时就奢侈

它无疑是昂贵的。 就在 2006 年，世界上最昂贵的雪茄烟诞生了：为庆祝"雪茄之王"Cohiba 系列雪茄诞生 40 周年，古巴哈瓦那雪茄公司推出了 Behike 牌雪茄，每 40 支一盒，总共发售 100 盒，这 4000 支 Behike 雪茄每支都有单独的编号，而每盒的价格竟然达到了 1.5 万欧元！ 这只是一个开始。 娇气的雪茄是有生命的，需要一定湿度和温度的滋养。 为了保持新鲜，每一支上好的雪茄都需要一套价值不菲的烟具来"养"：雪茄剪、穿刺器、名贵火机、保湿盒、羊皮烟套，每件都是动辄数千元、乃至上万元。

当一支人工卷制的雪茄燃尽，这一具象的奢侈品似乎已消耗殆尽。 享受一支雪茄，宛如一个烦琐而庄严的仪式：剪口、预热、取火、吸食到处理烟灰，所有的压力和烦恼都化解在那份虔诚和专注之中，氤氲芬芳、满室生香过后，局促与焦虑化作了心底的静水深流，智慧和勇气重新回到了一个男人的身上。 难怪一些老雪茄客会把雪茄比作自己的另一个"女人"。

俄罗斯媒体曾经做过一则令人大开眼界的报道，它把世界各国首脑钟情的手表做了一次大解密。 在世界各国元首腕上戴的手表中，要数意大利总理贝卢斯科尼的最为昂贵，这是一块价值 54 万美元的"江诗丹顿"金表。 而习惯于右手腕戴手表的俄罗斯总统普京稍显逊色，所配的是世界手表第一品牌"百达翡丽"（Patelphilippe）的一款价值 6 万美元的金表，这块金表的价值足足相当于普京总统一年的俸禄。

当曾获两次奥斯卡金像奖提名及四次金球奖提名的影坛巨星尼古拉斯·凯奇戴上了一款 MontBlanc"时光行者系列自动上链计时表"的时候，这款万宝龙手表已经不仅是有实用功能的物件，而更是一种象征和标榜。

与女人一样，男人也看重风光，既然无法像女人那样随心所欲地装扮自己，那么就让腕上的光华大放异彩吧。

没有哪一种奢侈品能像游艇那样去撞击男人的心灵，没有哪一种运动能像玩游艇一样更能点燃男人的激情。

当游艇运动的始祖——英王查理二世在 17 世纪中叶为自己打造一艘皇家狩猎渔船的时候，他并不知道自己已经开创了一项无与伦比的运动项目。 据说，游艇是区别 1000 万和一亿身家的一道门槛，如果一个人拥有了一亿资产，那么他就是时候去买艘私家游艇了。 要想加入这项时髦的运动，不但要买得起一艘上百万乃至数千万的游艇，还要为游艇的停泊、清洗、维护以及燃料源源不断地投入巨额费用，若非富足到一定程度，恐怕是连想都不敢想的。

正因为如此，在国外，游艇业被称为是"漂浮在黄金水道上的巨大商机"，就连骄傲的豪华车品牌宾利和劳斯莱斯也认为，他们的竞争对手不是哪一家汽车制造商，而是制造游艇和私人飞机的企业。

哥伦布说，"必须再到海上去，到那孤寂的海天之间"，当你玩转了一艘游艇，你的人生也多了无与伦比的一笔精彩。

也许，对任何男人来说，奢侈品都是他们的爱好，但是商人们还拥有享有奢侈品的权力。

那么来吧，向奢侈品的世界进军！

●●男人
奢侈是一种本性

在人们习惯的思维定式中，总认为女人们爱花钱，能花钱。 其实，在现实生活中，男人们比女人们会花钱得多，也奢侈得多。

这种现象，主要是男女性格差异和经济地位悬殊而导致的消费心理、消费方式不同所造成的。 不妨看看男女的消费态度、表现及消费项目，就可分析并发现其消费的性价比，也就可以得出结论了。

先看女人的表现吧。

女人们花钱很张扬。 她们爱好逛街购物，喜欢结伴赶场，高兴大包小包地往家搬东西，乐此不疲。 她们总也转不出服装店，总也走不出步行街，似乎步行街的建造她出资赞助了似的。

女人们花钱很算计。 她们精明、敏感、在意，讨价还价，货比三家。 打开她们的衣柜，琳琅满目。 价值却不能与男人们的衣物相比，可

能几件衣服还不及男人的一条领带值钱。

女人们花钱不实际。 她们为生活所需购物也好，为增加自身美感添置衣物也好，尽管钱是从她们的手指缝中漏出去的，但真正自己享受的成分不多。 即使今天一趟明天一次跑商场精心挑选衣服，表面上为自己，其实也是为了别人，因为衣服穿出来赏心悦目的是别人，自己则是间接地从别人目光里获得心理上的满足。

男人们可就不同了。 女人们精明在表象，男人们狡猾可在骨子里。男人花钱多为自身享受。 所以男人奢侈多了，潇洒极了。

男人们抽烟。 芙蓉王、大中华、小熊猫、白沙烟，少则几元多达几十元一包，一个月的烟钱等于烧掉了女同志的一件衣。

男人们喝酒。 朋友小聚，公务应酬，五粮液、茅台、浏阳河，一瓶接一瓶；瓶装啤酒，一打接一打地开，鲜啤酒一扎一扎地上。 斟酒，干杯，好不热闹。 随便到哪家饮食店或酒家，餐桌上八成以上是男人。

男人们好赌。 "三打哈"、"麻将"、"跑得快"，赌"球"、跑马，六合彩……所有赌博方式、赌注大小、成员数量，都是以男人们为主体。 女性虽有参与者，但终归不成气候。

男人们好色。 看看大大小小比公厕还多的足浴、桑拿、KTV等休闲场所，因有许多年轻貌美的女性在装点着，那便成了男人们的世界。 男人们或在这里放松、娱乐、潇洒；或在这里放纵、挥霍，一掷千金。 他们将这种享乐"加冕"为休闲，实际上是独自享受的又一种方式。

走进最高消费层次的高尔夫球场，更会让人感叹男人与女人消费的不平等。 因为，这里是男人们的天下。 实行会员制管理的高尔夫，高额的会费令大多数人望而却步，能踏上那块草坪的男人是人中豪杰。 男人尚且如此，那女性会员就更是凤毛麟角了。

在见识了男人、女人们的消费项目后，你是否发现，女人消费是虚荣心的驱使，而男人奢侈是本性使然。 不管男人们的消费是迫于无奈死要面子也好，或追求享乐也罢，都是他们潜藏在骨子深处本性的萌动。

●●男人
是奢侈品的上游

在奢侈品的生物链上，男性总是居于上游；因为男人的奢侈品可以不多，但一定是气势十足……不管以哪种形式，男人的奢侈品总是能在第一时间震慑人。 男人比女人更需要奢侈品，因为这会使男人更加深沉，是品位，是生活态度，更是无形的智慧和财富。

名牌包——向奢侈迈出第一步

跟女人一样，许多男人都从拥有一个名牌包包开始进入奢侈品的世界，GUCCI、LV 是男人的至爱。 GUCCI 的服装或配件上都会看到家徽式的图腾，搭配品牌设计，不仅蕴含现代经典特质，同时也兼具实用性。

手表——表现睿智神采

一块表总能与男人品位和修养等联想在一起。 意大利总理贝卢斯科尼的手表最为昂贵，是一块价值 54 万美元的"江诗丹顿"金表；而习惯于右手腕戴手表的俄罗斯总统普京则喜欢佩戴百达翡丽一款价值 6 万美元的金表，而兰州的成功男士，拥有一块 30 多万元的商务积家手表，是一种象征和标榜。

打火机——点亮高品位生活

打火机不仅是点火工具，更是体现男人生活品位的傍身物。
IMCO 是欧洲最古老的打火机，至今已经生产了 5 亿多只打火机，机

身采用高品质的不锈钢，油箱是铝制的，每个打火机大部分工序都是用手工做成。 而号称全球打火机权威的 S. T. Dupont 设计更加低调内敛，更能彰显成熟男人味。 ZIPPO 是很多人喜爱的时尚火机，超强的防风功能向来为人称道，独特的款式更赢得了众多男性的钟爱。

名笔——书写男人修养

在"男人最该体验的十件奢侈品"中，万宝龙笔位列其中，可靠的书写品质与手工品质，以及长久以来强调完美感的要求，使得万宝龙在强调"高科技"的现今社会，愈显弥足珍贵。 具有 117 年悠久历史的派克笔大家最熟悉，这是史上第一支自充墨水笔，见证了世界经典历史最多的书写工具。

名酒——品味人生

酒与男人总有着不解之缘，有人豪饮，有人畅饮，有人甚至嗜酒成癖。 然而成功的男人饮酒只为品味人生，体尝甘酿在口中的变幻。

手机——高科技再升级

向来朴素、追求高科技的通讯行业开始步入奢侈领域，奢侈品行业在传统的手袋、腕表、鞋子之外，又有了新鲜的生命——奢侈手机。 一款真正意义上的奢侈手机，关键不仅仅在于它的材料，还在于它的制作工艺及如何使用。 精美的外形，商务的操作系统，让他们无论在工作，还是休闲时，都不失时尚的品位。

●● 为奢侈找个理由

如果一个朋友给你打电话，说圣诞节我们去哪里玩呀，要没别的安排我们就出去大吃一顿，去个酒吧，再去 K 个歌……

如果在平日，可不能这么奢侈，因为只要一到节假日，饭店、酒吧、咖啡厅、娱乐场所几乎通通预定爆满，商家乘机高抬价格：想到酒吧来，门票一个价，酒水另外收费！ 不少人竟然也甘心情愿被狠宰一刀，决定纠集几个和自己一样傻的朋友在节日里也奢侈潇洒一回。

实际上，像这样的消费者在中国绝非少数。 在一年当中，绝大部分时间，对自己是吝啬的，宁肯花一个小时挤公交车，也不愿伸手招来一辆以公里计费的出租车；在菜市场会为两斤土豆能不能便宜 1 毛钱与菜贩唇枪舌战……但也愿意能在一年当中给自己那么几个奢侈的日子。 如果你也有压力需要释放，有朋友需要联络，假日绝对是一个最好的日子。 至于它是不是商家炒作的结果，是西方的宗教节日还是中国的传统节日，又有什么关系？

春节的时候我们会买上一件像样的外套；生日的时候我们会到饭店"撮"上一顿；圣诞节的时候自然我们也不想脱离沸沸扬扬的热闹场面，三五成群去狂欢一下。 从这个意义上讲，"传统"、"潮流"都不过是为我们的奢侈找来的理由。

这些理由，成就了我们心情的放松，当然也成就了商家所谓的假日经济。 至少在中国，大部分人还是靠花钱买快乐的，于是乎，圣诞礼品、酒店娱乐、服装百货、旅游演出统统跟着一片红火。 消费，消费，还是消费……

无疑，这样的奢侈是快乐的，心情是愉悦的，虽然花了点银子，却得到了很大的满足，这种满足带来的快乐有可能包围你好几日，有了这样的好心情，相信你也不会为了自己的奢侈行为而后悔。

随着现在生活压力的渐渐增大，生活负担的日渐沉重，资源的日渐溃

乏，人们都开始有了节俭的意识，节俭当然是好的，例如洗衣水可以用来冲厕所，屋里没人时将灯关掉，在餐馆进餐后将剩余饭菜打包带回家等等，这些都是我们应该提倡的。 可是，如果节俭得过了度呢，不该花钱时不花，该花钱时也舍不得花，明明已经衣衫褴褛了，还是不肯换件新的，明明可以吃红烧肉了，却非要啃窝头、吃咸菜，这样程度的节俭难免会让别人感觉到"自虐"的味道，虽然省下钱来可以让自己未来过得好，可是现在就不需要过得好吗？ "节俭"能省出一片天来吗？ 当然不能，节俭只能让自己的荷包"稍"鼓，可是把节俭整天记在心头，会让自己的生活质量下降很多。

听过这样一个故事：一位母亲节俭成性，待到把儿女们拉扯大了后，自己却不幸得了癌症，眼看生命就要终结，亲人问她还有什么心愿未了、想吃什么尽管说，她答：唯一想吃的就是香蕉。 于是，亲人给她买了一大把香蕉，剥开一支咬一口后，她摇摇头说："人们都说香蕉很好吃，闹了半天不好吃，是苦的！"当时，听了这句话，在场的亲人们无一不落泪（由于病痛的折磨，她对味道已经分辨不出来了，吃什么都是苦的）。 活了几十年，居然没舍得吃香蕉，对于她家还算殷实的生活，的确是匪夷所思。 而这样让人心酸的情景的出现，无疑都是过度节俭惹的祸。

生命是上天赋予我们的最好礼物，善待自己就是善待生命，我们反对"穷摆阔"、"有米一顿充，无米敲米桶"的生活，但绝对要让自己的消费水平跟上收入的脚步，这样，生活才会在你面前丰富多彩起来。

在中国，存在数以千万计的这样的男人：

他们不是穷人。 不是漂泊在外为下顿生计发愁的人。 他们有自己的事业，有一定的物质收入。

他们把睡觉吃饭以外的时间划成两半，一半忙着赚钱，一半忙着花钱——去世界各地旅行。

他们不追求物质生活，也许不买房子不买车子，行李箱以及相机是他们最好的伙伴。

我们把这群人定义为奢侈浪人。

网上有一个很流行很有趣的等式：男方倾家荡产+男人不吃不喝工作9年=讨一个中等条件的老婆。 传统的消费观念，让很多男人不但是一年

到头 12 个月兢兢业业工作，还省吃俭用为了承担起一个男人应该承担的家庭经济。

当女人不会因为是"月光族"而感到自责的时候，更多的男人也开始有点"不负责任"地做起了"奢侈浪人"，更多地为自己而生活。

如果你是一个很有钱的男人，每年花几个月旅游度假，并没什么了不起。但是要像老外那样挣到一点钱就去旅游，不考虑未来，也不考虑养老，目前还不是特别多。要做一个"奢侈浪人"，是需要舍弃一些名利的东西，但是带来的快乐，也是全职男人们无法体会的。

照下镜子，你离奢侈浪人有多远？

1. 绝对不是双休日、节假日固定的朝九晚五上班族，起码可以自由支配工作时间和休息时间。

2. 一年 12 个月，起码有 3 个月的时间在外面旅游逍遥。

3. 不一定是很有钱，却一定舍得为旅游花钱，一年的收入，有 1/3 以上用来旅游。

4. 相对于车子、房子的追求，对于旅游的要求更高，会选择南非、欧洲、东南亚等国外旅游去放松心情。

5. 单独行动。

6. 至少会简单英语。这决定着你能充分融入到一个陌生的外国环境中。

你有奢侈浪人潜质吗？什么样的男人最会成为奢侈浪人？

1. 射手座男人。射手座的男人不仅比较会赚钱，而且对金钱比较大方，又喜欢自由，想做就做，因此射手座的男人最容易成为这样类型的男人。

2. 单身主义的男人或是晚婚的男人，当然也不排除离婚的男人。因为只有这些男人的时间表才不会被女人完全掌握。

3. 不虚荣的男人。如果一个男人把好车子、大房子作为成功的标准，那么这个男人永远会成为虚荣心的奴隶。

●●男人
　时尚也疯狂

　　曾有在专为某时尚杂志撰写时尚专栏的某男士，对目前时尚观念一直抱有重女轻男的现象，便洋洋洒洒地写了篇时尚评论，题为《美容的新女权主义》，大肆宣扬女性在美容时尚领域有着自己独特的主张和个性。 谁知在见报数日之后，立马就有男士打电话前来"抗议"，说此为极度不时尚不符合现代社会现象的评论。 虽然目前的时尚美容阵地一直以女性为主导，但是男性的时尚领域同样不可忽视。

　　很久以来，在世人的观念里，时尚美容向来只和女人有关联，而鲜有提到男人也时尚美容的。 对于女人时尚来说，她的精致打扮的确能给这个枯燥无味的世界一种眼前一亮的感觉。 而在男士时尚领域，倘若男性过分关注时尚，过分关注打扮，则只会遭来世人的唾弃。 因为男人从一生下来，就一直在接受这样的教育：男人穿衣服绝对不能穿得过于花哨，否则的话，会说你显得很娘娘腔；如果你去留个长发或是烫个大波浪，立马会有人跳出来讽刺地骂你不男不女；假若你还像个女人似的花枝招展地去化妆美容，不被别人骂你为人妖才怪。 在他们眼里，男人的样子就应当体魄粗旷、形象粗鲁、够冷够酷、胡子拉碴的不修边幅，并带有着浓厚男人味的男人才算得上真正的男人。 所以至长大以后，仍然未曾改变传统的教育，勉强接受时代所遗留下来的文明史，在时尚美容方面永远都是那么不动声色，就像沉稳而诚实的男人那样可靠而略带守旧。

　　虽然时尚界对男人时尚的关注力度有所增加，以男人为主角的服装秀开始逐渐增多，但大多数的时尚焦点仍集中在女人身上，而男人的时尚观念和意识仍处于萌芽阶段，还真正未达到女人们那般出神入化的境界。可怜的男人们，再想怎么时尚美容一下，他的衣柜里也无非就是千篇一律的衬衫、领带和西装，最多就是几件休闲服，就再无其他。 常年累月的

Men should be tough to himself

这种单调的打扮，谈何时尚，谈何美容。 更何况男人对时尚的敏感程度完全不及女人对时尚的敏感程度。 女人们在逛街疯狂采购时，买了一件单独的衣服，为了配这件衣服，她甚至可以花时间花心思再去专门买一条裤子和鞋子或手袋来和这件衣服相搭配。 而男人在这方面的意识可就差得远了，当服装不搭配时，"马马虎虎过得去就可以了，要那么讲究干嘛！""将就一下就算了！"等等，诸如此类的话语就这样打发过去。 男人们不注重服饰上的细节，甚至觉得怕麻烦浪费时间，认为过于讲究装扮是一件最没有意义的事情。 甚至还有的人会认为，男人过分注重讲究是非常不男人的行为。 一口咬定只有女人才去做那些婆婆妈妈的事情。

男人之所以一直坚守着传统的生活方式，不敢做出任何有违传统的出格举止或行为，那完全是因为受到世人的观念包袱。 可是随着时代的观念转变，如今的男士也与美容时尚关系变得越加密切，甚至比女人的来得更有韵味和深度。 爱美之心人皆有之。 时尚对于男人来说应该是"内容"重于"形式"，男人的时尚细节不仅需用眼睛欣赏，还要用心灵感悟，而不少男士却把时尚理解为一杯急速解渴的冰冻饮料，仰天而饮却毫无知觉，仅仅图的是一时之快感而已。 其实胡子拉碴、不修边幅、毛里毛燥只会有损你的形象。 注重服装的细节搭配和干净整洁的外表不仅仅是对自己，更是对你身边人的一种尊重。

早在几年前，南京电视台的星空卫视的《美人关》节目就开辟了内地男性选美节目的先河。 在这个节目中，男选手站在舞台上搔首弄姿，用自己最大的能力展示自己的身材、气质、形象和才艺，过五关斩六将之后的目的，就是最终要能赢得美人心。 对于她们不满意的男人，就会被一脚踢落到水池里。 男人的形象在这里起着绝对的主导作用。 节目的轻松很受大众欢迎，内容上也遵循了社会生态的平衡，完全打破了男人主宰社会的这一现象。

伦敦大学社会学副教授格罗瑞亚说："女权运动的进一步发展，已深深地影响到男性，而这也是男性越来越注重形象气质的必然条件。"是的，随着女性的社会地位的不断提高，众多女性摩拳擦掌地涉足于原本属男性的工作领域，并逐步得到社会的承认，导致男性也相应地调整原有生活的方式，从而对男性重新定义，对男性形象的要求逐渐提高。 因此，

在目前都市美男思想潮流的影响下，男性原有的粗犷形象也必然发生改变。社会的发展，文明的进程都已经要求男人更好地关注自身。在男士美容时尚这一观念的更新过程中，除了注重完善自身的言谈举止等内在修养外，还包括对个人外在形象气质的包装。

人生来就是爱美的，男女老少谁也不能例外。"美丽经济"向来就是社会所热衷的一种商业方式。无论哪家有名的商家，纷纷以美男美女们作招牌，为的就是增加自己的利润。比如有一个名为盛世强音的文化公司为了搞了一个年历，特意找了几位美男拍摄，命名为"美男计"。虽然"美男计"有哗众取宠之嫌，但是的确给这家公司带来不少盈利。与"美女经济"一样，"美男经济"已作为一种经济现象，成为社会的普及现象。也许，偶尔会有男权主义者会跳出来说两句：消费美男，男人的面子何在？然而，在这个"消费至上"的时代，无论是"美女经济"或是"美男经济"，只要能够保证不触及法律，即可满足消费者的消费需求又可愉悦其心情，即可让商家获利又可让服务者获得报酬，如此几全之美之事而大张旗鼓地消费美男，又有何不可呢？更何况，当今的世界是女性的消费世界。男人劳作，女人消费，这似乎已成了天经地义的事情。女人的消费能力大到毫宅、汽车，小到零食、化妆品……面对女人的挑剔消费，谁不想吸引她们的目光？谁不想在她们身上获得油水？而美男无疑是非常具有杀伤力的。大到说到明星偶像派，尽管自己没有多大的演技，可是因其长相俊美，仍然能够在娱乐圈占有一席之地。小到酒店宾馆的门童，哪怕你无技无能，只要你长相俊美，仍有机会获得该职位。可想而知，如今这个美男经济时代的来临，已成为现代社会的必然产物，我们必须以客观的态度对之。

远古时代的男人们，可能永远也想不到，在当今这个五彩缤纷的世界里，男人们的形象装扮越来越趋向于中性化。这个所谓的中性化，并不是指男人生理结构上即将变成不男不女，而是指在时尚美容上已逐渐可以和女人们并驾齐趋。当我们在各个大型商场里，看到男士化妆品的专卖柜台时；当我们在各个美容店里，看到男人专用美容区时；当我们走在人潮汹涌的大街上，看到一个个男士服装专卖店挂满了琳琅满目各具不同的男人专用服装时；当我们在时装表演台上，看到一个个男模特在 T 型台上

耀武扬威地走来走去，看着他们那娇健的身躯、俊美的面孔、张扬的服饰时，让那些自以为时尚的女人们在大开眼界之余，不得不感叹，在如今这个五彩缤纷的时代里，"男人时尚也疯狂"。

虽然说男人对时尚的敏感度天生就是要比女人慢半拍。可是随着美男经济的时代到来，男人对时尚的神经系统已变得越来越敏感：在生活当中，洗脸不再使用香皂，而是使用男士专用的洗面奶；每天像女人画眉毛一样，坚持用剃须膏和手动剃须刀刮脸；香水也不再是女人们的专利，每天洒上古龙香水带着男人独有的清新气息，照样花枝招展地出门上班；而在周末的时候，同样可以邀上三五知己，一起前去美容院SPA；衣服穿得花哨也不再是女人的特权，随着心情适当地改变一下着装色调，更能体现男人特有的魅力。男人的时尚似乎比女人来得更有要求、更有品位、更有个性。社会的发展及美男经济的来临，使人们不再以传统的眼光去看男人，包括男人的衣着和行为。正是如此，男人的流行触角已伸向各个时尚领域。

男士的时尚是经典的、高档的。看看当今男装的流行趋势，从刚开始的金利来、圣达菲，阿曼尼，到现在的东方鳄鱼，一直到许许多多不同"V"字造型的瓦伦蒂诺，还有当时被家喻户晓传为崇高品牌的"皮卡"等等品牌西服。虽然男士的西装很经典也很正宗，但时尚的男人是绝不肯轻易穿西装戴领带的，更不会穿能在各大百货店见得到的名牌，更绝不会去那些小摊上买些所谓的假名牌。他们喜欢衣服外观上不贴任何品牌标签，但又做工精到的非品牌的品牌服装。他们注重的是自己的搭配气质，是否可以带来足够的美观，带来足够的享受。而且对于自己的服装从来就不会一成不变！那些都市里的金领白领们哪个不是身穿精致的圆领汗衫、运动装、牛仔裤、夹克、T恤、休闲毛、或牛仔裤，然后再加上一条具有个性的皮带等等。虽然在追求时尚装扮方面，也并不是非得要见品牌。只要做工精致，款式简洁大气，而又很适合个人品味的，挑个大家不认识的非"名牌"品牌来穿穿又何妨？简单的生活，不是无欲无求，而是有好的品位，并非一定要是名牌服装才去穿它。像男人们这些极富个性色彩的装扮、这份不在乎的洒脱、这份"品牌算什么"的个性挥洒，又怎能不让人羡慕得要死！

如今，长发飘飘也不再是女人的专利。 大街上飞扬着长发的男子到处可见。 曾一度流行扎马尾的发型现早已被男人们摒弃，大多数以齐肩碎发为流行发型，这种发型即可挽起小辫，亦可披下作一番潇洒状，修剪层次还颇能体现发型师水准，跟电影明星金城武或 F4 之类的帅呆酷毙形象有得一拼。 甚至还有善于护理的，不免想到鲁迅大人散文里的"油光可鉴"一词，绝对乌黑亮泽、舒润有型，就连女人看了都要自惭形秽一把。 有的男性留个长发还不够，现在又多出许多做辫子烫、离子烫的，品种多得连女人都想跃跃欲试一番。 还有那些吊耳环，穿长裙的美男子们，在这样披头散发的形象气质中，的确能衬出其落拓不羁、桀骜不驯的非一般气质。 所以说，当你看到一个穿着一条长裙、说话时跷起小指成"兰花指"的男人时；看到一个长头发扎辫子甚至烫个大波浪长发的男人时；或者在大酒店里看到一位客人把西装一脱就穿着短袖圆领汗衫的时候，千万不要少见多怪，因为这就是男人们的新的时尚潮流。

　　时尚美容从来就不是女人的专利。 生活在当今这个五彩缤纷的时代里的男人们，完全可以不在乎传统所遗留下来的腐朽观念，大胆地接受男性形象新概念。 男人时尚美容并非是女性化倾向的表现，对自己整体形象的注重而是自己对生命本身的一种尊重与爱护。

Chapter 13

霸气、血性
一个都不能少

霸气和血性是王者的风度，是强者的象征，而不是霸道蛮横，不讲公理。一个具有霸气和血性的男人不一定是完美的男人，但一个完美的男人一定是一个霸气和血性的男人。

●●男人需要霸道

霸道跟气魄、勇气、刚强、豪情等，是紧密相关的，每一个时代都需要这样的秉性。 在两性世界之外的它，可以是孟子"富贵不能淫，威武不能屈"的傲岸坚贞，可以是西楚霸王破釜沉舟背水一战的敢作敢为，也可以是林则徐"苟利国家生死以，岂因祸福避趋之"的果决选择，还可以是谭嗣同"我自横刀向天笑，去留肝胆两昆仑"的舍生取义，或者是少时汪精卫"饮刀成一快，不负少年头"的执著与慷慨，或者是李大钊勇于铁肩担道义的当仁不让，或者是彭德怀庐山万言上书为民请命时的不畏权威……

"要去赴女人的约会吗？ 别忘记带上你的鞭子"，尼采留下的这句话，其实是中国历史的真实写照，长期以来，"霸道"一直是中国男人最大的特色。

然而在今天的中国，现实早已经变成了"男人一霸道，女人更霸道"，甚至是——"在女人霸道的地方，男人变得狡猾"。

这一变，是女人从被动变主动，男人从主动变被动。 狡猾从来就是被动者和弱者的象征。 你什么时候听说赞美狮子老虎狡猾的？ 因为它们强大得不需要狡猾。 如今到了信息时代、后工业时代，男人的生理优势再不能天经地义地换来更多钞票，也就丧失了霸道和野蛮的依据。 于是乎，男人，终于不得不拿起狡猾这一武器，以适应生存的需要。

男人这一变，果然文明多了，可又有女性开始起哄：现在的男人不够"拽"，就好像狼进化成了狗，慢慢就失去了男人原有的那种剽悍战斗力！ 所以她们强烈要求男人再次雄起霸道起来，毕竟再强大的女性，也喜欢"拽一点"的男人。 让男人们头疼的问题又来了：男人，到底该不该重新霸道起来？

有种典型的观点认为，"霸道"是一种落后的男人武器，修养与力量的提升才是男人征服女人的根本。 来自德国和英国的研究学者通过对黑

猩猩等灵长类动物脸部形状和尺寸进行分析研究，结果表明，大多数的灵长类动物，雄性的犬齿原本比雌性的犬齿长得多，但在进化过程中，这些凶猛的雄性特征慢慢被时间所消磨了。他们的研究表明，男人的进化，是从暴力的崇拜到英俊容貌的欣赏的过程，也是从霸道的特质走向文明的学习过程。

中国男人往往喜欢单纯温柔小鸟依人的女人，李煜早就写绝了："画堂南畔见，一向偎人颤。奴为出来难，教郎恣意怜。"那种无助的娇羞，楚楚可人，可以大大满足中国男人的大男子主义情怀。现代女性与时俱进，脚大了，所以也不"偎人颤"了，男人就顿觉失落，很难再霸道起来。

如果今天的男人在失去祖传的耀眼光芒后，依然全盘照收旧时代的男人霸道意识，显然是行不通的，那么还有新的转机吗？

勿庸讳言，"霸道"也不是没有审美价值的，它有吸引女性的积极因素，霸道而不蛮横，霸道中有大道，这样的男人，无疑是男人中的男人。

●●霸道
是一种强有力的性感

俄罗斯前总统普京的妻子莱德米拉在传记中称，普京是一个不折不扣的大男子主义者，她每次穿什么衣服往往也要征求丈夫的意见，他的权威有时像他的拥抱，会让你喘不过气来。但是，这一点也不影响俄罗斯女性对前总统的崇拜！

原来，霸道是一种强有力的性感，是一种可以让女性原谅的男式"缺点"，就好像台风，尽管被定义为"灾害性气候"，但它又可以缓解旱情、降温，甚至有些狂野的美。更何况当代新大男子主义的霸道，已经有别于过去那种粗糙的蛮横，而是一种精神的覆盖，是一种"我爱所以我主宰"的责任。

在女人眼里，如今男人世界无风景，女人已经没有肩膀可依靠了，男人把抵御风险的任务交给了女人，自己则躲在女人的背后享受她们的关爱。男人的霸道一点都没有了，而其实，女人需要这样的霸道！霸道绝不是野蛮，而是一种生命的力度！

女人是复杂的，一方面希望要有依靠，另一方面又想独立自由。新时代的男人，似乎也识时务地淘汰了传统大男子主义的糟粕，但保持了原来"强有力"、"负责任"等核心优点。霸道男人往往是强者，是护花使者，在社会、单位、家庭中往往处于举足轻重的地位，能为周围的人带来安全感。日本有一种正方形的西瓜，为的是方便收藏，但味道却明显差了很多；同样，如果女人只是为了好"收拾"男人，而让男人变温驯，男人就没有男人味了。

传统大男子主义意味着男人在婚姻中占有绝对的主导和支配地位，一切是他说了算，所以常常被妇女解放运动作为批判的目标。但是，当今的新大男子主义所体现的霸道，是一种温和的爱情管理方式，而不是曾经的居高临下的压迫与统治。新兴的霸道男人可贵之处是不怕老婆，但是，疼老婆，这才是男人的康庄大道！

●●还英雄
以"霸道本色"

诚然，霸道不是男权当道，也不是尼采所言，拿起鞭子去约会，它再也不是旧时代里专制男人压迫女性的武器了。社会进步了，这个概念也随时代的前进而糅进了新的含义。民主社会里，霸道已经不是不讲平等礼让的粗暴专制，也不是仅有唯我独尊的刚愎自用，霸道绝不是野蛮，而是一种血性，一种来自生命本原的张力，一种游走于心性间的力度！它是"人世间有百媚千红我独爱你那一种"的执著，是"我的事情我做主"的勇当责任，是"我花开后百花杀"的王者风范……霸道，是十足的男人

味，是大丈夫豪情雄风，它是一种火候，一种禀赋。

也许大家对电视剧《激情燃烧的岁月》里那个打老婆屁股的石光荣还记忆犹新吧？ 两口子吵了一辈子，在最后他居然还能铿锵誓言："下辈子我还娶你""还继续跟你吵架"，的确霸道，但有些舒坦！ 《历史的天空》里的姜大牙，霸气得让国人叹服、欣赏！ 电影《乱世佳人》里那个情色英雄瑞特，连吻女孩也是一手把她拽在怀里，没有商量余地。 霸道，有时确实让人窒息，但它就像强力拥吻，让你欲罢不能、心向往之！

有个女性朋友给我讲了个故事，关于她和她丈夫的：那时他俩都是穷研究生，逛街累了，便被他带到一家冷饮店坐下，想不到，那是进口的洋货，奇贵。 他掏出身上所有的零钱为她买了一盒冰淇淋。 就一盒，最贵的那种，她建议买稍为便宜一些的，足可以买两盒。 但他非常坚决地说："我定了！"

回忆起那一细节，这位已为人母的朋友甜蜜地说："那一刻，我被镇住了！ 我喜欢他爱的霸道。"原来，还有一种爱叫霸道！

接下去，朋友问他吃吗？ 他说："看着你吃，我喜欢看你贪婪的吃相。"他打开冰淇淋盒盖，用精致的小勺盛起一勺向她的嘴边送去："来，我喂你。"仿佛天地间只有他们两个，有种"舍我其谁"的气概，她彻底地缴械投降，这样有爱的霸气的男人，骨子里洋溢着一种安全感。

可是，现在的许多男人太死心眼儿，追求一个喜欢的女孩，不但先要问妈妈的意见，还总是在那里磨蹭，缺乏霸道的进攻火力与不可一世的性感。

女人争权益，要平等，追求的并不是让男人"放弃自我"，而是彼此的尊重与共赢，我不相信女人的革命是为了打掉男人的"气焰"，毕竟，她缴了男人的枪将了男人的军，又能得到什么？ 所以，我们男界有必要重振英雄气概，把男人的霸气发扬光大。

现代女性因为有地位了、不自卑了，所以反过头来，对新大男子主义表现出的霸气，反而不排斥，甚至是怀念，就好像生活水平提高了，她们会反其道喜欢穿丐服、吃野菜窝头等粗粮一样。

再说，女人天生有种"靠一靠"与懒得拿主意的娇气，一个好脾气的男人可能是她的好合作伙伴，但绝不会是她的好伴侣。 该出手就出手，

男人如果不霸道，自己不痛快，女人也会不爽。

霸道男人，身上往往带着一股英气，一种呼呼生风的性感，一种雷厉风行的气势，一种让女人情不自禁地娇滴滴起来的雄性之美。

●●要做
有霸气的血性男人

何谓霸气？"霸气"就是王者的风度，就是强者的象征，并非霸道蛮横，不讲公理。但是，"霸气"到底是什么样子，可以摸得着吗？有人说，它是一种无形的压力，是使人未战先怯的气势，也许吧。"灭六国者，六国也，非秦也。"杜牧在一千多年前就揭示了强者称霸的真正原因，只不过，"后人哀之而不鉴之"罢了。

男人应该有一种霸气。很简单的例子，一群男人站在一起，你往往会被其中的一个男人吸引，这个男人身上的气势不同于别人。

但好像现实中总有人将霸气与强硬等同。捷克总统哈维尔当选之初，许多人都认为一个文人，一个获得诺贝尔文学奖的作家要当一个国家的总统，最大的缺点可能是文弱，不强硬。所以有人建议，哈维尔要强硬一些，并出了具体的主意：必要的时候要拍桌子。哈维尔对他们的回答是："捷克需要的不是强硬，是教养。"有教养的人与霸气并不矛盾。

一个霸气的男人不一定是完美的男人，但一个完美的男人一定是一个霸气的男人。

现在的男人，真的太缺少雄风了，时下多有"阴盛阳衰"的感慨，多少折射出当今世风的一些特点和人们潜意识里对男人力量的期盼。

新时代的女人，讲求独立自由，不是说就不需要男人伸过来的臂膀了，女人天性至柔，再强力的女人，压根都是渴求男人的怀抱的，可是，在女人眼里，如今男人世界无风景，男人似乎越来越女人化了。

有一个朋友，已经几次堕胎，终有一次她想先探听一下男人的声音，

便问那当老公的，其实她知道他内心是很想要孩子的，但是那人却温吞吞地嗫嚅几句，没表达个什么出来，于是女的便果断地又去了医院。事后她说，其实当时只要他能凛然作主说，"不行，这孩子我要定了，我的种，我要！"那我肯定就绝不处理掉了！女友愤愤然骂了一句："真是个窝囊废！"

办公室里有个年轻小伙，文绉绉的，人也不赖，跟他接触的女孩子也不少，但对象到现在还是没个着落，帮他张罗女朋友的同事最终道出原委，说是女孩子嫌他太温柔了。看来，温柔的确不是男人的利器。

多数人也许对演艺圈里一些所谓的当红小生不以为然吧，不仅男人也包括女人，都说"觉得恶心"，什么原因？答曰"奶油小生"，"不像个男人"！所谓男人，就真该有男性的力量与美感，诸如阳刚、霸气、豪爽、野性等特质，正如女人的柔情、温婉、美丽、体贴，它们都是一种魅力，一种天性！

有个女人甚至把自己的一次亲身感受写成文章，叫作《恩爱从丈夫强暴我开始》，说是那天男人掷出了"我的爱我做主"的信条，用狂野粗暴的力量，让不可就范的女人彻底缴械，多日的冷战与抵触，终化成一场热烈与酣畅，女人自谓：爱得狂放爱得惬意！有时，男人的唯唯诺诺、迁就顺从，其实还不如来一场"不由你说"的霸道，反而能让女人惊叹：这家伙原来不赖！

霸气的男人敢于担当重任，往往是英雄是侠客是壮士是强者，或者是你身边平凡的大哥、大汉、大丈夫、哥们、朋友……做出的事情不一样，但是，共同的美感与力量，让人欣赏、折服。

说穿了，霸气就是一种舍我其谁的责任感，是耶稣所谓"我不入地狱谁入地狱"的替人殉道，是一种果断的选择和勇挑重担；是"风潇潇易水寒，壮士一去不复返"的无所畏惧；是哪怕刀山火海我自为之的强大；是危难之际显身手，是峥嵘岁月尽风流；是事业追求里的搏击中流；是日常生活中的说一不二、从容不迫；是两性世界里的力量与阳刚；是情爱婚姻里"我的爱我做主"的热烈执拗。它，是男人的起起雄风，是来自血液里的道义和发自秉性里的刚强、果断！

社会在进步，文明，是时代的方向。温情，而不堕落，礼让，而不逃避，进化，而不变异，这，就是新时代里需要的霸道！ 可惜的是，在文明的进化过程中，"男人失去了'猎人的斗志'"，"在进化途中，为了脱毛，结果把血性也给脱光了"。

血性男人自古以来并不少见，如果一定要翻开前朝的历史，相信许多大名鼎鼎的血性男儿会跃入眼帘。 如屈原、包公、关公、项羽、岳飞等等人物，早就在人们心中烙下印记。 而现代史上的传奇人物更是数不胜数，战争涌现了无数热血男儿，沙场成就了无数悍将英雄。 曾有朋友对我说，如若中日开战，我毫不犹豫投身沙场。 不说我相信这话的真假度，如若祖国真有战事，我也绝不会退后。 只是令我不解的是：定要有战事发生，才能看到血性男儿刚毅的面孔？ 定要有硝烟弥漫，才能体现男儿阳刚之威武？ 似乎只有战场才能点燃烧男儿的澎湃激情。

平生最见不得轻易下跪的男人，常言说得好：男儿膝下有黄金，跪天跪地跪父母。 世上唯有天地父母跪得，还有什么场合、什么人值得你弯下膝盖的？ 纵观今日的那些所谓名人，不分时间、地点场合地作秀，动辄声泪俱下，要么下跪索宠。 就算有事迹让人感动，也不必用下跪的形式表示尊重，那怕有艰难的生活，也可以通过双手的劳动获得生存。 我不知当今的社会，那些名人政要在名誉面前，可以让个人尊严悉数让位；我不懂那些堂堂的七尺男儿，在金钱面前，会让男人黄金的膝盖变得如此疲软。 我所以要反感，认定了是男人就该是阳刚的、血性的、坚强的。

难怪当今的女人们总感觉缺少了安全感，难怪有见义勇为的事迹要一再宣传。 男人，何为男人，就是关键时刻能挺身而出，能扛住困难，能解人危难的人，这样的人才称之谓真正的男人，才能给弱小女人以安全感。 如若听到点动静就害怕，遇到事情就起哄，碰到邪恶就下跪，只停留在口头上的涛涛血性，只流露在文字中的仗义精神，似乎没有颜面口口声声称呼自己为男人，也就更无脸孔来叫嚷自己是个血性男人。 大凡看过电影《亮剑》的观众，对李云龙喜爱有加，尽管对他身上的匪气不认同，但很赞同他："当剑客相遇，大都狭路相逢勇者胜，明知自己会死在对方的剑下，但我仍要亮出自己的宝剑。"

现在电视的选秀节目，不知道某些男人是不是做了手术了，说话阴阳怪气，父母给你的男儿身做什么了，男人身上的优点一点也没有，性别一栏也该换了别的了。

也许我的观点偏激了，但是男人就要拿出男人的志气、骨气、傲气和男人永远打不倒的豪气。 记得有人说过，没有上过战场和进过监狱的男人不能称之男人。 不要以为进了监狱的人都是坏人，有的因为义气，朋友的忠肝义胆。 很简单的四个字，试问男人，有几人做到。

诚然，项羽的个性暴躁、易怒，但他却是个敢作敢当的主；项羽他或许贪功、好色，但他却是个快意恩仇的人；项羽他也许残忍、肤浅，但是他有气势昂扬的霸气；项羽他可能短视、失败，但他有直面人生的傲然。 楚霸王和虞姬的爱情让很多世人感叹，不为别的，就为了虞姬那善解人意，为了不让楚霸王有顾及，自刎来逼迫楚霸王离开。 世上几人能如此吸引如此美人，还是楚霸王身上那种男人的血性和义气。

所谓的男人血性，并不是指冲动、鲁莽、暴躁、不要命，遇见什么事情脑袋轰一声，什么话都敢说，什么事情都敢做之类的，那样充其量是个莽夫，是个笨蛋！

因为血是热的，是流动的！ 如何对待自己的家庭、亲人、朋友，正确地面对社会面对挑战，实现自己的人生价值，这一点是我们所考虑的。 有血性的人是指对家庭有责任心，对朋友仗义，对社会有价值观，对理想和追求付出极大的努力，能为大多数利益而放弃自身利益，在关键时刻可以放弃一切敢于付出和牺牲的人！

这样才是有血性的人！ 才是我们所说的真男人！

万紫千红的时代需要大树中梁，莺歌燕舞的社会呼唤狂野之美！

男人，该不该重新霸道起来？ 一个"重新"二字，事实上已经说明，男人，本来就应该是霸道的，现在，不过是呼唤它的回归罢了！

归来吧，男人的霸道！ 因为，那是男人天生的血性。

●●男人
要有阳刚之气

以前的人用"男才女貌"来形容佳偶，可是现在已经成了"男财女貌"的年代了，然而这样的年代也即将要过时了，最佳配偶将要被"男刚女才"所取代。女人要有才，才不会被这个社会所陶汰，男人要有阳刚气，才够得着有才女人的标准，所以男人女人都要加油为自己充电，才不会成为被人抛弃的那个人。

看一新闻，说的是北京的女性有越来越多的大龄女青年，其原因是男人缺少阳刚之气，让很多优秀的女性情愿成为大龄青年，也不愿意委屈自己找个不适合自己的男人。而造成此原因的结果还不仅仅是男人缺少阳刚气，还因为这些大龄女青年大多是品学兼优的女博士，在这些高学历的女人面前，男人们都退缩不敢追求，据说在北京许多的大学男生中传着一句话"人分为三类，男人、女人、女博士"，在中国这个男权主义倾向极为严重的社会，学历太高的女人简直就成了没有性别的"怪物"，能够与之相配的男人也就越来越少了。

这些高学历的女人大多对另一半的要求比较高，可是，自身也优秀的男士却未必愿意找个与自己并驾齐驱的女人当老婆，高不成低不就的就拖延了自己的终身大事。因此有很多的北京姑娘就算本性聪慧，念到了硕士学位都不愿意再深造，生怕自己的高学历吓跑了心仪的白马王子，可就算是如此，依然有越来越多的大龄单身女性产生，皆因为在极速发展的时代，女性参予了社会与男性平等竞争，在越来越多女性穿着职业套装，奔走于大街小巷时，于是她们成了一道靓丽的风景线。

也许男人们会说，女人再强也比不上男人，那些占据了领导岗位的大多是男人，我也不否认这一点，可是男人们也不要忘了，能当领导的毕竟只是少数，而在各行各业的女主管、女局长、女经理之类的女强人，正在

如雨后春笋一般冒出，女人们不再仅是局限于厨房与卧室那几十平方的空间，而是走上社会一展拳脚，而且表现并不比男人差。而随着女性的视野空间越来越广，接触的事物越来越多，对另一半的择偶标准也就与时俱进了，30 年前，一身学生蓝、相貌端正的高干子弟是纯朴姑娘心中的白马王子；20 年前，不少姑娘的理想老公是腰缠万贯的大款；10 年前，大学教授、公务员等较受女青年青睐；而现在，一些经济独立的知性姑娘其择偶标准已升华到更高层次，她们看重的是男士的阳刚之气。

那么什么是阳刚之气呢？男人们可能认为多上健身房里把自己练出八块腹肌就是所谓的阳刚气了，当然不是，那样只能说你是健美先生，并不能代表全部的阳刚之气，就跟男人喜欢把自己的臭汗味当成男人味一样，那是截然不同的两个概念。男人最能打动女人的当然是其认真向上包容的生活态度，当然包含最为重要的责任感。可是现在的男人越来越浮躁，在女人越来越强的同时，他们也变得越来越计较，不是有高学历男人声称女人要独立，包括在婚内也要执行 AA 制的吗？买房子车子也不再是男人的责任，可是当男人越来越女人时，女人们还要找男人做什么？

近年，电视上"男人戏"流行。《亮剑》、《历史的天空》、《士兵突击》等，收视率都颇高。俗话说，"没什么，想什么"，这一现象就恰恰反衬出现实生活中阳刚之气的缺失。在教育界，不断有人呼吁，要增加中小学里男性教师的数量，要对男孩推行阳刚教育等等。在中国城市的中小学里，女孩也一向占据着优势地位：学习好的多，当班干部的多，参与社会活动的也多。男孩在学习能力和社会活动能力的发展上却都趋于弱化。而近些年流行的选秀节目中，一些男孩也显得很"女性化"，缺乏阳刚之美。过去人们常说，"谁说女儿不如男"，如今的情况下，这话似乎该倒过来讲了。

上述现象的产生，有时代的原因，也有学校、家庭、社会教育上的原因：

其一，上世纪中叶以前，中国曾长期处于外敌入侵，社会动荡，革命和战争的过程，这是一个痛苦而悲壮的时代，一个英雄辈出的时代，也是一个阳刚之气得以滋育的时代。其后，革命或会有些惯性的延续，但中国必然要走上建设的轨道。这个过程是必然的，不可避免的，也不是

男人对自己狠一点

"伪革命"所能阻挡的。 在新的时代，阳刚之气不免发生了一些形态上的变迁，让人觉得不那么"阳刚"了。

其二，时代的变迁也是一种文化的变迁。 上世纪五六十年代的男孩爱玩打仗游戏，爱看战争片，想当豪气万丈的英雄。 今天，孩子们的主要娱乐方式是流行歌曲、追星、游戏机等，形态上"文弱"了许多。

其三，学校教育中，"应试"的成分还是偏重，体育运动的地位难以提高。 缺少这种"野蛮其体魄"的过程，阳刚之气当然难以提升。

其四，随着经济的发展，人们的生活条件开始优裕起来。 中国又进入独生子女时代，"小皇帝"成为家庭的中心。 在优裕的条件下，在过多的呵护中，孩子难以产生独立性、责任感，难以形成坚毅坚忍的性格，而这正是阳刚之气的核心。

需要指出的是，"阳刚之气"并非"匪气"，扮"糙老爷们"、说点粗话。 这样，阳刚也太容易了一点。 在战争年代，确有许多粗线条的英雄，他们在特定的时空中挥洒自如而自然。 但对这些英雄，不宜硬学模仿，否则，可能会出"画虎不成反类犬"的笑话。 "阳刚之气"要有时代内涵，应适应时代需要。 例如，细心在习惯上不被划入"阳刚"范畴，但在今天，为中国放飞"神舟"、"嫦娥"的英雄们，却需要日复一日地从事各种细心耐心的工作。 这种细心和耐心，才真正体现了责任感，体现了性格的坚忍和坚持，体现了"阳刚之气"。

真正的"阳刚之气"绝非凶狠暴戾，绝非恣意横行，而是一种大胸怀、大气度、大忍耐、大坚持。 或如林则徐所说，"海纳百川，有容乃大，壁立千仞，无欲则刚"。 至于一些欺凌弱小，欺负妇女儿童的行为，则绝对是极其卑怯的行为，是鲁迅所说的"孱头"行为，和"阳刚"毫不搭界。

霸气、血性——个都不能少

●●男人
　　要有一定的赌性

　　中国人，对"赌"这个词非常忌讳，当做雷池不敢逾越半步。 认为君子从来不赌，不干没把握的事，不做超越自己能力的事。 如果你做了，那就是不知道自己能吃几碗干饭。

　　所以，父母和老师教导我们：没谱的歌别唱，陌生的人别见，娶不到的姑娘别想，没准备的仗不打，条件不成熟的事不干。 如果你干了甚至是想了，早就准备一句话等着你：癞蛤蟆想吃天鹅肉。 总之，时时提醒我们，不要去赌，不能去赌。 别信什么一切都有可能，对于我们来说，有把握的都干不好，更不用说没把握的了。

　　这样的思维习惯，导致我们想做一件事情的时候，没有任何赌性，没有120％的把握，很少去做，甚至连想都不去想。 遇到想做的事情，首先想到的是自己的短处和不足，想事情的难处和不可行的地方，失败后自己的损失和别人的评论。 于是，就认为自己做这件事情就是在赌。 不能赌，害怕输，就把这事彻底放弃了。

　　我们习惯否定自己、不敢赌的原因，就是面对一件自己想做的事情时，从来不去想其可行的一方面，而是注重考虑其不可行的一面，这是极端错误的。 这样思考问题的习惯，是在不断地暗示我们放弃。 一个人一旦从心里放弃了，在行动上只能是为自己的放弃寻找借口。

　　拿破仑·希尔为了证明一个人会有这样的思考习惯，做过这样一个实验。 他让他的学生思考这样一个问题：如果我们通过各种手段不断地提高人们的生活水平，丰富人民的物质和精神生活，最终能不能在国内实现零犯罪，废除国内所有的监狱？

　　学生一听，便觉得这是一个天方夜谭，实在是异想天开，甚至是幼稚可笑的想法。 于是有人站起来说：老师，你的想法仅仅是一个理想而已，但绝对成不了事实，与我们努力与否无关。 这个国家要想彻底消灭犯罪，就像彻底消灭老鼠一样困难！

另一个学生站起来说：社会不可能真正实现资源公平分配，只要存在贫富分化，就难以制止犯罪。 如果在这个国家干与不干一个样，干好干坏一个样，能干的不如不干的，不干的不如捣乱的，那么谁不去选择享受而去选择劳动？ 结果不是国家取消监狱，而是整个国家变成了一座地狱。

第三个学生站起来说：一些人天生就是反动分子，喜欢把自己的快乐建立在别人的痛苦之上。 他们犯罪，并不是因为缺少生活物质，而是对物质的占有没有止境，穷奢极欲。 人的欲望就像大海，用什么也填不满，结果只能导致洪水泛滥成灾。

最后学生们达成一致意见，要求老师放弃这个想法，因为这个想法无论从哪个角度讲，都是不成立的，无法实现。 拿破仑·希尔耸耸肩膀说：亲爱的同学们，你们说的都对，我现在也觉得这个想法很荒唐。 但我要告诉你们的是，昨天我和一个赌徒打了一个赌，我对那个人说这个想法能实现。 我的筹码就是这座学校的所有权。 照你们的话说，明天站在这里给你们讲课的，不是我而是那个赌徒了。 如果赢了，那个人给咱们出资建设一个藏书达千万册的现代化图书馆。

既然是老师一时糊涂把学校押给赌徒了，没有任何退路，只能想尽一切办法搏一下，即使不能赢，也不能就这样眼睁睁地看着学校所有权变更。 万一赢了，哇，有千万册藏书的现代化图书馆，太好了，这群刚才激烈反对的学生，就像已经站在战场的斗士，积极想办法了。

有同学说，听说中国在唐朝的时候，全国的死刑犯才 900 多人，犯罪率达到历史最低，我们应该去查查文献，看看那时国家实行了什么政策。如果我们再把那个政策进行改进和补充，说不定能成。

另一个同学说，其实犯罪的基本根源是比较，假如一个人一出生，这个社会就没有比较，那么可能就没有犯罪的产生。 同龄人的衣食住行用，几乎一样，不论是有钱人还是没钱人。 大家都以积极努力工作为自豪，寄生依赖为社会不容，那么就不会产生犯罪了。

同学们七嘴八舌，你一个想法我一个主意，最后让他们感到不可思议

的是，他们居然提出了上百条办法和构想。 拿破仑·希尔最后笑笑说：同学们，这不是一次赌博，而是一次试验。 我想大家已经知道这个实验的目的了：当我们认为某件事不可能做到的时候，你的大脑就会为你找出种种做不到的理由。 但是，当你真正相信某一件事确实可以做到，你的大脑就会帮你找出能做到的各种方法。 人都是有惰性的，只有置身于非赢即输的赌桌前，人才能想尽一切办法去赢。 看来，人生应该处处摆着赌桌才成。

当然，一生中，允许我们赌的时候并不多。 人过三十之后，在一个行业里有了丰富的工作经验，比较实用的人脉，有了一定的品牌和身价，思维模式程序化，对新的领域难以适应，精力体力不够充沛，诸多条件已经不允许我们从零开始。

那些一边大把赚钱一边告诉我们"什么时候开始都是正确的，只要你开始"这种话的人，让他放弃自己赚大钱的事情再从另外的行业从零起步，他肯定不干，除非他感觉他的演讲已经赚不到生活费了。

男人成了家有了孩子之后，每个月的房贷要交，孩子的学费要交，一家人的生活开销都等着自己去赚钱。 这时候，即使我们敢赌，也要仔细想想了，因为那时候我们的确有点输不起。 身边有这样的人，在成家之后，投入大量的资金，借更多的外债，甚至卖了房子去做一件事情——比如农民造飞机。 对此，我们只能说精神可嘉，行动并不可取。 那是对自己、对亲人、对借给自己钱的人不负责任的行为。 因为，即使这样的人赌赢了，也只能是给自己制造了一个玩具而已，而成本就是家破人亡妻离子散。

看来赌也不能由着性子来，值得赌的我们要赌，不值得赌的就不能去赌。

男人不能没有赌性，一生之中总是要赌一次。 而适合我们赌一次的时间，就在我们 20 ~30 岁之间。 二十几岁的人，精力充沛，想象力丰富，冲劲十足，接受新知识新事物、适应新环境的能力都比较强。 父母健在，身体健康，自己又没有每月必供的房贷车贷，没有必须维持的家庭开销，为什么遇到想做的事情不去做呢？ 即使是赌，大不了就是一个输，输了又怎么样，大不了从头再来？

二十几岁输一次，后悔一年；二十几岁一次不赌，后悔一辈子。

●●男人的勇者气质

血性和勇气之于男人又好像是天生的流淌在男人的血液中的，这种基因或素质应该是从远古就流传下来的，是自然生存的受迫选择。 在原始社会中的狩猎时代，男人必须保持强有力的体魄和勇气，与自然斗争，获得食物，保护家庭部族的成员不受到野兽和其他部落的伤害。 物竞天择，具备着这些素质的家庭和部族就会幸存下来，从而保留这些基因而并溶入了整个人类的进化。 这是男人的血性的根基和由来，所以他的由来是源自于生存的压力和社会的责任而不是嗜血的屠戮。 当然也同时保留了他的侵略性。

一个男人能否成大业，重要的不在于他现在拥有了什么，而在于将来能做什么，即所具有的潜能、综合素质的发展能力。 倘若你具有了强大的拓展能力和自我完善能力，具备了成才的优良素质，即使现在一贫如洗，毫无社会地位可言，仍可保持一种夺人的强大魅力，让接触你的人佩服你，尊敬你。

当一个人的实力还未达到应有的完善的时候，最好不要把自己推到社会的风口浪尖上，须知"高处不胜寒"，实力不够一定会导致进退两难的尴尬局面。 要保证自己在社会中所处的地位与才能相符台，就要求每时每刻都应有一个清醒的头脑，这对大多数来说是一件十分困难的事，是一种很高的要求。

有些时候，处在风口浪尖上的人们是身不由己的。 这时的要求则表现为两个方面：一是审时度势，当进则进，当退则退，不为社会环境、社会条件和个人物欲、虚荣所左右；二是不断完善自己，以弥补最初造成的虚空和不足。

实力和勇气永远是战胜一切困难，最终到达成功彼岸和理想境界的保证，对这个观点人们缺少的并非是认识，而是缺少发现并拓展自己的实力，锻炼并强化自己勇气的实践。

霸气、血性一个都不能少

气质对男人相当重要，但气质是需要培养的。 一个流浪汉可以在一夜之间暴富，或成为百万富翁，但却决不会一夜之间抛去卑怯、寒酸、下流等，一跃成为气质高雅，谈吐自如，有高尚情操的人。 所以说钱可以使人得到物质上的富有和享乐，但却不能使人高尚，尤其对气质、素质等内在的和长期养成的东西更是无能为力。

男人可以用高档的服饰把自己包裹起来，以求外形更似上层社会的人，这一点完全可办到。 难以办到的是把谈吐、气质、心灵也装扮起来，与外形相一致，在一夜之间进入新境界。 所以，外在形式的东西是一种短暂的存在，内在实质性的东西才是本质的拥有。 前者可以跃升，后者只能渐进；前者易于流失，后者可以延续、拓展。

随着社会进步，文明提高，人类减少了与同类和自然界其他生物争夺生存空间的压力，而学会了尊重生命，甚至是动物，谦卑地对待世界，而又毫不舍弃自己的身负的责任。 一个温文尔雅而又强悍有力的形象出现在我们面前，骑士的八大精神（谦卑、荣誉、牺牲、英勇、怜悯、精神、诚实、公正）就给了我们最好的诠释。 男人在责任的基础上又有了更高的精神追求，并成了现代道德基础的典范。

虽然如此，现在很多男人还是出现了女性化的特征，这大概是社会进步的副作用，首先是男人不需要普遍具备与自然抗争的强力。 另外，我想现在演变的情形有点类似母系时代，虽然我们没经历过。 随着社会进步，人们日益尊重个体，女性在社会中的经济和社会地位不断提高，女人有了自己生存或单独哺育后代的能力，她们不需要再像荒原中的狮子一样，挑毛色深的鲜亮的公狮进行交配，因为据说这样的狮子获得食物能力更强拥有更广袤的领地。 既然如果母狮子取代了公狮子的职责，必然会有部分公狮子乐于享受这一切，毕竟不用再辛苦奔波了。 人类社会也一样，除社会分工明确的和谐家庭外，自然有一部分的边缘男性安于享受或是追逐这种生活方式。

有个科学家研究过女性化的面容容易给女性亲切感从而获得好感，女人对社会压力的反作用又使得某种程度上女人要获得如同男人一样的统治支配的权利，她们不需要血性和太过自主的男人，因为烈马是很难驯服和驾驭的，女人的这些审美标准的变化又潜移默化地作用到了男人的身上，

他们不得不改变自己迎合这样的变化以获得青睐。

　　检验一个男人的品质和成就事业的能力，不在创业之初，甚至不在成就事业之后，真正检验人的，是在开拓事业的过程中，尤其表现于突然遭受较大波折之时。即相距成功之路愈长，遭遇波折愈大，愈能证明一个人综合素质的高低，愈能检验一个人的持久性和毅力。实践证明，每一个具备优良品质，并欲成大业者，没有一个人不是在磨难与痛苦中接受考验而成长起来的。

　　气质是综合能力与知识、修养的有机结合，气质表现于个体，但却作用于社会，要受到社会观念与社会认定的影响和制约。

　　拥有了强大的实力，较好的气质，男人才可能成就一番事业。

Chapter 14

我不下地狱谁下

对于一个男人来说,成功的第一要义便是敢想敢做,出手果断,正所谓"十个好点子不如一次真行动"。只有那种敢于冒险,敢为天下先,敢于第一个吃螃蟹的,才能真正在社会中纵横捭阖,成为人人景仰的成功男人。

●●胆商的高度
##　　决定成功的高度

　　胆商（DQ）：是一个人胆量、胆识、胆略的度量，体现了一种冒险精神。胆商高的人能够把握机会，凡是成功的商人、政客，都具有非凡胆略和魄力。

　　"你什么时候都可以停下来，为什么要现在停止呢？""当事情进展得不像你所想象的那么顺利时，你会变成什么样的人？"成千上万的人做着创业梦，只有少之又少的人勇敢地付诸行动。在没有资金的情况下，敢想、敢说、敢干也是一种资本，当你拥有足够的想象力，在资金短缺的原始积累初期，它能发挥出难以想象的"资本"威力。

　　对于一个男人来说，成功的第一要义便是敢想敢做，出手果断，正所谓"十个好点子不如一次真行动"。只有那种敢于冒险，敢为天下先，敢于第一个吃螃蟹的，才能真正的在社会中纵横捭阖，成为人人景仰的成功男人。

　　18 岁的吉诺·普洛奇在一家水果摊打工，有天来了 18 箱冷冻厂受损的香蕉，质量没问题，只是外皮黑乎乎的。老板让他随便什么价格把这批香蕉卖掉。"阿根廷香蕉！"他在门口大声叫喊，因为这个名字听起来很特别。吉诺说服围过来的人，为优待大家，他准备以惊人低价——1 磅 10 美分出售（其实当时好香蕉也只是 1 磅 6 美分）。结果，3 小时不到，吉诺将 18 箱香蕉卖光了。

　　过去人们一直认为勤奋是成就大事业的不二法门，但随着时代的变化，现在越来越流行"胆商"的说法，认为胆商也是成功的必要条件之一。越来越多的实证表明，高智商并不一定能成功，智商高只是一种优势。很多高智商者根本无法充分发挥他们的潜能，取得应有的成功，这是为什么呢？

丘吉尔曾经说过："勇气很有理由被当做人类德性之首，因为这种德性保证了所有其余的德性。"这里所说的勇气，就是一个人的胆量、胆略、临危不乱、处变不惊、力排众议、破釜沉舟的决断力。

科学表明，胆商对于成功的重要性，已经远远超出了智商。一项对1048名经理人进行的能力测试发现，胆商指数的高低是一个人事业成功与否的重要参数，其次是情商，再次才是智商。

如果说人生、事业、财富像一座座大山，那么高胆商人士就会不畏艰险，不断攀登，把每一个困难都当成一次挑战，把每一次挑战都当成一次机遇，并最后傲立巅峰！而缺乏行动力的高智商者，只能叹为观止。

想起十多年前，当初只有几千元进股市的炒家，几年后就成为了百万富翁；当初只有几百元去摆地摊的倒爷，十年后就成为了大老板。面对他们的成就，好多人都不服气，会说当初我要是做，一定会比他们赚得更多。不错！你的能力或许比他们强，你的知识或许比他们多，你的经验或许比他们丰富，可是你当初为什么就不敢去做呢？这既是胆识的问题，也是观念的问题，因为陈旧的观念束缚了你冒险的步伐。所以，你的观念直接决定了你在若干年后的今天依然贫穷！

自古盖房子出售，都是先盖好房再出售，这似乎是天经地义的事情。但香港商界奇才霍英东却在上个世纪中叶来了个反其道而行之——"先出售，后建筑"。这一打破常规的冒险行为，创造了一种全新的经营模式，使他迈上了由一介平民到亿万富豪的传奇般的创业之路。

霍英东是中国香港立信建筑置业公司的创始人。在香港居民的眼中，他是个"奇特的发迹者"。"白手起家，短期发迹"，"无端发达"、"轻而易举"、"一举成功"等等，这些议论将霍英东的发迹蒙上了一层神秘的色彩。霍英东的发迹真的神秘吗？不，他主要是运用了"先出售、后建筑"的冒险高招。

霍英东做生意有一个可贵的品质，那就是不错过任何一个机会来发展自己的事业。上个世纪五十年代朝鲜停战以后，霍英东慧眼独具，看出了香港人多地少的特点，认准了房地产业大有可为，于是毅然倾其多年的积蓄，投资到房地产市场。这无疑是比较大胆和冒险的行为，如果失败，他可能会血本无归，倾家荡产，但幸运的是，他赌对了。从1954年

Men should be tough to himself

开始，他着手成立了立信建筑置业公司，每日忙于拆旧楼、建新楼，又买又卖，大展宏图，用他自己的话说，他"从此翻开了人生崭新的、决定性的一页"。

在他以前的房地产业，都是先花一笔钱购地建房，建成一座楼宇后再逐层出售，或按房收租。这种方法虽然稳妥踏实，但对于快速发展的事业却颇为不利。霍英东通过反复思考后想到了一个妙招，即预先把将要建筑的楼宇分层出售，再用收上来的资金建筑楼宇，来了一个先售后建。这一先一后的颠倒，使他得以用少量资金办了大事情。原来只能兴建一幢楼房的资金，他可以用来建筑几幢新楼，甚至更多；同时，他又能有较雄厚的资金购置好地皮，采购先进的建筑机械，从而提高建房质量和速度，降低建造成本。更具竞争力的是他的楼宇位置比同行的更优越而价格却比同行的更低廉。而且，有时他还采用分期付款的预售方式，使人人都能买得起。

这种以现代的眼光看似稀松平常的手法在当时无疑是石破天惊般的创新和冒险举动。霍英东的做法的确高明，他开创了大楼预售的先河，成就了房地产全新的经营模式。为了推广先出售后建筑的营销模式，霍英东率先采用了小册子及广告等形式广为宣传。他说，我们开展各种宣传，以便更多的有余钱的人来买。譬如来港定居或投资的华侨、侨眷、劳累了半生略有积蓄的职员、赌博暴发户、做其他小生意装满荷包的商贩，都可以来投资房产。谁不想自己有房住？只有众多的人关心它、了解它、参与它，我们的事业才有希望。霍英东的广告效果颇为不错。立信建筑置业公司在短短的几年里所营建、出售的高楼大厦就布满了香港、九龙地区，打破了香港房地产买卖的纪录。这个既不是建筑工程师出身，又非房地产经营老手的年轻人在不长的时间里便成了赫赫有名的楼宇住宅建筑大王、资产逾亿万的大富豪。现在，霍英东名下的公司有 60 余家，大部分都经营房地产生意，或与房地产关系密切。

霍英东的奇思妙想和敢想敢做的冒险精神成就了他的大业，他开创了"先售后建"的先河，改变了房地产业原有的格局，成了后来房地产行业的一大标准。

有人是敢想但不去做，有人是敢想敢做，先做后说，成功理所当然属于后者。 智慧只是理论而不付诸实践，犹如一朵重瓣的玫瑰，虽然花色艳丽，香味馥郁，凋谢了却没有种子。 心理学研究结果表明：人对于未知的事情会有一种陌生感，陌生感会产生恐惧感，恐惧感会使人裹足不前，不敢去接触那件事情，越不接触就越恐惧，形成恶性循环。 使人消除恐惧感的唯一办法就是去接触那件事，而且越快越好。 再长的路，一步步也能走完，再短的路，不迈开双脚也无法到达。

●●雄心
是永恒的特效药

雄心，是将愿望转化为坚定信念和明确目标的熔炉，它将集中你所有的力量和资源，带领你到达成功的彼岸。 雄心是永恒的特效药，是所有奇迹的萌发点。 雄心有多大，男人的舞台就有多大。 雄心有多大，男人就能走多远。

在人生旅途上，没有承诺就好像走在黑漆漆的路上，不知往何处去。而所谓的承诺，就是自己对未来成就的期望，确信自己能达到的一种高度的雄心。

这种承诺也就是通常所说的目标。 目标为我们带来期盼，刺激我们奋勇向上。 一个人想成为什么样的人，他就会成为什么样的人，一个人要有雄心，必要时还要敢于向人讲出来，以不断地让这个志向在心中生根发芽，然后让其结果。

面对挑战，男人要用坚强的意志去迎接它的到来。 迎接挑战，是一次理性的探索，是对生活的崇拜，对自己的考验。 迎接挑战，就要置身于一种境界，一种勇于攀登不认输、矢志不渝不动摇的境界。 迎接挑战，要有战胜它的信念，正所谓"欲穷千里目，更上一层楼"，我们定能"长风破浪会有时"。 对未来没有目标、做一天和尚撞一天钟、稀里糊涂过日子的人，是懦夫和懒汉。

Men should be tough to himself

　　一次偶然的机会得知北京王府井饭店公开招人，有一位叫段云松的年轻人幸运地得到了面试机会，当上了大厅服务员。 由于缺乏英语基础，段云松在工作的第一天就出现了错误，被降职做行李员。

　　一天，香港首富李嘉诚下榻王府井饭店，由段云松给李嘉诚提包。 王府井饭店特意举行了欢迎仪式，在簇拥人群的包围下，李嘉诚越走越快，段云松艰难地拎着沉重的两个大箱子，气喘吁吁地把箱子送到了房间，李嘉诚的随从给了段云松几块钱的小费。 身为最底层的行李员，为最上流的人拎包，段云松感到既自卑又自豪，但更多的是激励。 "我进王府井饭店就想看看，是什么样的人住这么好的饭店，为什么他们会住这么好的饭店，我们为什么不能？ 那些成功人士的气质和风度，深深地吸引着我，我告诉自己，一定要成功。"

　　有一天，段云松与一个同事为旅行团搬行李，两人都累坏了。 段云松与那个同事跑到饭店的楼顶吸烟，他们的脚下是车水马龙的王府井大街，看着看着，段云松突然指着下头说："将来，这里会有我的一辆车，会有我的一栋房。"同事对他的豪言壮语嗤之以鼻。

　　不久，隔壁饭店的经理看上了段云松，请他当经理助理，段云松毫不犹豫地选择了这份兼职。 他给了自己一个机会。

　　段云松在父母不解的眼光和叹息声中辞职了，并进了隔壁的餐厅，他在经理助理的职位上只干了几个月就失业了，因为上级主管把餐厅卖给了别人。

　　段云松知道，任何人都不会是"一无是处"，在这个世界上，每个人都潜藏着独特的天赋，这种天赋就像金矿一样埋藏在我们平淡无奇的生命中。 那些总在羡慕别人而认为自己一无是处的人，是永远挖掘不到自身的金矿的。 只要自己努力不懈，命运是迟早会露出笑脸的。

　　下岗后，他到处寻找商机。 不久，段云松在长安街民族饭店对面找了一家小饭馆。 段云松接手的那家小饭馆非常破旧，于是他发动大家去附近的工地拣砖头等建筑材料。 经过几天准备，他们重做了地面，店面全部刷白，35 平方米的店，5 张小桌，虽然简陋，但是很干净。 小店就叫"民丰饺子馆"。

　　段云松用了 1000 块钱起了家，自己调馅自己包饺子，一两五个饺子。 来吃饺子的人一天比一天多，最多的时候，一天营业额超过 6000 元。 为了进一步提高员工的工作积极性，段云松决定将每个星期六的营业额全部拿出来，当场分给大家。 这样大家周周有薪水，多的一个月能拿到 5000 元，大家热情都很高。 一年下来段云松挣了 10 多万元。

后来，段云松又与一家幼儿园洽谈。 他以每年 13 万元的租金包下了这个幼儿园，他在院内拴了几只鹅，从农村搜罗来了篱笆、牛绳、辘轳、风车、风箱之类的东西，还砌了口灶。 忆苦思甜大杂院开张营业了。 开张以后的红火，是段云松始料不及的，吃饭的人得排三队，每天从中午到深夜，客人连续不断，一天的营业额在 1 万元以上。 3 年下来段云松挣了 1000 万。

段云松不久就对餐厅里那种喧闹、嘈杂、虚伪、以钱为主色调的日子开始厌倦了。 他问自己："明年的今天你还能干什么？"他一直也理不出头绪。 1994 年底，拥有 1500 万元家产的段云松要开茶馆了。 刚开始生意异常清淡。 艰苦的环境最能磨炼人的意志，他告诉自己，挺过冬天，前面就是铺满鲜花的大道。 茶艺市场在 1997 年底开始启动了，段云松等到了这一天。

段云松又不断地做了几件大事：建起了第一家茶艺表演队，代培茶艺小姐，提供茶叶茶具批发，提供开茶艺店的种种服务，又筹办北京第一所茶艺学校……

段云松说，有一次他到王府井饭店办事，没想到前来给他拎包的竟是 10 年前嘲笑他的那个同事。

不管你现在处在何种恶劣环境中，只要你心中有雄心，并学会给自己一个好的承诺，为了这个承诺去努力，你就已经在一步一步地走向成功。

●●莽夫之勇坚决不逞

胆识是胆量与见识的合称，二者的关系是相辅相成的，犹如"艺高人胆大，胆大艺更高"之关系。 拿破仑说过，一个优秀的指挥员，他的勇

气与见识好比等边三角形的两条边，应该平衡发展，不可偏废。 这二者是成功男人的左臂右膀，或者说是哼哈二将，缺一不可。

两个对手狭路相逢，胜负有这么几种情况：如果是两智者相遇，那么是勇者胜；如果是两勇者相遇，那么智者胜；如果两个都有胆有识，那么就会发生"既生瑜，何生亮"的悲剧了。

胆量大于见识，会因为轻举妄动而导致失败；胆量小于见识，会因为保守而贻误战机。 想要成功，单有发现机会的眼力是不够的，还需要有决策的智慧和快速的反应能力，当然，勇敢不是瞎撞乱闯，而是以自身知识和经验为后盾，是凭高屋建瓴的远见卓识、果敢迅猛的冒险精神，当机立断地做出决策并付诸实施的。

郑永刚在1989年接手宁波甬港服装厂时，它还是一个员工不到300人，亏损却超过1000万元的小企业。 今天，他领导的杉杉旗下已拥有21个服装品牌，两家上市公司，总资产近50亿元。

当时服装厂虽然拥有先进的设备，但主要还是为国外企业做加工。 郑永刚的到来，带来了一场翻天覆地的变化。 工厂先后注册了"杉杉"的品牌，借钱在全国各地做广告，提出无形资产经营理念，构建起当时全国最大的服装市场销售体系，全面导入企业形象识别系统，成为中国服装业第一家上市公司，建成国际一流水准的服装生产基地。 为了寻求更大的发展空间，他还把杉杉总部从宁波迁到了上海。

来到上海，郑永刚加快改革的脚步，先后割舍了早期巨资建起的营销渠道，大规模裁减营销人员，撤掉遍布全国的分公司，而代之以特许加盟销售体系。 最大胆也最重要的是，从服装生产加工领域抽身而退，将销售和生产全部外包，只负责品牌的核心运作、推广及服装设计。 这种经营模式在中国服装界是超前的、大胆的举动，而且还将市场份额第一的位置拱手让给了竞争对手雅戈尔。

虽然在很多人看来，杉杉把生产和销售全部外包的做法十分冒险，但郑永刚既然有这胆量改革，也必然有他过人的见识。 他认为，品牌才是第一位的。 因为在服装行业，最关键的环节就是品牌营销。 生产可以购买，销售可以控制，只有提升品牌这一价值链上利润最丰厚和最关键环节的竞争力，才有可能成为世界级的企业。

郑永刚认为，市场是宝塔形的，量越大意味着档次越低，而他手中的杉杉要成为走向国际的知名品牌，就要不断提升自己的设计、品质和品位。 品牌的提升就注定了杉杉不能以量的扩张为目标，而是要以国际著名品牌集团的经营模式为样板。 而这种多品牌的集团式经营是一个资本动作的概念，它的品牌都是独立的，是在集团控制下的独立的经营体。 于是，在不知不觉中，杉杉已经不再是一个单一的品牌概念，而是一个拥有21个品牌的品牌团队。

郑永刚知道，要实现现代化、国际化大型产业集团的目标，单靠服装产业显然是远远不够的。 于是，郑永刚将杉杉母公司提升为投资控股公司，下设服装、高科技和投资三大板块，力求实现多元化发展。 也许郑永刚太大胆、激进了，但他绝不是在盲目地"冒险"。 在多元化的道路上越走越顺的他丝毫没有放弃作为根本的服装产业；相反，他坚持杉杉的目标依然是继续从服装板块来做，要踏踏实实地继续把杉杉和它旗下的品牌推向国际，在国际时装舞台上出人头地。

郑永刚过人的胆量与非凡的见识，造就了一位中国服装业的"巴顿将军"。

●●没有野心
的男人落伍了

英国某留学生杂志提出这样一个问题：为什么中国的男留学生学业那么出色，而外国女孩却不愿意投入他们的怀抱？

外国女孩不喜欢中国男生，中国男生到底缺什么呢？ 调查显示他们普遍缺少"野心"。

中国社科院曾经与美国一家研究院搞过一个联合调查，调查结果显示，80%的中国男人根本没有什么野心。 相反在美国，只有20%的美国男人缺乏野心。 美国社会学家拿着这份调查报告自豪地对着中国同行说："这就是中国和美国的差距。"

衡量一个国家是否称得上国际化，有一项重要的指标便是外籍人士在该国所占的人口比例。 一个国家的男人面对外国女孩是否自信、是否敢于或能够把外国女孩娶到手，也是一个民族是否充满活力的象征。

有人曾做过调查，大部分中国男人对外国女孩没有"野心"。 信心不足，惶恐不安。

热情洋溢的外国女孩一般对中国男人这样整体评价：

"温柔、有礼、内向、害羞、做事认真有效率"是她们一致的看法。 不过，她们总觉得中国男人少了那么一点点什么。

"即使有机会，我也不会和中国男孩谈恋爱。 因为感觉上他们像哥哥，妹妹和哥哥怎么谈恋爱呢？ 实在不来电。"——在中国北京留学多年的美国女孩玛丽如是解释对中国男生"不来电"的感觉。

长期以来，"有野心"被看作是一个性格缺陷，其实，野心应当被予以更好的声誉。 男人要想成就一番事业，没有野心是不可能实现的。 比如一个企业的领导要想改变企业的面貌，使市场与技术的进步得到更广泛的被应用，这就需要更多的野心；而伟大领导人的野心则具有更强的目标性以及创造一些超越个人利益的事业驱动力。

当然，有野心的男人并不只是指那些在经济或政治上堪称伟大的人物，就是普通人的生活中，假如一个男人有一定的野心，那他就会常常不满足于现状，由此不断地寻求突破，最后做出一番事业。

郑先生其貌不扬，却从小就有一颗被人称赞的聪明脑瓜子。 高中毕业，他考上教育学院，出来当了名生理老师，生理课是副科，没几个人爱听，可他却把生理课讲得文采飞扬、妙趣横生，惹得学生们个个对他佩服得五体投地，尤其是女生，更是对他都崇拜得不得了，以至到了争着为他洗脏衣服的程度。 可这些并不能使他满足，又去广州进修了两年本科，回来后，干脆辞去了有着大好前程的工作，下海遨游去了。 下海经商后，开始时遇到一些困难，但凭他的聪明才智，很快就掘得了第一桶金，不久就财源滚滚而来，他更是春风得意，娶了漂亮太太生了宝贝儿子。前几年行情不好，他就把生意收了，做起了清闲的寓公，炒炒股看看书，过起了神仙般的日子，按说该知足了。 可是没过多久，郑先生就感到生活得不开心，原因是他的野心又在蠢蠢欲动了。 用他自己的话说："我的同学、朋友有的资产都上亿了，我这几百万算什么？"他现在正构思着

他的宏伟目标，他想办实业，然后扩大为集团公司，产供销一条龙，最后争取上市。他说拥有一家上市公司是他最大的愿望，等老了，再把上市公司转手或传给儿子，那时就真正退休。

郑先生永不知足的野心，的确有些让人目瞪口呆。野心，是雄心壮志、是远大理想，的确，人不能没有这东西。小时候老师就教育我们要树立远大的理想，没有理想，人会活得茫然没有神采，有句话说得好：没有梦的日子是痛苦的。可是，在现实生活中，相对于女人来说，男人的理想总是过于庞大，庞大成难以实现的野心时，是不是也是一种痛苦呢？

其实，男人这种勃勃的野心还是很容易理解的。作为女人，小时候与男人受的是同等教育，年少时不也有远大的理想吗？可随着时间的推移，男人女人作为不同的个体进入现实中，女人往往变得想要安逸的生活，特别是到了一定年龄，她们许多的雄心壮志就淡化了，这时最大的愿望就是嫁个好老公，过上舒服的日子，或找份清闲的工作，轻松地打发时间。而男人则不能，他们没有退路，甚至很多男人为了权力为了欲望绞尽脑汁头破血流。这与男人所处的社会角色有关，作为男人，他必需有所作为：做个强者，才能得到社会的承认，才能得到他想得到的一切，所以他必须披荆斩棘向前再向前。

但如果这种"野心"是以挖别人墙角为前提，或者通过损人才能利己，那就要把这种"野心"放在道德和法律的规定范围内，懂得控制自己。另外，要对"野心"进行引导，在"零和"环境中，你多一点，别人就少一点，所以"野心"始终不受欢迎。而现在飞速发展的社会，创造了双赢的模式，你的"野心"对于开疆拓土、探索未来领域，有不可或缺的作用。在那里，有"野心"的人是英雄。

但"野心"过大，会造成严重的心理负担。当现实不能满足自我的要求时，就会产生焦虑、暴躁、敌意、对抗情绪，对外影响人际关系和外部环境，对内则损害个人健康。研究表明，这种性格的人，也就是成功欲望强、"野心"大的人，易患心脏病、高血压、胃溃疡等疾病。

"野心"没有止境，所以要懂得将它调整在一个合适的限度之内，让它充分发挥对人的激励作用而不伤害人。

●●男人
要学会说 NO

媒体经常报道，某某"好男人"、老实男人干了大坏事，或犯罪，甚至杀了亲朋，其实这并不奇怪。

之所以一些"老实"的男人会出现很多心理疾病甚至犯罪行为，就是因为这些"老实"的男人平常不会说"不"。

他们一方面缺乏沟通，一方面缺乏正常的发泄，不知道拒绝，只知道忍耐，结果往往就成为了所有人的出气筒。

不在沉默中爆发，就在沉默中死亡。这倒应了不会说不男人的两种收场。"好男人"突然爆发的案件此起彼伏，那些血腥案表明："好男人"压抑得太久了，就在"沉默中爆发"了，这种爆发往往是悲惨大结局。

在中国，"好男人"的标准似乎就是"听话"这其实是以"乖孩子"的标准要求男人——对父母，他们说"是"；对老婆，他们说"是是"；对上司，他们说"是是是"……

这样"发展下去"，后果其实很严重——男人只强调"听话"很容易培养奴性，使其毫无独立性，对所有问题缺少个人见解，对邪恶势力无力抗争，以致人格扭曲，成为"问题男人"。

追溯开来，讲究"三纲五常"的中国传统文化就是一种"不会说不"的"弱者文化"。不会说"不"的男人，不管是古代还是现代，一般只能充当被动的弱者角色。

他们在爱情中被动。中国经典神话里，大都是"仙女"主动上门，以身相许。"小生"不敢说不，战战兢兢地被动接受。传统黄梅戏《天仙配》就是很好例证。七仙女主动得已有"女流氓"之嫌了，董永却木讷得如同傻子一般。七仙女把董永截到路口不让过，要想从此过，得把

我娶走。可怜而老实的"董郎"，不敢拒绝可怜兮兮"从了"。千古爱情就在男人的被动与无为中拉开帷幕。

他们在家庭中被动。不会说"不"的男人总是习惯依赖自己的长辈。不少人到了结婚以后，还得伸手向父母要钱，如果父母是有权力的，则更令视之为靠山。这更加深了后者对前者的依赖感。如何敢说个"不"字？

他们长大了，还让父母不放心，处处需要父母"扶"一把。他们在社会中被动，不会说"不"的男人，一般依赖心理都十分严重。他们堂而皇之地"在家靠父母，出门靠朋友"。一个被弱化了的男人，往往会觉得自己是无助的，因此，就有依赖他人的需要。

对于离家闯荡的男人来说，依赖心理是绝对不利的。它加重了男人的自卑感，使他们越发不自信、不敢说不。只要给这种男人一份差事，一碗饭吃，让这样的男人"靠"——就可赢得他们的友情甚至驱使他们，对于老板的命令，哪怕是无理的要求，他们都会"没有任何借口"地"从命"。

一个受人雇佣或受到"照顾"就将全部身心随从别人的男人，只能是一个很弱的"个体"。可以说，这样的男人永远出不了头！

鲁迅先生曾经提出过"拒庸愚"的思想。所谓"拒庸愚"就是敢于对平庸和愚蠢的东西说"不"。到现在，鲁迅先生的思想仍具有现实作用。

不会说"不"的男人总是倾向于使"群众"认同，视"敢于说不"的独立人为"另类"。其实，这恰恰证明了他们自己的平庸。

不会说"不"的男人没有个性，他们既然力求"正常"，因此也就向平庸的事物认同，其生活的意向也是"不要脱离常规"，不要与众不同，反对的则是"标新立异"，尤其讨厌的是别人"出风头"。

的确，不会说"不"男人的"美德"是与"和合"、"不要出风头"、"不敢为天下先"连体的。他们的"美德"注定了他们"碌碌一生"。

●●试一试
　　方知是石头还是金子

　　三十年前的一天下午，12 岁的迈克尔·戴尔与家人一起来到墨西哥海湾钓鱼。　与家人直接拿钓竿垂钓不同的是，迈克尔·戴尔临时改装了一个系着多个鱼钩的短延绳钓，居然钓上的鱼比家里其他人钓到的总和还多！

　　没多久，戴尔又想到一个好主意，在集邮杂志上登广告搞邮票交易，结果，他净挣 2009 美元，并用这笔钱买到了他的第一台个人电脑。

　　读中学时，戴尔为休斯顿《邮报》征订订户。　他心里琢磨：新婚夫妇是可能性最大的主顾，于是他雇请一些朋友复印出最近领结婚证的人的姓名和地址，输入电脑，然后给每一对新人寄信，分别附一份两星期的免费订单。　靠这种方法争取订户，戴尔赚了 18000 美元，买了一辆 BMW 轿车。　当这个 17 岁的孩子一次性付清现款时，卖车人大吃一惊。

　　第二年，戴尔考入奥斯汀的得克萨斯大学。　校园里都在谈论 PC（个人电脑），没有 PC 的人都想要一个，但商人的售价很高，许多人很想定做能满足个人需要的低价电脑，但这很难办到。

　　"商人卖价那么高，使用者为什么不直接到制造厂家去买呢？"戴尔想。　他知道，国际商用机器公司（IBM）的推销员每个月都有 PC 的销售定额，他们大多完不成。　戴尔还知道，存货积压对推销员很不利。　于是他从推销员那里按厂价买到了电脑，回到宿舍，他将其作一些变动，以改造其功能，为的是迎合不同用户的需求。　面对需求缺口庞大的市场，戴尔在当地刊登广告，供应按订货要求改制的 PC 机，价格却低于市场平均零售价的 15％。　很快许多商人、医生和律师都成了他的主顾，此时他的月收入已达 5 万美元。

　　1984 年 5 月 3 日。　年仅 19 岁的迈克尔·戴尔租下一间办公室，聘请了一位职员。　放寒假，他告诉父母他还在做电脑生意，可能会决定退学。　当父母得知他的最终想法是与 IBM 竞争时，非常焦急。　但无论他们怎么说，戴尔的主意不变。于是父母与他订下协议：暑假里他得搞出电脑公司，如果失败，9月份乖乖复学。结果，暑假的第一个月戴尔公司的销售额高达18万美元，第二个月达26.5万美元。戴尔差不多都忘了新学年的来临。

一年之内，他每月卖出1000台PC机。到迈克尔·戴尔应该大学毕业的那一天，他的公司年销售额已达7000万美元。随后，戴尔停止改装其他公司机型产品，开始设计、组装和销售自己的产品。

"一旦有了好设想，就该试试看！"这是迈克尔·戴尔常常挂在嘴边的一句话。就这样，他不断地收获着将一个个好想法付诸实施的喜悦，由一个翩翩少年变成企业巨头，成为美国第四大个人电脑制造商，是500名巨富中最年轻的公司老板。今天，戴尔电脑公司在16个国家，包括日本拥有多家全权子公司。公司年收入超过20亿美元，雇员约5500人。为了提高生产力，戴尔电脑公司对雇员们提出的、凡是值得一试的新设想，哪怕没有产生实际效益。都予以奖励。

成功者采取积极的态度，尝试许多新的主意，所以获得的成功也多。他们知道所尝试的事情有很多会失败，仍然乐观积极，坚持到底。洛克菲勒在自己父亲都不愿意借钱给自己。自己又毫无任何抵押品的情况下，他依然去尝试银行的借贷，因为他愿意试一试。

现实生活中每个人都渴望着成功，却又可能逃避尝试新思想、新事物。因为他们害怕尝试会带来失败的痛苦和众人的嘲笑，这种心态导致了他们失去许多可以成功的机会。鲁迅说过："其实地上本没有路，走的人多了也便成了路。"人生就像行路一样，每一次尝试，每跨出一步都是一种改变，都是一新感觉，都会有一种意外的收获和喜悦。

如果说敢想是成功的第一步，那么敢做则是你继续迈出的坚实的第二步。你不妨以勇者的气魄，坚定而大声地对自己说"现在就试试"！只要你开始尝试迈步，就会发现自己具有取之不尽的智力潜能，会发现生命中潜藏着许多连自己也无法想象的能力。如果不去尝试，这些能力永远也没有机会大放异彩。

请记住，凡事都得试试，哪怕希望微乎其微。成功地将一个好主意付诸实践，比在家空想一千个好主意有价值得多！

Chapter 15

男人
要抓住心中的窈窕淑女

从古到今，大凡男人好色之徒十有八九，所谓的"食色性也"也就给上下五千年的"君子"一个放肆的正当理由。男人面对心中的窈窕淑女，手足无措，面红耳赤，这显然是男人的一种耻辱。男人，对自己必须狠一点，采取必要的方式捕获寻了千百度的她。

●●众里寻她千百度

一生中，能得到心心相印、不因时间和空间的变换、不因社会角色的更替而拉开距离的一个挚友，乃是人生最大的幸事；而一生中，能得到对自己忠贞不渝、不因贫穷而埋怨、不因逆境而分离、不论何时何地，都能与自己风雨同舟患难与共，能真正理解自己无私地支持自己的另一半，乃是人生中的最大幸福。

一生中，与我们在一起生活时间最长的，甚至是天天可以见到的人，这个人唯一可能的就是自己的妻子；对我们生活上、心理上、精神上影响最大的也可能是妻子。我们一旦走进婚姻的殿堂，男人所触及的每一个角落，都会有妻子的影子，不论我们做什么。

男人为女人所生，不可能不受女人的影响。历数古今中外，凡是能成就大事业者，身后无不存在着一个或者几个杰出的女性。

对于男人来说，寻找生命中的另一半，也是仅次于事业发展的事情。她之所以是我们生命中的另一半，是因为她在我们以后的人生中，对我们有着重大的影响，甚至可以改变我们的生活和命运。

究竟寻找什么样的女人，才能在将来的某一天，证明自己的选择是正确的呢？对于男人来说，考虑最多的还是自己的感觉，感情上的事情自然会跟着感觉走。但是，女孩子的硬件条件，对这时候的年轻人来说，女孩子的家庭、学历、相貌、身材、体重和工作，都是首先考虑的，很少考虑女孩子软件的内容，如：修养、品质、价值观等。

对女孩子硬件的重视而对软件的忽略，导致男人把生命中的另一半选择错了，给自己的未来制造一个大麻烦，然后接着产生很多麻烦，无形中要耗费男人很多时间和精力，把男人拖得筋疲力尽，做什么事情的心情都没有，万念俱焚！

寻找生命的另一半，虽说讲缘分，但是和任何一个女孩子都可能走到一起。选择什么样的人，首先要了解我们自己。连自己都不了解，只靠

一时"性"起，一时冲动，往往会给自己的人生道路挖一个大坑，一辈子都填不平。

我们大多都是平凡人，都要过着平凡的日子，能成为千万富翁、亿万富佬一直是我们梦寐以求的事情，但是靠工资过日子更是我们不得已而为之的事情。不是我们没有更高的追求，而是很多条件制约着我们，其中最重要的就是我们对家庭、妻子的牵挂，让我们在冒险的事情上裹足不前，始终被想赢怕输的思想纠缠着。

如果我们觉得自己就是一个平凡人，就想过平凡的日子，即使是这样一个对未来生活最简单、最朴素的愿望，对我们自己、对我们生命中的另一半也是有要求的。我们的生命另一半必须也和我们一样，也甘心过着朝九晚五一成不变的日子，为家庭的每一笔开支做着精细的打算，在琐碎重复的日子里，有更多的耐心来经受时间的打磨，有更大的定力来抵御来自外界的诱惑，不为自己的平凡所悲，不为别人的飞黄腾达所动。

普通人的婚姻之车，是动力不大、配制不先进的仅限家庭使用的车辆，这辆车的司机，大多时间都是由妻子来担当。这就要求我们现在的女朋友、未来的妻子喜欢这辆车，心甘情愿地开着这辆低级的车穿越繁华都市，精心地对自己这辆车进行保养和维修，不让车子承载过多的东西。

如果我们都能有这样的女朋友，那么我们就能在未来的生活中寻找到一种稳定中的温馨，和谐中的一种幸福，发现平凡中的一种伟大。

假如女朋友不是这样的，对我们的生活就必然造成一种改变，使我们的生活永远处于动荡和不稳定之中。不稳定的生活，也必然要发生改变。不在不稳定中死去，就在不稳定中爆发。

如果我们是一心想成就大事业的人，没有一个任劳任怨的妻子在后面支持，甚至是牺牲自己所有的利益来填补我们精力和能力所不及的地方，就会打乱我们前进的步伐，牵扯我们的精力，使我们不能百分之百地投入到自己的事业中，徒增很多烦恼。

想做成一件事，特别是在今天竞争如此激烈的商品经济社会、市场还不是很规范的情况下，就需要想成大事业的人有冒险精神。

冒险，不是我们中国人的传统，多数中国人渴望的生活首先是稳定，然后才是发展。一个稳定，可能会让我们失去很多机会。在所有人都能看出来是机会的时候，机会就不再是机会。 真正的机会，往往伴随着风险一起从我们面前经过。

在机会与风险同在的时候，我们的女朋友只看到风险而看不到机会的话，就会对我们的行动进行百般阻挠，或者经常对我们夸大风险，强调失败后的严重性和破坏性，就会导致我们应该果断采取行动时犹豫不决，或者很保守地出击，致使我们取得成功的几率大打折扣，或者导致我们没开始就放弃。

如果女朋友对我们信任，或者比我们还有魄力，看什么事情都看积极的一面，很乐观，很豁达，把成败看得很淡，不论什么时候都能与我们同在，这样就会让我们接受新的挑战时没有压力，没有后顾之忧，没有想赢怕输瞻前顾后的心理，那样，我们就很可能化不利为有利，化有利为成功。

女朋友是我们的生活伙伴，也是我们的生活战友。 有一个出色的伙伴和战友配合，会使我们在生活的很多战斗中，很容易地取得胜利。 否则，就会拖我们的后腿，致使我们在不断重复的生活中，渐渐平凡，渐渐平庸。

所以，选择女朋友如同选车，男人一定知道自己需要什么样的女人，自己以后要走什么样的路，只关心车的豪华而不注意性能，不考虑自己的路况，很危险。

●●做个
有浪漫细胞的男人

在现实生活中，有些男人就像一幅国画，清俊脱俗，含蓄有致。 这样的男人彬彬有礼，谦和恭谨，胸有智谋，腹有经纶。 卒然临之而不惊，无故加之而不怒。 不是没遮没拦直来直去，而是山重水复柳暗花明。这样的男人使女人心醉。

当两人的感情出现危机的时候，这种男人不会轻易地就此放弃，而是会采用情感的浪漫攻势，以赢取女人的心。

她是城市的白领，他是城市的扛包工人。从学校里毕业后，两个人划着完全不同的青春轨迹。然而，他们仍旧保持着恋人的关系。

白天，她在公司里喝正宗的雀巢咖啡，下班后，她吃他买来的廉价冰棍；中午，她品味着公司里精致的饭菜，晚上，他带她去很不卫生的饭馆吃并不正宗的兰州拉面。她觉得，自己的生活非常的不协调。

这样的恋情，从开始的那一天，便好像是注定了某一种结局。

每天他都去接她下班，然后送到她所居住的白领公寓的电梯口，道一声晚安，匆匆离去。那天她突然想撒娇，她说背我上去吧！他看了看电梯，电梯运转并没有出现毛病，然后他回头，说，好。他没问理由。他背着她，从一楼开始，慢慢向上爬。

爬到一半的时候，他感到很累，他说休息一下好不好，她突然来了兴致，娇嗔着说不行。他就真的没有休息，一直爬到她的寓所所在的 13 层。她问他累不累，他说累，比扛包累。他说的是真的她知道，她有了一点点的感动。

然而，他们最终还是分手了。因为有时候，仅有感动，并不能够将爱情维持。

城市里并不缺少一个扛包工人，因此他回到乡下。有时候他也会给她打来电话，告诉她他现在种着大棚，挣了一些钱。她听着，感觉很平淡。那时她已经有了新的男友，与她相匹配的那种。

后来有一天，他又一次打来电话，说他攒够了五千元钱，这些钱，能够在乡下娶老婆了。她发现，突然间，自己的眼角，居然挂有泪珠。

她新交的男友也是每天接她下班，送她至电梯，很绅士地道一声晚安，接着就转身离去。有一天她说，背我上去吧。男友说，行。那时电梯停在一楼，男友背起她，迅速地冲进电梯。她伏在男友的背上，与电梯一起爬升，心却在飞快地下沉。男友嘿嘿笑着，好像对自己这个带着幽默的小伎俩很是得意。

那一天，她拒绝了男友照例的吻别。

她给他打电话，她问他那五千块钱花出去了没有，他说花出去了。

然后她便发现自己已是泪如雨下了，她把电话扔掉了，那一刻，她感觉自己正在失去整个世界。

几天后她在电梯门口看到他，他的手里拿着一枚戒指，很高档。 他把戒指扬了扬，说，五千块。 她乐了。 接着她就开始大声地哭了起来，哭得一塌糊涂。

她说背我上去？ 他说好。 接着他背着她，一步步爬着楼梯。 途中他累了，他说这次让不让休息，她说不行不行。 他就沉默着，一直爬到了13层。

这时她想，假如有一个男人，肯背着一个女人爬最漫长的楼梯，甚至能够做到什么理由都不问，那么，这个女人，就再没有任何理由拒绝他了。 她给了他一个长久热烈的吻。

女人就是这样，当自己拥有一样东西的时候不知道珍惜，而等她失去的时候，就会感到痛苦，而在这个时候，有心的男人的情感浪漫般的攻势则最容易打动女人的芳心。

蒙是兵的女朋友，一次兵带蒙去参加一个朋友的聚会。 在聚会上，兵当着众人的面对蒙说，参加工作后，有一天，我在一家首饰店里，看中了一对情侣铂金戒指，我很喜欢那个造型和花色。 试戴在左手的食指上，大小正合适。 于是，我就把这对戒指买了下来。 男式的就一直套在我的食指上，从来都没有摘下过它。 女式的一直被我挂在了脖子的项链上。

我一直期待着有一天能有一个心仪的女孩和我一起分享。 而你，蒙，就是那个让我心仪的女孩。 我会让我的朋友们见证这个永恒的瞬间。 蒙，我这颗漂泊已久的心，心甘情愿为你而停留；放荡不羁的个性，情愿为你而改变。 幸福人生，要你相伴。

没有几个女人能抵挡得住这般的甜言蜜语，它就像一枚细小的针，"扑"的一声，就把蒙的感情气球扎破了。

蒙再也忍不住，抱着兵大声地哭了起来。

没有哪个女人不喜欢浪漫的，这是女人的天性。 因此，男人在征服女人的时候，适当地采用浪漫的方式，那么结果一定会达到男人想要的效果的。

从某种意义上来讲，浪漫的男人身体中富含浪漫因子，这种男人的生活在一般情况下都是一帆风顺，他们轻松而自信的气质常常会让人们更愿意接近和支持他们，和他们生活在一起会让女人感到充实而满足。他们是那种不会让你觉得没有趣味的男人。他们绝大多数的时间都在掩饰自己的脆弱并不时为自己的"不良"表现进行补偿。因此这样的男人常常都会花大量的时间和精力去表达爱和感情。倘若给他半个月的时间去加勒比海岸度假，或者在一个豪华的度假村度过几个浪漫惬意的夜晚，他都会因此欣喜若狂，而且会很愿意与你分享。因此当具有浪漫细胞的男人和他的女朋友在某一个周末出现在一个歌剧院或徜徉在令人心旷神怡的林阴大道上也不要为之感到惊讶。他甚至会在周五下午在毫无准备时将女朋友从办公室拉走，接着一起空降在一个人烟稀少的地方，并排躺在浩瀚的银河下数星星，静静聆听彼此的心跳和夜莺诡异的叫声。在这群星编织的巨大纱帐之下，女朋友会觉得他就是一颗星星，他璀璨的光辉和巨大引力吸引着身旁所有的事物。女朋友会感受到他的能量并惊异于他的光彩。

●●沉默
是一种成熟的酷

前几年，"酷"成为青年，尤其是用来形容男人最佳形象的一个词汇，直到如今，"酷"的流行仍有迅雷不及掩耳之势。其实，酷说起来还有它的历史。有两个说法：一是源于英文COOL的音译。大体上是指对人，对某种现象的冷漠，特别是指对传统物质观的蔑视（不屑一顾）和毫不在乎的傲慢心态和神态；二是字典里的解释：残酷；程度深，极。现代都市男人如果被人称为"酷"则表示与众不同，是"土"的反义词。因此，在男女社交场合中，如果你能炼就出一份酷，一份含而不露的最佳状态来吸引女人，那是你的技能，你的功夫了。

在初次派对或见面的场景中，如果你是一个雄辩滔滔、笑话不断者，那往往你就起着活跃气氛不可缺少的作用，此时，沉默的男人也因对比而显得格外引人注目，这就是通常所说的"没有对比，就没有竞争，没有竞争，就没有优势"。而女人往往就喜欢沉默、甚至有点冷默的男人，不妨再加点无奈与无辜的神情。梁朝伟、高仓健就是典型的受欢迎的例子。男人太多话，总让人产生一种分量不够的感觉，换句话说，有点轻，有点虚，有点浅，然而一句话不说，那社交场面又怎么让能让人产生下文呢？可见沉默是有条件的——即该说则说，该止即止，要掌握好度。沉默的度拿捏好了，男人的吸引力就会像磁石一样，不仅让女人，同时还让同僚觉得"深不见底，藏而不露"，于是乎无形中为自己铺就了一条宽广的爱情之路，关系之河了。可一味沉默下去，始终不见开一次金口，也会让人以为你乖僻，腹中干涩，从而避而远之，失去与你继续交往的念头与乐趣。这对于二三岁的小朋友再明显不过了，如果你一言不发、无动于衷，小孩不能很快分享到他们共处时的乐趣与共识，则马上会分道扬镳的。况且，不与人群相处，不被他人了解，你自是有千般身手也只不过是一味的孤芳自赏罢了，也不大符合现代人择友、处事精益求精的要求。和他们相处，要么就是身处其中而又卓而不凡，因此在一定程度上讲，沉默是一种武器，你可以用这把武器来征服他人，尤其是女性。因为绝大多人都有一种欲问其详的本能。见了沉默而外形尚不寒酸的男人，且因他不时妙语出来，点到为止，不愠不火，众人皆笑独他不苟言笑，这时女人就分外着意于这种"杀手"。冷漠成了超然世外的一种风范，寡语成了他另类的一种品味，恰当的幽默因其惜言如金而倍增风趣。尽管场面上人大都希望有人带来轻松与欢乐，而实际上受到关注者往往是那些轻易不笑少言者，很快，这类人最终成为不少女人关注琢磨的目标。

有一个人就是这样成功地获取到感情的：

他家境贫穷，学业不成，很小就步入社会，在那个年少无知的年代里他曾犯下了偷盗的过错，被判了刑。出狱后，社会、家庭、朋友对他的关爱与帮助微乎其微。一次，一个老同学聚会，酒席中，他沉默不语，眼光流露出对未来的迷茫与无奈，但他又生性不张扬，不愿让自己的痛苦破坏周围人的气氛，因此他一方面吞云吐雾，另一方面适时地说几句，偶

尔还畅快地大笑一声，有一种琢磨不透的感觉，这种感觉，这种不语，这种冷淡引起了当场一位女生的"惦记"。 那次分别后，他依然如旧，颓丧的心终日靠烟酒打发，一天，他突然接到一个电话，惊讶之余，原来是那个女生打来的，她完全了解他的心思，并劝慰他，说他还年轻，不要被幼稚而犯下的过错打败，要振作，很多有出息的人曾跌倒过，并且跌得很重，但他们关键时吸取教训，体悟人生，用过去的经验成就自己的事业……几句话，对于当时孤独的他来说，犹如醍醐灌顶，之后他大为振奋。

可以说他的沉默是金，隐隐中给这位女生极大的诱惑，女生的话给了他力量，给了他信心，给了他光明……之后，他们便开始谈恋爱直到走向婚姻。 可见，他的成功就是用无声获得爱意，用适度的沉默赢得感情的。同时，他的事业也蒸蒸日上，先是搞石油贸易发了财，后开高档酒楼。

当然，假若男人因腹中无才，羞与人谈、不擅辞令而少话，那这种情况倒是一个掩盖自己不足的最好方式了。 少言寡语的老实人，跟魅力沾不上边，而男人一肚子雄韬史略，只因不落俗套的个性而惜言如金，一遇上知音，其言笑间又彰显才情风韵，风流中又绝对与低俗恶心扯不上关系，并且没事绝对不追打电话的这类男人，只要你一联络，那雄厚的声音亲切而有磁力，十有八九女人难挡其魅力。

女人因为这种沉默的魅力而坠入情网，又因为这沉默原是自然的，从而加强了女人改造男人的决心，两人就在这种吸引与决心之间走到了一起，撞出爱的火花。

好的男人和女人一样是迷宫，让你走不出他的心路；百转千回又是无限风光。 因此，在这无限风光的背后，沉默的你，还须有千锤百炼的素养与风度。 在这个素养的基础上，沉默才是魅力之器，才能成为杀伤最为敏感而具个性的女人的武器。 在这个讲究社交与能力的年代里，单身的你如果能修练一种技能，不仅丰富和提升自己的知识外，还需要打造出一种适度的冷酷，这样，你就会变成了众里寻他千百度中的那了了。 记住，女人喜欢沉默的男人是潜意识里的一种依靠、一种追寻。

●●学会
　　在女人心灵领地耕耘

不论你家是花园别墅，还是贫居廉户，也不论你是上层名流，还是洗衣卖菜的贩夫走卒，拥有浪漫爱情，完美婚姻幸福这个概念，是男人终生追求不懈的目标。繁闹的都市里，匆匆而去的身影，许诺着人们对未来美好生活的设想。这使我想起了马尔克斯的《霍乱时期的爱情》——关于一个男人和一个女人全心全意相爱的故事，彼此相爱的七旬老翁对葬礼上的自己的初恋情人说："我等了半个世纪，今天终于可以向你重申我的诺言：我永远衷于你，永远爱你。"如此惊心动魄，如此肺腑之慨怎能不让人感动？

年轻的你，不论是未婚的还是已婚的，都将逃避不了感情的羁绊，了解女人驿动的心，慧眼窥探女人似海的心理，使你在追求和保卫爱情的路上稳操胜券。如果你是个经验老道的人，也希望你在追求浪漫的同时，珍惜身边的感情，为自己营造一份健康而让人羡慕的温馨家园，使幸福这个概念在你身上映射出来。

挑衅是一种表达爱的方式

当女人以挑衅的口气对你说话时，你可千万别忽略她隐藏的爱意而勃然大怒，这样你就会失去爱的机会。

有一部偶像剧，相信很多人甚至已婚的都看过的《流星花园》，里面主人公 F4 之一的道明寺在屡屡对杉菜进行恶作剧、挑衅、报复打击后，向她表达爱意，其实这正是男人对女人表示好感的一种方式，相反很多女人对自己心仪的男人，也是用攻击性较强的语气说话，尤其生活在男性圈中，反抗意识较强，个性较另类的女性，会因为害羞或自尊心等而无法直

接表达自己的感情，她会将对男人的好感或仰慕改为批评或攻击的语调。所以，你若发现某个女性常常无缘无故地对你说出挑衅的话，就可以证明其实她对你很关心，不过，要注意的是，有时女人向心仪的对象发出攻击性的形式，其选择的对象，可能是容貌性格无缺陷，但经济能力稍不足的男人，她们会以这种方式来表达自己心中的不满，因此，此时男人应当小心，应该有自知之明，应该慧眼识珠，巧妙应付。

托辞，只是想吊男人胃口

女人在恋爱或交友过程中采用的种种战术中，最普遍最典型的办法就是"吊胃口"了，因为女人天生一副言不由衷的模样，所以你该分清形势，识得庐山真面目。

一般来说，女人常隐瞒自己的感情，故意采用婉转的表达方式，或者说出违心的话来试探对方的反应，也就是说，这些话是女人有意想引起男人注意力而故意说的，利用谎言的情形。

例如，在交往中的女人，在没有特殊理由的情况下，说出"说不定暂时不能见面"的话，这时，如果经验不足，单纯质朴的男人通常会问无法见面的理由。如果此时女性的语言暧昧不明，便可以认定，在女性心理一定有强人所难的要求或对你不满。换句话说，"无法见面"只是一句推托的谎言。有时，对于缺乏男性经验的女孩来说，也许"暂时不能见面"实际上并非逃避对方，反而是"你可以晚点来找我"的暗示，因此，你要学会察言观色，学会洞察女人的心理，女人如果真的不能和你见面时，会明确地说出理由和再相聚的时间的。

不要轻信女人爱的表白

有这样一段故事，一位美丽的有夫之妇，在一次偶然的机会中，认识了一位年轻的登山家，他俩同宿一夜而发生关系。年轻的登山家仰慕这位夫人已久，现在由于与她有不正常的关系而爱意更深。然而事后，这位女主人，因为自己不贞的行为，而受到良心上的谴责，所以逐渐克制并断然终止了对这位青年的爱意。可是年轻的登山家却无法摆脱对对方的恋情，他责问女主人说："当天晚上，你不是说很爱我吗？"没想到她居然回答："当时我确实是这样想，但是现在不同！"结果是男人纯洁的心受到了伤害。

有夫之妇与其他男人发生不正常关系，心中当然会有愧疚和罪恶感。因为，她以向对方说一句"我爱你"来掩饰自己的行为，逃脱已犯下的罪恶。实际上，这句话是想把背叛丈夫的行为，在某种程度上加以合理化。因此，即使两人同宿一夜，马上可以把对方忘得一干二净，并对他采取冷淡的态度：这位女主人，向登山家坦白地说"当时我的确很爱你"，但是事实上只是她以为是这样，无意中的表白成了无法兑现的谎言。

无论是不是不贞的行为，女人和男人第一次发生关系时，女人都会为了避免被男人看成是随便的女人，而在无意中找各种借口来掩饰自己的行为，其中最典型的就是"我早就爱上你了"这类话了。换言之，用这句"我早就爱上了你"，把自己临时产生的性冲动加以正当化。

所以，对于女人口口声声的爱的表白，尤其是对你早就有好感之类的内容，要特别谨慎。倘若，经过长期的交往，且在发生关系之前，就有这类爱的告白的话，那还有点可信度。但如果相信发生关系时所言的爱的表白，因而得意忘形，说不定下一次，就会遭到被遗弃的命运。

电视连续剧《隋唐英雄传》，里面那个后来成为瓦岗寨皇帝的李密只因听了杨广的妃子陈妃爱的表白与撩拨后，遂与陈妃发生关系，然而不幸的事发生了，陈妃反咬一口结果落得个被杨广斩首的下场。直到最后程咬金将其解救后封为瓦岗寨皇帝时仍对陈妃念念不忘，死心踏地地想着她。这真是他英雄丰碑上的一大败笔。当今社会商场、情场都是尽数欺骗、算计，因此遭弃是小，不要因此而付出更大的代价，这才是现代都市男人多应警惕的。

了解女人心胸

有位作家曾经说："女性对同性的感情，只有漠不关心和嫉妒两种。"虽然这句话说得有点极端，但在特定场合下，还是颇有几分道理的。 他还介绍如下一段故事：

一次，他带女友到常去的酒吧，由于熟悉的女服务员不在，女友就向其他的女服务员说她的坏话。 一位女服务员说："她不是很漂亮吗？"女友便说："听你这么一说，我倒发现她有一双伊莉莎白式的眼睛。"没想到，那位女服务员听完这句话，马上脸色一变，不屑一顾地说："她就是由于喜欢炫耀自己的美丽，客人才不敢接近她。"

由此可见，女性赞美同类时，心中充满了嫉妒，这时她心中想的是：这种女人有什么好？ 但她又不愿意让他人尤其是让男性发现自己的狭隘，认为她风格不够高雅，心胸不够端庄大度，因此在表面上以相反的态度来赞扬对方。

因此很多时候，女性赞美对方的话中，往往隐藏着无法克制的嫉妒心理。

男人如果不能识破女人的这种谎言，反而附和地说："你说得不错，那个女的确实长得很美。"女人在男人面前赞扬同性，其真心并不是希望男人附和，而是希望男人否定，比如，她希望男人说："我看，她没有你说的那么好吧！"所以，如果发现女人是为了社交礼貌而赞扬别的女人，男人应不闻不问，装聋作哑比较明智。

对于女人的赞美，真正值得相信的是：她所称赞的对象是电影明星或播音员等，这些人与她没有碰过面，完全没有本质上的利益关系。

无病呻吟，唤起你的同情

有人说"女人的泪水是谎言的代名词"，这就像西方哲学家所说："没有什么东西比女人的眼泪干得更快了。"虽然大多情况下，女人的眼泪确实是出于感情的伤悲而落的，但有时它也成为多情女人或感情经验富足的女人利用感情的武器，在这种不辨方向的情况下，你要格外警惕，以免引火烧身。

记得有一次，一位领导去某公司演讲，演讲完后突然觉得胃很不舒服。 于是他到医务室拿药，看见医务室的男医生长得比影视明星还英

俊，他感到很意外。 后来，他开玩笑向主办这次演讲的负责人说："这里的女职员真幸运，居然有这么帅的男医师给她们服务。"而负责人却说："自从医务室来了这位医生，身体不舒服去拿药的女职员，增加了三四倍。 "说完此话，他们两人相视会心地笑了。

用这种方式来引起对方的注意，是一般人常用的手法，女人比男人使用这种方法的次数更多。

男人很容易接受女人所说的"今天我有点头痛"，或是"最近身体总觉得不舒服"之类的话。 平时不做任何事的先生，一旦发现太太因感冒而卧床，就会自动地做家务事。 这就是男人对女人生病所表示的同情和关怀。 女人就算没有病倒，只要脸色苍白，男人就会以真心来关怀她。 用心的猫样女人，就经常以这种形式来博取男人的同情。

比如你的女友说："最近我没食欲，吃什么都觉得不好吃"，她的真正意图说不定是想让你说"那我们去吃大餐吧"！ 当然，如果女方痛苦不堪或心情极端恶劣，真的生病，那就有必要细心照顾她了。

识时务者为俊杰

培根曾说："爱情是很容易被考验的，如果对方不以同样的爱情来回报你，那就是在暗地里轻蔑你。"这是一句非常理智而清醒的话，非旁观者是说不出来的。 当局者在感情的蒙蔽之下，总希望自己是例外，不肯承认自己在对方心中已经没有了分量，有这种发觉的人要适时退出，"识时务者为俊杰"。 千万不要花大量时间和精力热情地去贴她的冷脸。 古人云："与其临渊羡鱼，不如退而结网。"要知道，你捉不住她是因为你缺少可以捉住她的条件，所以当你失望的时候，你要睁大双眼，识出事情发展的真相。 想想一个人有了足够的资本之后，是很容易找到你所爱的女人，何必只看着鱼而发愁呢？ 因此，慧眼识相的你就不必犹豫什么，去"退而结网"吧。

●●偶尔的霸道
更显男子气魄

温柔的男人固然为女人所喜欢，然而，作为男人，适时的霸道也是赢得爱情的一种方式，因为，那样让你看起来会更具有男人的魅力。

有一个人，爱上了一个女孩儿，他第一眼看见她就爱上了她。

女孩儿在街东头开了一家精品店，卖一些项链、手镯、发夹以及毛绒绒的卡努比、机器猫叮当等。 店面特别的小，也就十来平方米，但外面有一个很大的遮雨篷，可能是因为不是水泥地面的原因吧。 若不是刮大风下大雨，女孩儿一般都蜷缩在店门口那把漂亮的藤椅里看书。 大多数是亦舒的书。 女孩儿的裙摆短短的，露出光滑白晰的一截小腿，脚趾甲上还涂着紫罗兰色的蔻丹。 他在女孩儿店里买了不少的东西，很胡乱地买，比如水晶发夹，他买了五个。

有一天，女孩儿感到很好奇就问他，发夹有大有小，怎么不把女朋友带来亲自试试？ 他脸红耳赤，一时说不出话。 老天爷知道，他还从没谈过恋爱呢。 他慌乱退出去，连买的东西都忘了拿。

有好长的一段时间，他都不敢从女孩店门口过。 还没靠近，心脏就擂得比鼓声还急。 终于，已经消瘦许多的他在朋友鼓励下，大步迈入女孩儿的店里，就像一个十足的傻瓜，艰难地对女孩儿说道，我喜欢你。 女孩儿就笑，我也喜欢你呀。 他咽下一口唾沫继续说，那你嫁给我好吗？ 女孩儿笑着摇头。 他的勇气在瞬间崩溃，转身就跑出了店门，一个人奔至偏僻处，失声痛哭起来。

没有人看见他的泪水。 阵阵清风吹来，将天地间的秘密撩起。 他慢慢地不再哭了，惊讶地注视着身边的草。 草上沾有几滴他的泪水，晶莹剔透。 它们发出一组组神奇的音节，明亮而且透彻，不像是故弄玄虚的魔术，就好似一根手指，为他轻轻推开那些掩藏在灰尘下的一个纯净的世界的门。 这是一种说不出来的感受，并且是如此巨大。 他忍不住轻咳出声，伸手去触摸草的颜色与形状，都是绿色的，浅绿、嫩绿、深绿，翡翠绿，虽然也都是边缘有锯齿的线状，长度、宽度以及锯齿都不一样。 它们结成部落，星星点点地撒在大地上。 在草丛中有一些蚂蚁出没。 他心念一动，年轻人性子里的倔劲上来了，马上向超市跑去买了一罐蜜糖，稀释好，用手指蘸着，再跑到女孩店门口写字。 他写的是"我爱你"。

很快，不计其数的黑色灰色褐色的蚂蚁迅速从各个缝隙里钻出，排行纵列，首尾相接，顺着他在地面上勾勒出来的字迹，奔跑、交谈、忙碌，就如同一群世上最英勇的士兵，用鲜活的生命点燃汉字。

这回轮到女孩儿面红耳赤。 她关上店门，匆匆逃离。

第二天，他又拎来一大桶蜜糖。 蚂蚁更多了。 那三个汉字让女孩儿彻底头晕脑胀。 接着是第三天，第四天……整个县城里的人都轰动了。大家都在猜女孩儿什么时候会打开她的店门。 就这样，他与女孩儿相爱了。 不久之后，他们就结婚了，生活相当美满。

男人是一种占有欲很强的动物，也正因为如此，娇小妩媚的女人才会更加欣赏男人的霸道与自私。

曾有这样一个事例：男人非常的爱女人，可是女人曾经受到过感情的伤害，所以，不再相信爱情。 对于男人猛烈的追求，女人对男人总是一副若即若离的样子，这让男人很苦恼。 男人的朋友就给男人出主意，让男人给女人写一封信，于是，男人就精心写了一封信给女人。 信的内容如下：

亲爱的老婆：

你好，在你还没有答应我的求婚前，我就这样称呼你了，希望你不要生气。不知道这么冷的天，你在做什么呢，是听歌还是看电视，或者是在温习功课为考试而忙碌，当然，我不该问你这么多，因为此刻，我不是你的什么人，我跟你没有一点儿的关系。我感冒已经好几天了，对于我为什么会感冒，我是百思不得其解，在同一个办公室的几个都没感冒，就我一个感冒了。我研究了好长时间，最后发现是你的错。理由如下：

第一，我们办公室的人除了我之外都结婚了。根据我几年的抽样调查，我发现，单身感冒的几率真的特别的大，因为在我单身的若干年里，感冒是我最容易得的小病。而我们办公室几个老男人基本上从来没得过感冒，由此可以得出一个结论，我觉得我感冒的最直接的原因就是你没有答应我的求婚，为我单身生活解围。当然，只是感冒，值得高兴的是我还发现半身不遂、脑血栓等病在单身男人身上发生的概率却比较低。所以，错虽然在你，但是总体情况还是比较乐观的，你没有必要为此而自责不已。

第二，没有足够的运动量，所以抵抗力比较差。在这一点上，你有推卸不了的责任，因为你假如你早点答应我的求婚，我就不会每天回去安心地在那里看电视听音乐，一定要被你拉出去购物或者健身或者看电影，有了这么多的活动，我想我的运动量一定会非常的大，不至于到现在抵抗力这么差的地步。但是话又说回来，错虽然在你，但我也有一点点的责任，我有必要每天吃完饭出去走上几小步，就算是在你没有答应我求婚的情况下。

第三，被关心指数较低。说到这一点，我觉得我最委屈了，尽管你已经注定是我的老婆了，但你却没有在关键时刻送上温馨提示，以至于我忘了寒冬已经来临，还是像秋天一样为了能够在你的面前展现我的魅力而穿得比较单薄（老婆，你不知道，我现在已经很胖），才得到最后被挂的后果。如果你能在我感冒之前答应我的求婚，你肯定会对我嘘寒问暖，我也会欣然响应你的号召，多穿几件衣服。当然，错虽然在你，但我也有一点点的责任，我没有能够准确记住哪种感冒药的效果比较好，以至于错服了两种药，耽搁了治疗效果。老婆，在你还没有答应我的求婚之前，我会牢牢记住，快克治疗感冒的效果最好，在下次感冒的时候，我会又快又准地选择快克。还有，它不含PPA。

第四，生活缺乏照料，严重地影响了睡眠质量。在批评你之前，我先做自我检讨，本人睡姿极其残酷，经常会把被子盖得平行翻转180度，所以经常睡的是双腿裸露，很容易着凉。正因为你没能够及时答应我的求婚，以至于让我到现在还保持着这个恶习，导致我感冒的严重后果。如果你能在我感冒之前答应我的求婚，我想我一定会在你的教导

和培训之下，努力改掉不良习惯，保持优雅睡姿，那感冒也无从得起。虽然主要错在你，然而，请你不要伤心，我是个有理想的青年，我是个有抱负的男人，在你没出现之前，我有个英明决定，以改善我的睡眠质量，避免着凉感冒，那就是，我决定买一个2.5m的大床，再定做两床2.5m的超厚棉被，保证它在翻转180度后，仍旧可以达到保暖效果。

亲爱的老婆，尽管导致我感冒的错还有很多，为了保证你的威望和地位，在此不一一赘述，希望你能知错就改，赶在我下次感冒的时候答应我的求婚。同时，也向你做个检讨，你的所有感冒也都是由于我没能及时打动你的心导致，在这里，我向你真诚道歉：对不起，老婆！

像这样的信，相信无论是哪个女人也会为男人的霸气而感到敬佩，从而也会心动。

从某种意义上来讲，男人是坚石做的，而女人则是用水做的，水是温柔的，很容易就会被坚石的阻挡而顺从地流向其导向的方向。换句话来说，也就是女人会被男人坚石般的霸道给征服……

●●找一个
　　"旺夫"的女人

俗话说："一个成功男人的背后往往有一个成功的女人。"女人对男人的影响是无法估量的。因为，女人与男人一生相依、朝夕相处，是男人最亲密的伙伴，最贴心的伴侣。男人选择什么样的女人做伴侣，不仅对家庭有很大影响，而且可以说对男人的一生都有很大影响。一个好的女人能成就一个男人，一个坏的女人会毁掉一个男人。

什么样的女人才是最适合自己的？绝大多数80后的男人很少思考这个问题，他们基本上是"跟着感觉走"，对方漂亮、身材好，看着赏心悦目，与朋友聚会时"拿得出手"……就是她了。至于女孩子的品质、修

养却很少考虑。 但是，20 几岁恰恰是绝大多数男人寻找并确定另一半的时期，如果一味跟着感觉走，过分注重对方的外貌、学历、工作等外在因素而忽视女孩内在的素养，那么很有可能给自己的未来带来无尽的麻烦。"后院失火"常常会让冲锋在前的男人疲于应付而难以在竞争中取胜。

虽说爱情需要讲缘分，不能用各种各样的条件来约束它，但是，也不能如琼瑶小说里的男女主角一样，一旦对眼了就不顾各种现实的因素，弄到放弃事业、放弃亲情甚至放弃生命也要在一起。 世界上适合你的女人不止一个，关键是，对方能否与你两情相悦，并且两个人的结合能带来"双赢"的局面，让彼此从此生活得更好？ 不少男人，往往心里既有英雄情结又有着大男子主义，认为女人就是用来疼的，用来保护的，男人生来就得打拼，为自己的女人创造一个美好的明天。 这种个人英雄主义的情结让男人变得勇猛而悲壮，也让懒惰的女人找到了懒惰的借口。 男人可能不明白，幸福不是靠某一个人单方面的努力就能得来的，如果一方拼命努力而另一方坐享其成，必定会导致彼此步调的不协调，以致矛盾丛生。 更何况，现代社会竞争如此激烈，男人光应付个人的事情已颇感不易，如果再负担女人的前程，势必脚步更加蹒跚。

路子航当初看上这个女孩时，就是因为这个女孩什么都不懂，什么都要人照顾，因而激发了他作为一个男人保护女人的本性。 大学毕业，才华横溢的路子航就收到一家外地知名企业的 OFFER，但是，女友因为从小就没有离开过父母，而坚持要他在本地找工作。 无奈之下，路子航放弃了这份 OFFER，而在本地找了一份清闲但并无多大发展前景的工作。 不料，几年过去了，女方父母却因为路子航依然没有能力买房买车而渐渐有了嫌弃之意，这大大刺激了路子航的自尊心。 为了让自己和女友有一个更美好的将来，路子航还是离开了女友生活的城市，只身到外地寻找发展契机。

在这个陌生的城市里，路子航吃尽了苦头，花了一年时间才稳定下来。 可是，女友却在电话里无奈地告诉他，因为她没有工作，更没有能力照顾自己，所以她不得不接受另外一个男孩的追求。 路子航这才发现，几年的光阴里，自己到底因为这个女孩付出了怎样的代价：挣扎了几年，不但又回到起点，而且眼看着自己年龄越来越大，居然爱情与事业都

给耽搁了！ 他真是欲哭无泪。

与路子航相反的是，阮阳因为遇到一个"旺夫"的女人而从此奋发图强，事业越来越顺。 在遇到女友小诺之前，阮阳在一个不大不小的公司里做营销主管，薪水虽不多，但足以让他做个快乐的单身汉，他从没有想过要去改变一下这个让他颇为满意的现状。 但是，小诺并不是一个安于现状的人，她先是督促阮阳将以往用来玩游戏的时间变为学习时间，而且还不断鼓励他跳槽，寻找更好的发展平台。 不久，阮阳成功地进入一家大型房地产公司。 一年后，颇有理财观念的小诺又鼓励阮阳利用在房地产得到的信息在这个寸土寸金的城市贷款买了房。

就在他们买房后的第二年，这个城市的房价暴增，小诺他们的新房身价一下就翻了倍，两人趁机将房子转手，购房所得的钱不但轻松地还完了贷款，而且还让他们有能力购置一套够他们居住的商品房。 年薪已经今非昔比的阮阳又和女友一起通过分期付款买了私家车。 就这样，这对年纪轻轻的情侣过上了许多年轻人梦寐以求的有车有房的生活。

80 后的男人，如果想在三十岁前成功，就需要在感情生活方面平和而稳定。 在攀登事业高峰时，如果私生活不愉快，陷入感情危机，会对你产生很大的干扰，甚至会逐渐令你对别的事物失去兴趣。 传说中，有一种"旺夫"的女人，一旦找到这样的女人，男人就能从此一顺到底，财运亨通，事业发达。 聪明的男人，会在爱情的前提下，找一个"旺夫"的女人来为自己的事业和家庭"添砖加瓦"。

那么，什么样的女人才是"旺夫"的呢？ 哪种类型的"旺夫"女是适合你的呢？

事业心极强的男人适合找善解人意的"旺夫"女

善解人意的女人她细心、有洞察力，能从你表露的一些苗头想问题。快活时与你一同分享，有难言之隐时，她能从你的举手投足中发现，并去劝慰你。 马先生的太太就是这种类型。 早年，他创业时，因为太太的理解和支持，成就了他今天的事业，现在他已经是一家集团公司的老总。他说："其实，我觉得旺不旺夫不能单单从长相说起，谁能说出哪个女人

旺夫，哪个女人不旺夫？如果那样，不旺夫的女人还有人要吗？对于我来说，善解人意的女孩最适合我，这样的女人会让男人活得很轻松。越是成熟、成功的男人越对这样的女人有一种生活上的依赖和依恋。如果女人称男人是一座大山可以依靠，那么男人更想女人是一片静静的港湾，可以让自己停靠。也许在这里用如此俗套的语言形容成功男人的心境显得矫情了一些，但这是我最真实的感受。我相信很多成功的男人都会这么想，只不过各有各的表现方式罢了。恰好，我的太太就是这种类型。"

艺术型男人适合找心胸宽广的"旺夫"女

心胸宽广的女人，会给男人足够的发展空间，并坚信男人是"放"出来的，而不是"管"出来的。这样的女人，能让男人放心地去做自己的事业，而不用担心自己的女人会因为不信任自己而产生情感危机。刘先生的太太显然就是这种类型。

刘先生是名艺术家，正是因为有了太太的支持，他的绘画事业才得以蒸蒸日上。谈起太太时，刘先生说："旺夫是很不容易达到的，对于一般女人来说，最重要的是维持家庭稳定，很少有女人可以既开发出男人的内在潜能，又能稳定两个人的关系。结婚这么多年，我一直思想活跃、行动自由，即使有事情在外面留宿没及时通知她，家里也不会闹翻天，夫人的大气是个很重要的前提。旺夫的女人需要有天分，天生心宽，这是学不来的。还有就是需要两个人运气好，碰到合适的人，怎么看怎么顺眼，就愿意作出牺牲。刚开始我对她这种类型也不是很感兴趣，她不是那种眉飞色舞、眉目传情的女人，时间长了发现这是一个极大的优势，多愁善感、心细如发的女人一旦进入生活，可能会很磨人。男人不是管出来的，女人如果跟男人协调好了，生活会更幸福。"

"做男人要实实在在，我把完全真实的自己展现给她，这是对她的认可和最大的尊重。做男人没必要当面一套，背后一套，玩什么把戏。比如画画的人对女人感兴趣，这一点她清楚，如果哪天有人往我们家里打电话，说看见我在跟一个女的遛弯儿呢，我们家里绝对不会炸，她会说，没关系，这很正常。 所以归根结底就是那些最基本的东西：人要真诚、自立、有信用。 如果真把这些当成行动指南，认真地去做，就能过好，没有什么特殊的技巧。 当然，如果两个人能够互相欣赏，生活里有点幽默感，那就是更深层次的美好了。"

不苟言笑型的男人适合找可亲可爱型的"旺夫"女

可亲可爱型的女人很有情趣，很会调节气氛，她们既有着小女孩一样的调皮、可爱，又有贤妻良母式的亲切和体贴，能让一向一板一眼的男人变得风情、风趣，从而为自己开拓更广的事业空间和人际空间。

王先生因为太太而改变，以前的他梳着背头，长袖衬衫总是扎在皮带里，从未穿过牛仔裤，从未套过 T 恤，一脸的严肃，虽然才 20 多岁，却经常被人误以为 40 出头。 现在的王先生，一身休闲打扮，脸上总是流露着幸福的微笑，因为太太总说他可爱，并从头到脚全面包装，每天让老公必须在自己面前变化各种可爱的神情，嘬着小嘴，歪着脑袋，扑哧扑哧忽闪着那双大眼睛，眼神还不断地往上挑。 因为生活状态的改变，身为演员的王先生在事业上也变得如鱼得水，他在舞台上塑造了一个又一个可爱的形象。

王先生说太太能和自己的母亲和睦相处是最大的幸福。 王先生是个孝子，家庭的变故让他从小学会了独立。 夫妻俩有了自己的小窝以后，王先生就把母亲接了过来。 正如他预先构想的那样，婆媳简直亲密无间，甚至合伙一起对付王先生。 太太是一位老师，寒暑假期间，她买来各种婆婆爱看的影碟，两人一起欣赏。 生活三年了，她们之间没有红过一次脸，这种和睦是对王先生最大的呵护。

王先生认为，男人都想找个能旺自己的女人，女人的旺夫不由外表决定，而是一种综合素质的体现。 首先，可以从女人的脸去读懂她的心，旺夫的女人会让人觉得亲切，这种亲切能给她和丈夫带来良好的人际关系。 其次，事业上全力支持，生活中尽力照顾，住院的时候病床前有她的身影，喝醉的时候她给你倒水捶背……

任何男人都希望找到相依相伴型的"旺夫"女

男人的一生中，能得到对自己忠贞不渝，不因贫穷而埋怨，不因逆境而分离，不论何时何地，都能与自己风雨同舟、患难与共，能真正理解自己，无私地支持自己的妻子，这恐怕是一个男人一生中最大的幸福。

身为摄影师的魏先生一直在茫茫人海中寻找"旺"他的女人。 以前他总是注重感官，想要找一个优雅得体、出得厅堂、入得厨房的女人。 不过现在，他只想找一个可以跟他坐下来聊聊天、工作上替他减压的女人就行了。

魏先生发现旺夫的女人不只旺老公的事业，也旺整个家庭，而这些女人大多长相普通，没有太多欲望，踏踏实实地生活，老公不愿意处理的人事都由老婆出面，老婆还要生孩子、孝敬父母、稳固家庭后方的阵地，旺夫的女人是男人后半辈子特别好的伴儿。

世界上的好女人何其多，但是，只有真正适合自己的才是最好的。 80后的男人，生活在一个婚姻和爱情光怪陆离的时代：试婚、试性、闪婚、闪"离"……但是，无论爱情怎么变，真爱是永恒不变的主题，什么都可以试，但幸福不可以试；什么都可以求新求快，但生活却只能脚踏实地地过。 女友（妻子）是我们最亲的伙伴，也是我们最佳的战友。 找一个出色的战友，就能让你在战斗中更加得心应手，从而取得更多的胜利！ 如果你是一个认真的、有责任心的、有事业心的男人，不妨认真选择你的另一半，找一个适合你的"旺夫"女。

●●刚柔并济
的男人才是真男人

有些男人就好似一幅漫画，精线勾勒，神趣兼备。 这样的男人幽默诙谐滑稽风趣，嘻嘻哈哈有点马大哈，甚至对所有的事情都是一副无所谓的样子，乐观开朗笑口常开，好像不知愁滋味。 有些区区小事他们可能会做得丢三落四；而有些事似乎已经没有一点儿的希望了，而他却能起死回生。 他们有本事在五秒钟之内使老婆破涕为笑，有本事在家里甘当士兵而使老婆当上将军。 这样的男人使女人开心。

在自己心仪的女孩子面前，要想赢得她芳心，你可以装出魅力，让她心甘情愿成为你的爱情俘虏，但也要把握一个尺度。 反之，只会使事情变得糟糕。

史蒂夫是一位相当优秀的小伙子，在一次晚会上他发现了房间对面的玛丽是一个很美丽的姑娘。 他们目光碰到了一起，彼此都怦然心动。

然而在他们见面的时候，玛丽注意到史蒂夫差不多都没有接触她的目光，而是指着沙发上的两个空位，用单调的声音以命令的口吻说"坐下，咱们聊聊"。 而且目光还在房间里扫来扫去。 他坐下来，手臂在沙发背上伸展开，两腿宽宽地叉开，差不多将整个沙发都占据了。 虽然他的目光在房间里不停扫来扫去却就是不看玛丽一眼，他滔滔不绝地大谈他自己，讲述他的工作，历数他的业绩。 当玛丽问了几个其他问题试图想和他进行对话时，他根本就不给予理睬，仍旧是滔滔不绝地谈论自己，试图给她留下深刻印象。 玛丽受够了，她以为史蒂夫对她并不喜欢，结果站起来就走开了。 此外，玛丽气愤至极，对他不再有一点儿的好感了。

确实，史蒂夫没能和一个自己喜欢的女人平等地交换意见，坦率地进行交流，然而这并不是因为他是一个愚蠢的人。 让人感到特别遗憾的是，他只不过是在用一种十分男性化的方式进行交流——一种通过父母的

熏陶他从小就习得的方式。 接受他自夸的人应该要像史蒂夫一样，大部分的男人都喜欢谈论他们自己和他们所取得的成就，这种行为是女人对男人的最大抱怨之一。 这种倾向使他们显得不仅是以自我为中心而且非常的自私。

自古以来，温柔就仿佛是女人的专利，就像那娇艳芬芳的玫瑰，总是代表着女人，而从没有人会把男人比作花朵，也很少有人会把温柔两字用在男人身上。

在大部分人的眼里，温柔是为女人所拥有的，温柔的女人总是典雅动人，惹人怜爱。 而男人温柔好像就会从"大丈夫"一下跌为"小男人"，会被人在背后指戳为"娘娘腔"，没有一点儿的男人气概，这对男人来说不啻是一个最大的讽刺和挫伤。 因为女人的不屑于男人的温柔，便有了男人的耻于温柔，于是使劲在女人面前装冷酷玩深沉，做出气宇轩昂气吞山河的样子，以便给人留下一个伟岸高大的形象，而女人们不仅没有反感，还欣喜若狂地认可并接受了这样的形象，以此作为丈量"大丈夫"的准则。 这从"高仓健"的冷面形象大受女性欢迎推崇就能够看出，女孩们心中的梦中情人就是要这样冷峻刚强。

然而随着岁月的流逝，年龄的增长，女人曾经对男人形象的认同也会有所改变，温柔和冷酷都变得相对地不清晰起来，这个世界上的温柔应该不只是属于女人的，男人也需要有相同的温柔。 当男人只是女人远观的景色时，或许他的冷峻深沉比温柔体贴更吸引她，然而当这样的男人和女人没有一点儿的距离地并肩坐在一起时，这时，女人想要的应该已不仅仅是他的冷峻深沉，她同时会渴望男人能对她温情脉脉的，那些刚强冷面只是表现给别人看的，或者只是在女人需要男人的刚毅来给她支撑安慰的时候才在她的面前表露，而和她在一起的时候女人更多的希望他是个温柔体贴的男人，只有这样她才会觉得人性的完美、爱情的浪漫，因为不管是哪一个女人她都渴望自己身边的爱人用细腻的柔情来心疼呵护自己。 而此时，那份对所谓的冷酷潇洒的欣赏爱慕早已灰飞烟灭，取而代之的是对温情的渴望。 所有这些，从做女孩和做妻子时的不同心态可以看出。

男人的大大咧咧不苟言笑，在女孩的眼里是潇洒是可爱，在妻子眼里却成了不能容忍的缺点；男人表情的冷峻淡漠，在女孩眼里是内敛是成熟，在妻子心里却会感到死气沉沉的压抑和沉闷；男人争强好胜逞一时之勇，在女孩眼里是英勇威猛，在妻子眼里却成了不够理智缺乏涵养；男人不会体贴关心别人，在女孩眼里是粗心木讷，在妻子眼里却成了令人气结的自私……

由此可以看出来，当一个男人只是一个女人生命中的过客时，这个女人对他的要求不多也很宽容，她会欣赏男人的冷峻冷漠，然而当这个男人成为她生命的部分甚至是一切的时候，这道风景她就不会只是远远地欣赏了，她需要的已不仅是男人的阳刚之气了，更需要男人的温柔体贴善解人意。因为没有哪个女人会讨厌在自己伤心失落的时候得到老公的鼓励与安慰，没有哪个女人会讨厌在自己生病的时候有老公无微不至的关怀照料，没有哪个女人会讨厌在自己为做家务累得不得了的时候有老公的心疼呵护。老公一个体贴的动作一句温情的话语，即便只是为她端上一杯热茶为她稍微地按摩一下，她都能够感动得流下眼泪，对自己的付出无怨无悔，可见男人的温柔容易打动并留住女人的心。

而大多数的家庭之所以会离散，有一部分的原因是因为女人不能忍受婚后男人仍旧冷漠自负的性情，让婚姻生活失去了婚前憧憬中的浪漫温馨，多的是如一泓死水般的沉闷和压抑，而这些都让渴望温柔的女人感到失望心冷，也才知道自己当初执意追求的那份男人的所谓的冷酷阳刚，给不了自己一个温暖的臂弯，一份柔软的欢心，这无疑是对自己刚开始选择的时候的一个最大讽刺，却也只能摇头叹息着作罢，于是有人开始想冲出这道用冷漠雕砌而成的围城。

因此说，男人也同样要有温柔的性情，刚柔并济的男人应该是女人最喜欢最欣赏的。或许不同的女人对男人温柔的定义不同，但不管怎样，她们都有一个标准写在各自的心底，在心中勾勒着对那个男人温柔的要求。假如说温柔是别在女人胸前的玫瑰，那份妩媚让人怜爱，那么女人希望在男人的胸前同样也别上一朵，那将是女人眼中一道亮丽的风景线。

男人要抓住心中的窈窕淑女

Chapter 16

男人一定要有型

男人可以没有钱,但是要长得帅;男人可以长得不帅,但是要时尚;男人如果不时尚,绝对要有型。型男作为一种新趋势,流行于全世界。我们没有理由不跟随时代脚步,对自己狠一点,做个新时代型男又何妨?

●●男人
害羞也性感

让男人百思不得其解的是，诸如木子美、"芙蓉姐姐"赤膊上阵挑战男人的同时，害羞的男人却大面积地成为新宠。标榜"酷"的口号早已过时，女性睫毛越种越长，男人的脸皮越来越薄，脸红也是时尚，腼腆更是新新好男人的美德。抬头望去，当今人气指数居高不下的男星，哪一个不是含羞草？让我们一起来分享他们不同的羞色吧，或许从中可以看出日月共辉的盛世时尚风潮。

梁朝伟：小资的头号杀手，有种低调的害羞之美。陈慧琳在评价《无间道》里男人们时，就一脸桃红地表示，她心中理想男人的性格，就是梁兄。梁兄的羞涩已沉淀在性格里成为一种陈年美酒，轻风拂面，眼角的燕尾纹也含羞，令人心动。这就是深刻的男性之羞，入木三分，却又沁人心脾。影帝害羞，犹如西施皱眉，有种独到的美。

周杰伦：头号少女杀手。自己害羞不说，还声称自己喜欢的女孩要害羞如月，长发示人。小小但有型的眼睛，总不敢太正眼看大家，仿佛心里有鬼，或者满腔天才般的坏主意，都很吸引人想去探究一番。曾经为了遮人耳目，他把棒球帽戴得很低，害得所有的 Fans 都得低下头去寻找他的脸。于是，他拉近了与所有人的距离，不伟岸，口齿也不太清楚，但他用羞怯的目光电击了无数热烈激动的心。

黄晓明：他的大眼含羞激发了所有女性的斗志。他五官大气却性格带羞。这种声色组合，有些矛盾，但粗犷中带着柔情，正迎合少女怀春或熟女做梦。因为他像个有心事的新郎，因为满肚子情色，所以才一脸羞色。这时，他是好捉弄的，你可以变花样去玩他。逗弄一个害羞的大男人，对女人来说一定很有成就感。

金城武：有些男人讨女人欢心却让男人讨厌，而男女通吃的他，自有

高人处。 浓眉大眼的他，却偏偏不野，内敛中泛着一种冷光，那是雪里的剑。 他的害羞，有种美妙的毒，适合恋爱中的女孩享用、微晕、陶醉。 他很少有花边新闻，总是远远地躲在一边，一种心跳的距离，放大了他的神秘与性感。 他含羞，却似乎又不可战胜，因为他总在远处让女人爱得不着边际。

齐秦：带些沧桑的腼腆。 曾经好斗叛逆，曾经咬着冷冷的牙做"北方的狼"……原来那只是装酷，因为他真的很害羞，柔情满怀，却不知怎么与他人打交道，其实，他的每一根骨头都是害羞的。 在中央电视台"艺术人生"栏目拍摄现场，齐秦严肃地剖析自己的内心，那是深入血液的一种羞涩，与生俱来，无法摆脱，于是在身上插很多锋利的刺把自己保护起来。 但无数美妙的情歌还是不可抑制地唱出自己的无措与伤感。 他羞色，令我们回味，然后心存敬意。

周渝民：他让女孩们明白，原来男孩说"不要"也是那么美的！ 他是 F4 中最讨人喜欢的一个，从不出风头，不抢镜头，总是安静地站在一边微笑或傻笑，或者把手放在口袋里出汗。 每一次记者招待会，对他而言，都像是一种刑罚。 实际上，他的本色展现，歪打正着，正迎合热烈得快燃烧的少女的心。 他的举止总在散发着一个美丽的声音："哦，不要，不要！"按理女性说"不"是她们的至高权利，也是一种迷人的语言，想不到从帅气逼人的周渝民口里说出，也有独到的妙。 于是，大家不得不心疼他，然后加点母爱去宠他。 就这样，他很乖，也把羞色弄得温馨至极。

陆毅：干净无辜的腼腆。 他没有做过错事，却总是极乖、温顺、合作。 他讨好全国人民，长相无可挑剔，皮肤白到让林忆莲叹息，但没有人嫉恨他，只有怜爱的目光，把他一步一步扶到舞台中央；他含羞的双眼，让你不得不小心呼吸，就怕不小心惊扰他；他的玻璃心是易碎的，也是纯洁的，于是，我们对他产生强烈的保护欲，别无选择。 在他面前，我们只有一条路：爱他。

陈冠希：天真的羞涩。 一般而言，羞色里包藏的是一颗"复杂美丽心"，而陈公子给人的感觉是孩子气，至多只是有些顽皮。 他的羞涩别具一格，歪嘴而笑，好像不自然，可是，没有人拒绝。

其实，这样的羞涩男星很多，比如黎明，因为腼腆让他显得真诚可信；李亚鹏因为害羞，不经意间让我们原谅了他所有感情的错……曾经我们还会用一个比较男性化的词"腼腆"来形象这一类性格的男人，现在则不同了，男人们最好的社交开场白是："我很害羞……"女性很强大了，她们需要有些柔弱但漂亮的男人来满足她们伟大的海纳百川的爱。 其实，女人们也有天生的怜香惜玉的情怀，只不过，过去，这一欲望被人为地压抑了。

为什么男人害羞也可以很性感？ 这是值得我们研究的。 中国电影的"两大豪强"张艺谋、陈凯歌，以及横行好莱坞的李安导演，哪个不是羞色可餐？蒋雯丽是这样评价丈夫顾长卫的："他可是个很害羞的人，可你不觉得他有时候特别可爱吗……害羞的男人都比较容易讨女人的喜欢！"男人害羞，多是因为"有感觉"的变相反应。 女性就喜欢有感觉的男人，说明他在意，这是其一；在男女平等的今天，男人如果有些羞涩，更可以调动女性的挑战意识，或者说勾引意识，这是很刺激的事，女性的内心也藏着一只抓老鼠的猫。 害羞男人还有点神秘感，这可以大大调动女性探究的好奇心，高山般的男人是种魅力，深如海的男人则是另外一派风格。 总之，羞涩的男人可以极大唤起女性内在的互动神经，从而多了一些情感来回球，而不像皮厚男人只是单方面的强力影响，反而压抑女性的呼应念头，这样就没有什么乐趣情趣可言。

●●风度
是型男的杀手锏

想象一下：一个人为了鸡毛蒜皮的小事破口大骂或者是为了蝇头小利争得面红耳赤，一个贪小便宜常常收走别人酒桌残羹的人还谈什么大方？一个舍不得牺牲自己利益为朋友帮忙的人，是不是会给别人留下小家子气的感觉？ 一个自卑感十足、事无巨细一言一行都很呆板的人，有谁会说他行为大气？ 倘若一个人是个一毛不拔的铁公鸡，或者是个"小赤佬"的形象，也许瞎子才会说他有风度。 究竟，怎样才会有风度呢？

不露声色

在某些特殊场合，沉默是最佳的风度。 有人说沉默是交际场上的黄金。 就是在你想表态但又觉得没有把握的时候保持沉默；在周围的人争论不休的时候不要急于发言；在紧急形势下或者重大是非面前，没有打定主意的时候保持冷静、不露声色。 这些情况下的沉默都可谓之为风度。 有这样一个故事：一位团长率兵攻占了一个小高地。 次日一早，哨兵急报：敌军人马从四面向高地包抄过来。 几位营长也冲过来纷纷请战，准备死战。 团长走出帐篷，眼看四面八方乌压压的，超出自己几倍的敌人已经包围上来。 他沉默无语转身回到帐篷。 帐篷外的军官如热锅上的蚂蚁，不时看着帐篷内有何指示，又看着步步逼近企图偷袭的敌军。 奇迹发生了：敌军指挥官走了不远，发现高地上鸦雀无声，死一样的寂静，顿起疑心，害怕陷入守军设下的圈套，匆忙下令撤退了。

敌军不战而退。 守军团长走出帐篷看看远去的敌军未围上来，又看看几位营长那惊奇的目光，还是一言未发走回了帐篷，躺在行军床上，这才长出了一口气。 门外营长们齐声地贺叹："咱们的团长真有诸葛遗风，大将风度！"

口若悬河

良好的语言表达能力是增加风度的要诀之一，伶俐、清楚的口齿，适当的语气，适合情景的言辞，恰如其分的修辞是语言能力强的表现，也是风度的重要组成部分。 在重要聚会上的致辞、演讲，有了很好的底稿而又适当调整语速，抑扬顿挫恰到好处，必然给听众以清晰明了、论据有力、打动心弦的感觉，自然会给听众留下"风度迷人"的印象。 煽动性演讲，待到需要进一步鼓动群情时，慷慨激昂的声音、表情伴以强有力的手势则更能风度大显。 在小空间里讲话，适当压低声音、缓声慢语，也是风度所在。 反之，言不及意，咕咕哝哝，不顾及语言环境的讲话怎能让人们感受到风度呢？譬如注意语境，不妨做这样一个设想，你对着瘸子说话，瘸字不离口——人家不狠揍你就是最大的便宜啦，还想让人夸你有风度？

幽默是风度的助手

生活中有些男人的言谈举止轻松自然，往往能一语缓解紧张或尴尬的场面。 人生如作戏，如果能看到人生的轻松面，也就能以平常心对待生活。 遇有需要解嘲、缓解紧张或尴尬局面的情况，幽默是最好的帮手，风度也就随着幽默产生。 有这样一则故事：20 世纪 60 年代，中国击落了某国一架入侵的飞机，在国际引起轰动。 许多外国人因此认为除了导弹是无法击落这架飞机的，分析认为中国有了导弹。 一位外国记者在一次记者招待会上，问周恩来："总理先生，请问，你们是用什么打下这架飞机的？"周恩来明白记者的用心在于了解中国有没有核武器，这在当时是最重大的国家机密。 作为一国总理和外交大员，他微微一笑说："是用砖头打下来的。"一句幽默的玩笑话解除了尴尬场面，回敬了那位记者。更重要的是既没有泄露中国是否拥有核武器的机密，又为中国的国际地位加上一个重量级的砝码。

无论这则故事是否属实，周恩来作为外交巨擘，其幽默的谈吐和优雅的举止都是世人所公认并为之倾倒的。

幽默虽然是风度的好帮手，但它以知识为生存的养料。 没有知识成分的笑料和动作充其量只能算是可笑。

衣着打扮，也是风度产生的条件

一个衣冠不整，头不梳、脸不洗的男人，一步三晃，嘴里斜叼烟头，随处吐痰，四下张望，见到漂亮女人就直勾勾地看这样的人与"风度"无缘。 人的相貌、眼神、态度、衣着和举止，都是形成风度的重要因素，上述种种形态，是风度的大敌。

自然就是风度

有些男人因为盲目追求风度而导致弄巧成拙。 一个人一时露怯现丑不完全是坏事，也无伤大雅，可怜的是有人觉得，在办公室里坐在转椅上扭来扭去，两脚搭在办公桌上，嘴里吐出一连串的烟圈，故作轻松地听着下级汇报，才是领导者的"风度"。 殊不知此刻的他连基本的礼貌都没有。 也有人觉得，某一影视角色上衣袋里那块半露的白色手帕和不动手就能把烟从嘴的这一边卷到另一边的姿势是风度的象征，殊不知这都是反映一个人目中无人、高傲自大的姿势，哪里是什么风度。 还有些男人以为穿着奢华的时装招摇过市，在朋友面前显阔，在电话里故作"港台腔"都是风度，其实他已经陷入风度的误区，埋没了自身的质朴。

一个轻浮的男人，会因为市侩气太重而得不到基本的尊敬。 轻浮最能自贬人格、抵消风度。 轻浮的男人是没有内涵的，老男人尤其忌讳轻浮，因为人越老越应该达观稳重。

●●打造型男
从这里开始

每个男人都有着不同于别人的独特个性与外表，特别是一些从事演艺工作的男性，因为工作的需要，外型是至关重要的。 要塑造一个理想的形象，首先要对自己有一个正确的、全面的认识。 因此，除了对自己个性特征进行探究之外，对自己的外形特征也要认真分析，这样，才能设计出你在生活中的最佳形象。 比如，你是一位身材高大、性格豪爽的男子，假若烫一头卷发或是一身脂粉气，就会产生极不协调的感觉。 由此可见，塑造个人形象的第一步，就是总体基调的设计，从自己性格，外形条件的实际出发，寻找出最适合自己的外部形象。

男子的肤色调整和修饰

黑里透红的皮肤，能显示一种男性所特有的美，而当疾病、疲劳使面部皮肤苍白或呈奶黄色调时，就会呈现不健康的病态感，甚至在眼眶周围出现暗灰色或黑晕，有的人细褶纹增多，失去皮肤原有的光泽和弹性。要暂时改变这种状况，就要借助化妆的手法和材料来调整和修饰皮肤。先清洁皮肤，去除面部表皮上退化了的角质细胞及污垢。 涂抹适合自己皮肤的护肤霜，并在涂抹时进行自我按摩，以使紧张疲倦的皮肤放松。用粉底调整皮肤色调时，应选择深于自己肤色的浅棕色。 涂粉底要薄而均匀，否则会在皮肤角质上留下浮粉的痕迹。 粉底的光泽可以使皮肤显出滋润的质感。 如果本来的肤色灰黄苍白，涂了粉底之后仍缺乏健康色，加以在面颊及眼圈周围用微量的浅红色颊红淡淡地揉匀，便会呈现出自然的红润面色。 如果本身肤色比较理想，只需增加一点红润的光泽，就会有很好的效果。

男子的眉型修饰

男子的眉毛应自然、真实、大方，不宜出现修饰的痕迹。 而当眉型不美或有缺陷时，也可采取有别于女性的修饰方法。 男性眉型成功地体现男士的阳刚之美，例如剑眉、卧蚕眉、扫帚眉。

盾毛稀疏色淡者，既不利于衬托眼睛，也会使脸部平平显得极无生气，可以用眼影刷沾一点蕉茶色(用黄、棕、黑三色凋配)，搽在稀疏的眉毛根底中间，然后用小手指轻轻揉匀，就会使眉毛显得浓密。 注意用色要薄，且不要涂出眉外。

如果要改变眉型，可先用拔眉摄子拔去多余部分的散眉，然后用眉笔添画。 但是，男士画眉要格外加以修饰，而在自然的环境下，不高明的化妆技术，画眉会留下人工修饰的痕迹，是不足取的。

男子嘴唇的着色和滋润

男子嘴唇的修饰与女子不同，只能染上薄薄的油色，而不能有明显的边缘线，也不能用唇膏来改变嘴唇的轮廓和形状。 嘴唇着色的目的是为了改变本身灰白无生气的唇色。 颜色以浅红或棕红为好，容易与肤色谐调而显得自然真实。

化妆时，不必用唇线笔先勾画轮廓。 只用手指沾一点唇膏搽在嘴唇上就行了。 如果本人的嘴唇呈灰紫苍白又干裂的现象，应该先涂无色透明的防裂唇膏，然后再轻轻地着唇膏色，使嘴唇光泽红润丰满。 如果嘴唇本身的颜色很好，只需涂防裂唇膏就可以了。 总之，要让嘴唇始终显得健康红润，饱满而富有光泽。

抽烟男子如何改变唇齿颜色

长期抽烟的人会导致嘴唇和牙齿颜色的改变，嘴唇不仅干枯无泽，而且呈紫褐色；牙齿焦黄，甚至变黑。 这些都严重影响到容貌美的和谐。

改变嘴唇和牙齿的颜色，除了戒烟或少抽烟、去医院口腔科进行专门洗牙治疗外，有时为了应急，可以通过化妆来弥补。 可以在嘴唇上涂防裂唇膏，保持嘴唇的油分和滋润感；用棕红色唇膏轻轻徐在嘴唇上，可以遮盖紫褐色的嘴唇，况且由于深色唇膏与牙齿色泽反差小，能够造成视错觉，让人看上去觉得牙齿不是那么太显黄了。

男子剃须方法和程序

男士要经常剃胡须，以保持面部清洁卫生，容光焕发。 至于留上唇须或鬓角的人，也应当经常刮脸，修剪胡须。 平时每二三天剃一次即可。 若是赴宴、参加舞会或与女友约会，则须在临行前再剃一次，这样显得既整洁又精神。

以上介绍了男子美容化妆的几个内容及其方法，但是应当指出，男性

不宜过多使用化妆品，平时只保持基本的皮肤护理就可以了。 特别是正值发育期的青年，更要注重清洁，除了工作外少化装，因为这时男人的机体新陈代谢旺盛，皮肤毛孔很容易被堵塞，从而有可能引发皮肤病。 至于男用唇膏，旨在护肤，一般多于冬季使用，以防唇裂。

●● 毛发
是男人的性感末梢

没有人相信，她当初发邮件给他，只缘于他姓"毛"。 她喜欢有型有毛的男人，可是姓"毛"不一定有毛啊，她说："感觉而已。"网恋图的往往就是这个感觉。 是的，对女性而言，男人的体毛没有什么用处，但是可以很有感觉，先是视觉的原始冲击，然后是文明的想入非非。 一个有过一夜情的女子，在事后回忆并忏悔那夜的情节时，她念念不忘的竟然是：他用臂弯环抱她，轻问："你爱我吗？"她侧起头，刚好看到他长满须根的下巴。 她仰一仰头，吻了他下巴一下，然后她把头埋在他胸前。 她还是第一次看见有这么多胸毛的男人。 最后也许什么都忘记了，然而她仍然会记得他一身的撩人毛发，原始野性！

传统东方女性习惯在性生活中处于被动的地位。 所以从广义来说，性伴侣对她身体的任何部位的抚摸都可以视为性刺激信号，因此女性的性感区较为广泛和分散。 女性性感区由强至弱分为四个部分：外生殖器、乳房乳头、口唇舌以及脖颈大腿内侧和长有毛发的部位（如腋窝、头皮等）。 虽然"毛发"排在最末，但是，撩或者梳理女性的头发却是男人最容易得逞的情事。 所以，善于调情的《聊斋》里的女鬼喜欢在书呆子面前梳头；周润发在"润发百年"广告里的表现，更加巩固了他作为最早少奶杀手的地位。

看来人类进化到今天，不管男女，能留下的那些毛发都是有用的，而且更多的是一些性感标签，比如女孩的长睫毛、秀发等，还有男性的胡

男人一定要有型

子、胸毛、腿毛等。

在两性外表的吸引力方面，男人若练就一身结实肌肉，常会被女人尖叫地赞美。 其实像欧美男人常有的胸毛与络腮胡，尽管看起来有点不修边幅，但不少女性却认为那才是男人性感的象征。 一般而言，有胸毛与络腮胡的男性，男性荷尔蒙的分泌也特别发达，除了散发出特殊的魅力外，也暗示着较强的性能力，令女性从视觉上神往不已。

在小资女人的眼里，只有用手动剃须刀的男人才够有品位，才够性感。 在浴室里脸上涂满剃须泡沫，然后专心致志地将胡须刮得一干二净的男人确实很性感。 另外一些女性则觉得胡须似有似无的男人稍微有一些玩世不恭，似乎更有吸引力。 她们甚至将胡须带给她们的感觉总结成了经验并广泛流传：胡子刮得越干净的，越适合做丈夫；胡子留得越邋遢的，越适合做情人。

男人的胸毛，则成了与时俱进的性感新宠。 在伦敦一家模特经纪公司负责登记注册的马克·伊文思发现，近一年多以来，客户对体毛茂盛的男模的需求有了显著增长。 另外据《卫报》报道，剑桥大学的研究者们也肯定了多毛的胸部的吸引力。 他们采访了700名19~65岁的女性，问她们觉得哪种男性外表更具吸引力，结果发现大部分女性认为："宽肩、细腰、有着簇结浓密胸毛的、运动员似的柔韧灵活的身材。"

在20世纪70年代以前，浓密的胸毛充斥着银幕，胸毛是男人唯一的时尚附属品，如肖恩·康纳利、詹姆斯·邦德等。 他们都很酷、充满危险性而且性感，自豪地挺着胸毛丛生的胸膛。 但此后，对多胸毛男子而言不再吃香。 到了90年代，如果你胸毛纠结，绝不会被看做性感之神，那些毛发丰茂的男人不得不以高领套头衫或紧扣的衬衫遮羞。 问题是，性感内涵绝对是跟着时尚走的，时至今日，让女人们两腿发软的胸部多毛的银幕巨星的队伍再度壮大。 在《指环王》里饰演阿拉贡的维戈·蒙腾森就拥有极其丰富的胸毛，裘德·洛长着个小地毯，乔治·克鲁尼就像原始森林，还有科林·法瑞尔、瑞恩·吉格斯……有人说，他们是"这个行星上最性感的生物"。 他们动物般的体毛暗示着他们内心的兽性，对比一下那胸部无毛的莱昂纳多·迪卡普里奥吧，那位昨日的偷心者现在变得毫无吸引力。

为什么时尚女人认为胸毛代表着性感？ 正面理由有：你可以在其间穿行手指；开玩笑式地拧一把或者让你在寒夜里偎依；假如你在床上无聊的时候，甚至可以试着给胸毛编个辫子；最重要的是它是某种身体路线的引申，是很男人的标志……而从另外角度的论证则包括：它代表力量、成熟与狂野，诸如此类，不一而足。 当然还有些人不能认同上述种种观点，但是不影响男人持毛自重。

谢谢上帝保留了我们身上的这些毛发，感谢我们祖先的"不完全进化"，因为，这些性感末梢，带给我们许多的快乐与想象。 有一天，有人千里送你一根"毫毛"，也希望你笑纳，因为礼轻"性感"重。 这个时代，"情义"与"性感"都弥足珍贵！

●●潇洒
是型男的本色

夸一个男人漂亮，他会显得有些脂粉气，感觉再怎么出色也是属于女人味的男人，是男人并不喜欢的形容，因为那种感觉像极了夸一个女人漂亮，可是实际上她却只是一个花瓶。 可是夸一个男人潇洒却不同了，那不是光凭着天生长着一张英俊脸蛋和伟岸身材便能拥有的资本，那是他通过多年学习和广闻博见的修炼结果，那是他举手投足间自然流露的优雅高贵气质，让周围的人感觉到的是那种来自于内在的知性魅力，而不是仅仅浮于表面的奢华绚丽。

玉树临风

有一件我自己的亲身经历，与大家分享一下。 许多年前，我拼命地努力让自己变成活泼开朗的人，我也因此而认识了很多朋友，可是我总感觉到朋友看着我的眼神中有一丝惋惜。

有一次，有个朋友突然地大力拍拍我的后背，然后说："直起腰来，这么好的年轻人，驼背就显得没什么精神了。"我尴尬地笑了笑，然后挺直了背。朋友露出欣赏的眼光。

后来我改掉了驼背的病，不仅身姿都显得健康了，而且心里也多了许多自信，当然我也交到了更多的朋友，并且得到了更多的欢迎。这是我人生第一次意识到，一个男人想给人一种洒脱的风度，给人一种清新明快的感觉以及一种深沉稳健的印象，没有优雅的举止，没有从容的动作，是很难做到的。因此，我们在生活当中应该使自己举止显得优雅而洒脱。

我们知道，站立是人们日常交往中一种最基本的举止。但是正因为这是最基本的动作，许多人往往忽视这个细节，久而久之，形成了各自的怪站姿。譬如，有的男人站立的时候，头部习惯性地前伸，或者是歪向一侧，因而人的正常身体曲线走了样，变得歪歪曲曲、松垮下倾的情形。毫无疑问，这种站姿很难看，让人感到特别别扭。为什么呢？由于以上种种不良姿态，这样的人要么弓着背，要么撅着臀。弓着背的人，缩着脖子难看，不缩着脖子更难看，反正是难看，糟透了。而撅着臀的人呢，身体无疑给人一种向前倾的动感。这样的站姿非但不美，而且是不能持久的。

由以上原因又形成其它种种怪姿势，恐怕很多。基础没有打好，就会导致很多问题。站姿体现了"静"的状态，站姿是优美举止的基础。如果"静"的时候没有一种美，那么要它上升到"动"的美，就很难了。譬如走路时那种自然和谐的"动"美，奔跑时那种活力奔放的"动"美，舞蹈时那种韵律感十足的"动"美等。因此，我们要好好地审视一下自己的站姿。让自己的站姿像一棵松树，挺拔俊秀，伟岸有力。

人们都说男人要顶天立地，就冲着"顶天立地"这四个字，男人站也应站出"顶天立地"的气度！而这"顶天立地"的形象，从上到下，毫无疑问有一种挺拔的美感。如果你驼背、窝胸、耸肩，能给人一种"顶天立地"的美感吗？不太可能。要做到挺拔，头不要东歪西倒，脖不前伸后缩，髋不松塌，膝要伸直，适度收腹。与此同时，尽量做到舒适自然，要让身体主要部位尽量舒展。这样，你的站姿就可给人一种肢体挺拔、精力充沛的美感了。

"顶天立地"这个顶字，如果不向上，怎么"顶"得着、"顶"得住呢？ 因此，一个男人站立的时候，要有向上的感觉。 现在很流行瑜珈健身，这并非女人的专利，男人也可以修炼，比如瑜珈中的立树型姿势，就是教你如何从站姿中找到向上的感觉。 让自己的重心向上，这样会让自己有一种精神振奋之感，让别人觉得你很有精神。 反之，如果你让自己的重心下坠，你会感到一种压抑，也会给别人一种衰老和懒散之感。 怎么做到向上？ 你站立时，双腿直立，脚掌要用力下按。 小腹要向后收紧，把气向上提到丹田的高度。

再者，"顶天立地"如果没有力，那么怎么"立"得住？ 因此，你要做到挺胸立腰。 我们看到有些人，一副萎靡不振的样子，大都是由于窝胸、歪腰造成的。 人体线条美在很大程度上是取决于脊椎骨。 从身体正面看，人的脊椎骨是垂直的；而从身体侧面看，人的脊椎骨不是笔直的，而是像一条优美的弧线弯曲着。 胸椎与骶椎向后弯曲，颈椎与腰椎向前弯曲。 这种曲直能给人带来"力度美"。 让这种"力度美"体现出来，你要做到下颌微收，挺胸立腰，臀部的肌肉和腿部的肌肉要保持适度紧张状态。

此外，我们站立的时候，两眼要平视，嘴微闭，面带笑容。 重心应放在两脚中间，脚跟靠紧，脚掌分开呈"V"字型，双肩要平，双臂自然下垂，双手在背后交叉或体前交叉时，两腿膝关节与关节要展直。 这样你就站好了。

携风而行

行如风，这一向是用来形容很有气势的行姿。 走起路来之所以有风，不是因为人跑起来有风，而是走得有精神，走得有力。 再就是，这种生风的行姿里还有一种健硕的美感。 那种走路慢吞吞的人，怎么给人一种生风的感觉呢？ 行如风的人，能给别人这样一种印象：敢于面对现实生活中的各种挑战，适应能力特别强，凡事讲求效率，从不拖泥带水等等。

不难发现，但凡走路具有这种美感的男人，他们具有共同的特点，即走路的姿势是从容、平稳、直线的。 那么怎样达到这种优雅的走姿呢？ 首先，应让自己的身体直立，收腹直腰，这样既可以避免驼背难看的样子，而且人也显得精神饱满。 眼睛要做到平视前方。 这样做有两个好处，眼神不落在别人头上方，就不会给别人一种自高自大、目中无人的印象，而眼神不落在别人嘴唇的下方，就不会给别人一种惟命是从或是接受训斥的样子。

在很大的程度上，美就是和谐，没有和谐就没有美。 因此，人在行走的时候，要产生美也应该让动作和谐，脚在不停地迈着步子的时候，两臂要是拘谨得很，不免显得死板僵硬。 如果把脚和手臂比作是完成走路这项任务的两个合作伙伴，那么当脚在工作，而手臂懒得动，脚就有可能抱怨手臂："我可不想让别人觉得我们做的事情是枯燥乏味的。 你别以为自己比我空闲，你的任务就是装饰这件事情，让它看起来有一种美感。"

这样比喻不是没有道理的，你想想看，一个人走起路来，双臂拘谨地在身体两侧不自然地摆动，会是什么样子。 因此，让你的手自然地摆动起来吧！ 前后摆动的弧度不要大，摆动的高度最好不要高过肚脐眼（以手指为准）。

当然，走路要有美感，还要注意自己的步伐。 两脚相距约一只脚到一只半脚。 太窄，走路的样子会像女人走"猫步"；太宽，你的腿可能给人一种脱节的感觉。 这两种走路的样子都会招致别人的讪笑。 此外，步伐要均匀，稳健自然，还要有节奏感。 要不然就会给别人难看的感觉，如果是一个身体健康的人，为什么要走成那样呢？

在起步时，身体稍微前倾，身体重心落于前脚掌，行走中身体的重心要随着移动的脚步不断向前过渡，而不要让重心停留在后脚，并注意脚在迈出去到落地时，脚尖要微向外或向正前方，切不要行成明显的八字。

不过，走路最难看的样子之一，就是把手交叉在背后。 在生活中，我们看到有这么一些人，有点像踱方步似的，当然，我不是说踱方步不好，踱方步往往是人在极力思考某些东西。 但是换成在大街小巷，公共场所行走，那么给人的印象只能是，无所事事，邋邋懒散。

四平八稳

俗话说"站如松，行如风，坐如钟"，而这"坐如钟"就是说：人要坐得四平八稳，坐得有气度，有美感。 标准而又美感的坐姿，是一种连续性的动作：入座、坐、起立。 我们入座的时候，要轻而缓，即款款走到座位前，像那种迫不及待的样子，就不可取了。 入座时右脚稍向后撤，轻稳地坐在椅子上，切不可"咕咚"一声，像掉在椅子里似的。 入座后，要尽量保持安静，不要弄得座椅乱响，把座椅弄得乱响是很不礼貌的，而且让气氛显得紧张。 坐的时候，腰也要像站的时候一样保持挺直，不要左右摇晃或半躺在沙发的座椅上；更不可把头仰靠在沙发背上，仰着脸同别人交谈。 坐着的时候，耷拉着脑袋的人，给别人的印象无异于一只泄了气的皮球一样难看。 因此，我们应该记住，不是特殊的时候（受训斥，反省过错），不要耷拉着脑袋。 不管姿势美不美，至少会影响别人的心情，试想有几个人喜欢面对萎靡不振的男人。

坐的时候，两手自然弯曲，手扶膝部或交叉放在大腿中前部。 或者是一手放于大腿，一手放于椅子的扶手上。 双膝并拢或微微分开，两脚间距离不超过肩宽。 不要跷起二郎腿，也不要不断地摇抖自己的双腿。

坐着的时候，更不要把脚藏在椅子下或是偏向对方的外边。 据心理学家分析，一个人的脚尖朝向，也可以透露人的心思。 如果你接受认同对方，那么你的脚尖会自然而然地朝着对方，而你的脚尖偏在一边或藏椅子下，那么意味着你在排斥对方，或者是躲避对方，或者是不够自信。因此，请下意识地注意自己的脚。

坐的时候，总的原则就是要自然大方。 既不要放任随便，以致失礼，也不必正襟危坐，过于拘束。 可以根据座位的条件和场合的不同，采取适当的坐姿，也可以根据交谈的需要，转化自己的体态。

男人一定要有型

●●自信
　　是型男的底气之源

　　男人的魄力也好，男人的魅力也罢，都来源于男人的自信！一个对自己都没有自信心的人，怎能承担起他应该承担的责任呢？

　　因此说，男人的魅力不在于他的外表，长相好看不好看，身体健壮不健壮，有没有所谓的"男子汉"味，而在于他有没有自信心。

　　长相不端并不可怕，个头矮小也不可怕，只要他有了自信，就会不断地沐浴知识的阳光，焕发出智慧的光芒，美化了他的容貌，延伸了他的身材。

　　弱小并不可怕，胆怯也不可怕，只要他有了自信，就会不断向生活中的暴风雨挑战，培养出坚毅的性格，磨练出厚实的肩膀，从而挑起责任的大梁。

　　渺小并不可怕，位卑也不可怕，只要他有了自信，就会不断地向着既定的理想目标进发，在美丽的憧憬中，孕育着成功，在不断地奋斗中，增长才干。

　　自信是男人生活动力的源泉，自信是男人撑起勇敢的支柱，自信是男人走向成功的基石。一个自信的男人往往也是对生活充满热情的男人，一个对生活充满热情的男人，才能对生活中美好的事物有着广泛的兴趣和热情。

　　自信的男人不一定是事业成功的男人，自信的男人有积极向上的心态，自信的男人内心是强大的，自信的男人有爱心，有善心，有宽容心，有责任心。一般能宽厚待人，会看见、乐见别人的好，有着海纳百川的胸襟。一个内心虚弱的人，他们的心中只有自己，往往表现为多疑、残忍、自私。自信的男人是温柔的，因为他们的内心有着强大的力量，是有资本的，有条件的，他们不怕比他们强大的人，他们心中只有欣赏别人，赞赏别人的情怀，只有浓浓的柔情。

自信是一个人脸上的阳光，是心灵里坚强的乐章。铮铮铁骨英雄项羽和虞姬的爱情故事留传千古，谁能说，他不温柔？飞天英雄杨利伟在天上和儿子的对话感动了多少人，谁能说，他不柔情？

自信的男人是从容的，是优雅的，是宽厚温柔的，是有爱心的，是有善良心的，是勇敢的，是有责任心的，是睿智的。

自信的男人给人以力量，给人以勇气，自信的男人是女人的福音，自信的男人会温柔地对待女人。

有一位学者曾调查过不少女性，让她们回答男性的魅力应表现在哪一方面，几乎所有的答案都是相同的——自信。男性的魅力不在于容貌，不在于健壮，不在于高矮，也不在于所谓"男子气"，而是自信。

男人如果没有自信心，就不可能坚强、勇敢、大胆、无畏、积极地追求生活目标和美好未来，也就不可能形成男人特有的风度——男子汉风度。

那么，自信是什么？第一，自信表现在对生活充满乐观和进取的信念。第二，自信表现在有克服生活上、工作中遇到的困难的决心和勇气，任何情况下都不动摇，并努力为之奋斗。

在当代女性眼中，有自信心的男子最有魅力，作为女子，谁不希望自己能与一个顶天立地的男子汉共同生活，哪一个不希望自己的终身伴侣是一个坚毅、刚强、不畏任何艰难困苦、敢于面对挑战、不断追求进取的强者？谁又愿意与一个怕苦怕累，对生活毫无信心，悲观失望，浑浑噩噩的男人相依为命？

一位女大学生说道："只要一看他的眼睛，我就知道我是否应该爱他。"一位女医生也说："如果他的眼睛老是在转动，那说明他肯定缺乏自信心；如果他的眼睛不敢和我对视，那他就不配成为我的心上人。"

可见，自信是男子汉的风度之源。愿你成为一个充满自信的男子汉！